U0179923

系统与控制丛书

复杂运动体系统的
分布式协同控制与优化

方 浩 杨庆凯 陈 杰 著

科学出版社
北 京

内 容 简 介

本书系统深入地论述了面向复杂运动体系统的分布式协同控制与优化理论、方法、技术及实验仿真验证等。全书共 11 章，首先针对多欧拉–拉格朗日系统的分布式输出反馈协同跟踪问题，设计了速度估计器和分布式控制器。然后针对带有操作度优化的多机械臂协同搬运问题，提出了基于分布式优化的协同控制方法；进而讨论了一类固定翼飞行器的协同编队问题，介绍了一体化编队跟踪及队形旋转技术。为了实现对复杂运动体的高效管控，最后还提出了基于双层网络的人机协同共享控制框架。

本书内容兼具理论前沿性和工程应用性，可供系统与控制相关学科领域的科研工作者、工程技术人员参考，也可作为高等学校相关专业的研究生和高年级本科生的教材。

图书在版编目(CIP)数据

复杂运动体系统的分布式协同控制与优化/方浩，杨庆凯，陈杰著. —北京：科学出版社，2020.11
　(系统与控制丛书)
　ISBN 978-7-03-064876-1

Ⅰ. ①复… Ⅱ. ①方… ②杨… ③陈… Ⅲ. ①运动控制–研究
Ⅳ. ①TP24

中国版本图书馆 CIP 数据核字（2020）第 117723 号

责任编辑：朱英彪　赵晓廷／责任校对：杨　然
责任印制：赵　博／封面设计：蓝正设计

科 学 出 版 社 出版
北京东黄城根北街 16 号
邮政编码：100717
http://www.sciencep.com

三河市春园印刷有限公司印刷
科学出版社发行　各地新华书店经销
*
2020 年 11 月第　一　版　开本：720 × 1000　1/16
2025 年 1 月第四次印刷　印张：13 1/4
字数：267 000
定价：120.00 元
(如有印装质量问题，我社负责调换)

编 者 的 话

我们生活在一个科学技术飞速发展的信息时代，诸如宇宙飞船、机器人、因特网、智能机器及汽车制造等高新技术对自动化提出了更高的要求。系统与控制理论也因此面临着更大的挑战。它必须能够为设计高水平的物理或信息系统提供原理和方法，使得设计出的系统能感知并自动适应快速变化的环境。

为帮助系统控制专业的专家、工程师以及青年学生迎接这些挑战，科学出版社和中国自动化学会控制理论专业委员会合作，设立了《系统与控制丛书》的出版项目。本丛书分中、英文两个系列，目的是出版一些具有创新思想的高质量著作，内容既可以是新的研究方向，也可以是至今仍然活跃的传统方向。研究生是本丛书的主要读者群，因此，我们强调内容的可读性和表述的清晰。我们希望丛书能达到这些目的，为此，期盼着大家的支持和奉献！

《系统与控制丛书》编委会
2007 年 4 月 1 日

前　言

近年来，随着计算机通信技术的飞速发展和人工智能的重新爆发，控制科学迎来了新的挑战和变革。复杂运动体系统包括欧拉-拉格朗日系统以及模型中含强耦合非线性的固定翼飞行器等的控制问题，因其在工业生产、国家安全中的重要意义而受到了广泛的关注。随着我国将人工智能提升到国家战略层面，群体智能及自主智能系统的相关研究具有重要意义。本书所讨论的内容顺应了当前国内外复杂运动体系统控制与优化理论和技术的发展潮流，在工业生产、服务业、农业等领域有着广阔的应用前景，也将对相关研究的发展起到推动作用。

复杂运动体系统的分布式协同控制与优化所要解决的根本问题是如何在多智能体分布式协同的框架下，克服模型本身的非线性、强耦合等复杂特性，在一定的优化指标约束下设计出合理的控制协议，协同完成既定任务。本书面向实际应用，研究对象均为具有复杂模型的运动体系统，主要分为四部分进行介绍：首先，介绍带有不可测状态交叉二次型的欧拉-拉格朗日系统分布式协调估计与控制；然后，针对多移动机械臂协同搬运任务给出基于多指标分布式优化的协同控制方法；接着，介绍一类具有本质非线性动力学模型的固定翼飞行器的编队飞行控制问题；最后，介绍针对人机协同的共享控制，可提高多运动体系统在人机交互控制中的操作灵活性与响应速度。本书内容自成体系，旨在向读者详细介绍复杂运动体系统的分布式协同控制与优化的基础知识和最新研究成果。

本书共 11 章。第 1 章为背景知识部分，首先简要阐述复杂运动体的概念及协同控制在生产生活中的重要意义；然后针对上述四部分内容，详细回顾近年来国内外取得的研究进展和当前的研究现状；最后介绍包括代数图论在内的一些基础理论知识。第 2 章介绍无速度测量信息情况下的多欧拉-拉格朗日系统的跟踪控制方法，给出一种基于速度估计器的协同控制方法。第 3 章在第 2 章的基础上进一步优化控制器的结构，得到局部指数稳定的控制效果。第 4 章针对一类欧拉-拉格朗日系统，给出基于输出反馈的全局稳定控制策略。第 5 章面向典型应用，介绍更为复杂的编队跟踪控制问题。第 6 章针对多移动机械臂的协同搬运控制问题，设计考虑操作度优化的协同控制器。第 7 章在第 6 章基础上进一步考虑了协同过程中的能量优化问题，设计出更符合实际应用的多移动机械臂协同控制器。第 8 章研究一类带有多变量耦合且含有本质非线性的固定翼飞行器的协同编队控制问题,并给出一种基于反演控制的一体化编队控制框架。第 9 章研究固定翼飞行器的编队跟踪与队形旋转控制问题,提出的分布式算法能够使飞行器在保持编队队形的同时,其朝向与领航者的速度方向保持一致,增加了系统的灵活性。本书最后两章主要介绍人机协同控制。第 10 章给出一种基于模型预测的人机协同方法。第 11 章提出意图场新概念,并介绍人机共享的协同控制关键技术。

　　感谢中国自动化学会控制理论专业委员会、《系统与控制丛书》编委会对本书出版的大力支持。本书相关研究得到了国家自然科学基金联合基金项目(U1913602)、国家自然科学基金重大国际合作研究项目(61720106011)、国家自然科学基金面上项目(61873033)、国家自然科学基金青年科学基金项目(61903035)、中国工程院咨询项目(2019-XZ-7)、北京理工大学青年教师学术启动计划项目、北京理工大学智能机器人与系统高精尖创新中心、鹏城实验室的资助,在此表示衷心的感谢。还要感谢王雪源、商成思、李俨、吴楚、开显雄、罗明、刘得明、宇文涛、郭子萱、胡家瑞、班超、李尚昊等同学对于本书的出版给予的大力帮助。

　　由于作者水平有限,书中难免存在疏漏和不妥之处,敬请读者批评指正。

作 者

2020 年 6 月

目　　录

符 号 表

$\overset{\mathrm{def}}{=\!=}$	定义
$\forall$	对于任意
$\cap$	交集
$\mathbb{R}$	实数集
$\mathbb{R}^n$	n 维实向量集
$\mathbb{R}^{m \times n}$	$m \times n$ 维实矩阵集
$\in$	属于
$\subset$	真包含
$\subseteq$	包含
∇	梯度
max	最大值
min	最小值
sup	上确界
I_n	$n \times n$ 维单位向量
1_n	元素全为 1 的 n 维列向量
0_n	元素全为 0 的 n 维列向量
$\otimes$	Kronecker 积
$\mathrm{diag}(\cdot)$	对角矩阵
X^{-1}	可逆实矩阵的逆
X^{T}	矩阵的转置
$\mathrm{sgn}(\cdot)$	符号函数
$\|x\|$	向量 x 的欧几里得范数
∇f	函数 f 的梯度
$\mathcal{A}$	邻接矩阵
$\mathcal{L}$	拉普拉斯矩阵
$\bar{\mathcal{L}}$	增广拉普拉斯矩阵

第 1 章　绪　　论

1.1　复杂运动体系统概述

众所周知，当前学术界并没有给出"复杂系统"的严格定义，作者认为原因之一是"复杂"带有一定的主观认知，众多学者很难达成一致的意见；其次，由于当今社会科技日新月异，不断突破以前的知识壁垒，因此对复杂的界定也在不断更新。一般来说，复杂系统不仅体现在其系统构成的复杂，包含多个互相耦合作用的子系统，还体现在系统行为的复杂，如对系统初始条件和扰动敏感、自组织涌现、混沌等。这就很难用精确的数学解析模型完全表征系统的动态特性，使得系统分析变得复杂困难。

本书将着重讨论复杂运动体系统，包含能够代表机械臂、步足机器人等的欧拉-拉格朗日系统、移动机械臂系统、固定翼飞行器等，这些均为典型的复杂系统。对这些系统的研究，涉及控制科学、计算机科学、信息科学、空气动力学、结构力学等，通过多学科的交叉，不断深化对复杂系统的理解。为了实现对复杂运动体系统的精确控制，除了考虑模型中的非线性动态、不确定动态、耦合以及其他未建模动态之外，还需要考虑运动体系统工作环境的复杂性，包括环境中的各类干扰和噪声、未知及不确定性等。

此外，新一代人工智能时代的到来，也引发了复杂系统工作方式的变革。面对越来越复杂的作业任务和环境，人们对复杂系统也提出了更高的要求和新的发展方向。由于环境的复杂多变、目标的灵活多样、任务的不断调整，系统要求能够自主解决动态的、多目标的、具有约束的复杂控制问题。而多复杂运动体系统由于其组织结构灵活、可扩展性强、能够完成单一系统无法实现的任务、成本低等特点，在理论和实践应用中得到了广泛的关注和深入的研究。

1.2　复杂运动体协同控制与优化的研究意义

受到生物学和人类社会学的启发，多复杂运动体系统已成功应用到不同领域。其中，生产制造、智能交通、环境监测和资源探索，以及信息化战场等都可视为多复杂运动体系统的典型应用，如图 1.1 所示。在多复杂运动体系统执行特定任务过程中，存在着丰富的个体目标与群体目标的冲突、群体行为难以同步、闭环系统稳定性无法得到保证等多种切实问题，而分布式协同控制与优化因其高效、鲁棒、经济等特点，而成为解决上述问题的有效途径。移动车辆/无人机编队飞行、陆地有人/无人平台协同作战、无线传感器网络定位、太空探索飞行器姿态控制、工业生产中机械臂的协同装配等现实需求都对多复杂运动体系统协同控制与优化的理论突破提出了迫切需求。

(a) 空中编队飞行（图片来源：中国电子科技集团有限公司）

(b) KUKA 机械臂协同装配（图片来源：搜狐网）

图 1.1　复杂运动体系统应用

　　多复杂运动体协同控制与优化的研究范畴包括但不限于一致性问题、跟踪控制问题、编队控制问题、包含控制问题、蜂拥控制问题等。在国内外学者的持续关注和不懈努力下，从多个角度阐述了多复杂运动体系统协同控制与优化的思路方法 [1-8]。然而，已有的大部分研究结果均是针对线性系统的，包括一阶积分器、二阶积分器、一般线性系统等 [9-12]，由于实际的复杂运动体系统往往具有不可忽略的本质非线性，一般无法简化为线性系统，所以针对线性系统的成果虽然有一定的指导意义，但是往往很难直接应用到实际系统中。例如，欧拉-拉格朗日系统作为典型的非线性系统，能够代表一大类机械系统，如机械臂、地面车辆、航天器等 [13,14]。相比于线性系统模型，一方面由于实际物理系统结构的复杂性，另一方面由于交互环境多变，运动体系统模型具有内部强非线性、速度耦合、模型参数不确定等特点，故对复杂运动体系统协同控制与优化的研究不仅能够继续推动现代控制理论的发展，更能够直接服务于工业流水线的集成加工制造、无人化载运平台群集运动控制、航空航天飞行器的编队组网等与国民经济和国家安全紧密相关的重大需求，具有非常重要的理论研究意义和实际应用价值。

尽管已有文献针对多复杂运动体系统协同控制与优化问题展开了研究，取得了初步的研究成果，但依然存在较大的局限性，具体表现在：① 复杂运动体系统的控制器设计过度依赖全状态反馈，通过状态反馈能够简化系统的非线性特性，但是这种方法对传感器安装具有严格要求，且在噪声污染严重的苛刻工作环境中系统控制误差大，甚至造成不稳定；② 移动机械臂协同搬运过程中，如何优化操作度和降低能量消耗，还有待研究；③ 针对大动量复杂系统，传统控制方法还不能很好解决控制不协调，以及环境中的多源不确定性问题；④ 紧急情况下的复杂运动体系统对外部突变环境的感知能力有限，反应速度慢，目前还无法在控制层面较好地实现与人为干预输入的有机融合。

1.3　复杂运动体协同控制与优化概述

1.3.1　欧拉-拉格朗日系统的协同控制

1. 基于全状态反馈的多欧拉-拉格朗日系统分布式协同控制

从 20 世纪开始，诸多学者就对欧拉-拉格朗日系统开始了深入的研究，且在理论和工程上取得了一系列的成果。然而，对于多欧拉-拉格朗日系统协同控制的研究在近年来才逐渐引起关注。

国外方面，Chopra 和 Spong [15] 首先利用机械系统的无源性（passivity）理论，分别在固定和切换拓扑条件下，设计了控制器实现了多欧拉-拉格朗日系统的输出同步。后来，又在无源性的框架下有效地解决了通信时延问题 [16]。随后，Chopra 等 [17] 设计了一类势函数，证明了在切换拓扑下能够同时实现速度同步和避碰。同时，文献 [18] 针对双边遥操作控制，利用输入-输出无源性理论，设计了分布式同步算法，使得系统轨迹在演化过程中始终有界。Ren [19] 针对多欧拉-拉格朗日系统的一致性问题，应用代数图论和李雅普诺夫稳定性理论，提出了分布式一致算法，并利用双曲正切函数解决了输入饱和的问题。更进一步地，Nuno 等 [20] 考虑了更具一般性的有向生成树和通信时滞条件，给出了异构多欧拉-拉格朗日系统的同步条件。随后，文献 [21] 研究了带有时滞的欠驱动欧拉-拉格朗日系统，证明了通过比例微分控制，系统能够在无向拓扑下实现一致，且不受欠驱动子系统的影响，但并未给出欠驱动子系统、时滞与平衡态之间的数学关系。

国内方面，第二炮兵工程大学 Min 等 [22] 利用无源性理论，设计了自适应一致算法，同时保证了未知参数的渐近收敛。哈尔滨工业大学梅杰教授和美国加利福尼亚大学河滨分校任伟教授合作先后研究了多欧拉-拉格朗日系统的单领航者跟踪控制 [23] 和多领航者的包含控制 [24] 问题，利用两跳（two-hop）信息和有限时间变结构估计器设计了分布式控制算法，解决了领航者变速度且其状态信息只能被部分跟随者获取的问题。在文献 [23] 中，首先针对领航者速度固定的情况设计了基于连续观测器的自适应控制器，然后提出了一类领航者速度时变下的与模型无关的滑模控制算法。当系统中存在多个领航者时，即包围问题，文献 [24] 设计了一种分布式自适应控制器，使得带有参数不确定性的多欧拉-拉格朗日系统中，跟随者能够收敛至由领航者构成的凸包中。

2. 基于速度观测的多欧拉-拉格朗日系统分布式协同控制

随着研究的深入，许多学者开始将目光投向基于输出反馈这种控制代价小，但更具一般性的控制方式。早期，Ren [19] 针对多欧拉-拉格朗日系统的跟踪控制问题，将分布化的思想应用到速度观测器设计中，给出了基于输出反馈的分布式控制律，解决了领航者定常速度情况下的分布式跟踪问题。后来，梅杰教授等 [25] 将跟踪问题推广到有向交互拓扑下，结果更具一般性。文献 [26] 研究了多欧拉-拉格朗日系统在任务空间和关节空间的同步问题，并采用自适应控制方法，解决了任务空间中速度不可测的问题。孟子阳教授 [27] 研究了仅利用广义坐标测量的拉格朗日系统协同控制问题。随后，Meng 等 [28] 考虑了异构欧拉-拉格朗日系统的跟踪问题，并基于滑模变结构理论设计了一类光滑的估计器，避免了由符号函数引起的系统抖振，从而利用传统的李雅普诺夫稳定性理论简化了 Filippov 解下的稳定性分析。在速度观测器设计方面，还有一类较成熟的技术，即浸入与不变（immersion and invariance, I&I) 技术，在文献 [29]~[31] 中得到应用。相比于文献 [29]，文献 [30] 通过引入两个附加状态，降低了观测器的维数，并给出了观测器的具体形式。而文献 [31] 向系统中注入了动态比例因子（dynamic scaling）和高增益项，在此基础上进行了李雅普诺夫稳定性分析。Loría [32] 解决了不使用观测器情况下欧拉-拉格朗日系统的输出反馈跟踪问题，其思想是利用 dirty-derivative 项替换如速度等的不可测状态。

近年来，重庆大学的陈刚教授等[33]针对多欧拉-拉格朗日系统协同跟踪控制问题，在李雅普诺夫稳定性理论框架下，设计了基于速度观测器的分布式控制算法，使得跟踪误差一致最终有界（ultimately uniformly bounded, UUB）。在文献[34]中，陈刚教授又利用滑模变结构估计的思想，设计了针对动态领航者的分布式跟踪控制算法，使得跟踪误差实现一致最终有界。然而，一致最终有界仅能够保证跟踪误差最终稳定在原点附近的邻域内，并不能使其收敛于零。北京大学Zhao等[35]利用Xu等[36]在2002年针对单体欧拉-拉格朗日系统跟踪控制的结果，采用齐次理论将速度估计和有限时间同步问题纳入一类特殊的二阶滑模变结构框架，解决了分布式跟踪问题。哈尔滨工业大学马广富教授团队研究了含有模型非线性不确定性和外部扰动的多拉格朗日系统的包含控制问题，应用低通滤波器对速度信息进行估计，并采用神经网络逼近非线性项，提出了一种分布式自适应控制算法[37]。

3. 多欧拉-拉格朗日系统的分布式编队控制

Pereira等[38,39]先后利用人工势能函数的方法研究了欧拉-拉格朗日系统的编队控制问题，在文献[39]中利用二元自适应控制和修正势函数的方法推广了文献[38]中局部稳定的结果，实现了全局稳定。然而，这里的全局稳定的实现是在给定强连通拓扑条件下，具有一定的局限性，当仅给定期望相对位置坐标时，无法应用这种控制策略实现编队控制。文献[40]利用目标函数的形式设计了控制律来实现基于区域的不同形状。Bai等[41]系统地总结了编队控制方法，并针对欧拉-拉格朗日系统的编队控制问题，给出了最基本的解决思路，分析了闭环系统的稳定性。Mastellone等[42]首次利用奇异摄动理论研究了欧拉-拉格朗日系统的编队控制问题，通过将系统解耦为跟踪子系统和队形控制子系统，实现了系统质心和形心动力学的解耦。然而，注意到文献[42]中提出的控制算法需要每个智能体都能获取集群中心的信息，这在实际中有着一定的局限性。文献[43]针对交互拓扑中出现时延的情况，探讨了时延对系统性能和稳定性方面的影响。

综上，考虑到一般欧拉-拉格朗日系统具有本质非线性和内部强耦合，无法通过输出反馈线性化，因此这也成为那些针对线性系统的分布式协同控制器无法直接应用于欧拉-拉格朗日系统的原因。目前，关于多欧拉-拉格朗日系统分布式协同控制的研究成果在控制器设计、系统稳定性、控制任务等方面仍然具有一定的局限性。

1.3.2 移动机械臂协同搬运控制及优化

随着工业中任务要求日益趋向大规模化和复杂化，协同搬运问题成为多机器人系统控制中的一个重要研究课题 [44-46]。移动机械臂同时具有机械臂的灵活性和移动基座的能力，已成为协同搬运方面的主要研究对象。然而，移动机械臂的高冗余性和运动学非线性使得多个移动机械臂的协同控制成为一大难点。

大多数现有的多移动机械臂协同控制方面的研究专注于使用精确度和鲁棒性兼备的集中式控制方法。为了解决搬运过程的力控制和形状保持问题，文献 [47] 利用几何刚度的概念对机械臂末端与物体之间的交互力建模，并针对双臂搬运提出阻抗控制方法，而文献 [48] 则采用混合位/力控制方法实现双臂搬运。此外，文献 [49] 和 [50] 提出了一种鲁棒自适应协同控制方法来补偿机械臂的参数不确定性和动态耦合。尽管集中式方法在少数机械臂协同工作中表现出良好的性能，但它们与工业中需要多机器人协同的大规模复杂任务的要求不匹配。

近年来，一些学者开始研究分布式方法以处理大量机器人协同搬运问题。相对于集中式的控制方法，分布式方法计算效率高，能够通过各个智能体分布式地收集环境信息，并且每个节点只需要通过与邻居节点进行信息交互和观测，不需要一个全局的节点进行数据的收集与分发，通信代价更小。文献 [51] 设计了一种规划与控制结合的方法，使得多机器人系统在协同搬运过程中保持机器人之间的运动学约束。文献 [52] 进一步提出了一种结合滚动时域规划器的分布式控制器，在处理机器人内部约束的同时能够躲避障碍。文献 [53] 提出了一种基于一致性的领航-跟随控制器，由领航者拉动物体向一定方向运动，跟随者估计物体运动方向并向该方向提供力以支持领航者。这些方法都是在集中式规划与分布式控制结合的框架下实现协同搬运的。为了实现完全分布式的协同搬运控制，文献 [54] 研究了一种基于分布式观测器的任务空间同步控制方法；文献 [55] 则针对被搬运物体的参数未知情况设计了分布式的估计方法。文献 [56] 将这种思路应用到分布式协同搬运中，通过估计移动机械臂的状态信息实现完全分布式控制，但是这类方法需要估计整个系统的全部状态，对于分布式控制来说是很大的计算负担。

此外，在移动机械臂控制中，由于机械臂的冗余性，在满足主任务的情况下，各个移动机械臂还有冗余度可以完成其他一些子任务，如关节限位避障 [57]、碰撞避障等。同时，移动机械臂的雅可比矩阵存在零空间，因此也可以在零空间内实现一些附加任务，或者优化目标。为了最大化利用机械臂的冗余度，很多学者也在关注多移动机械臂协同过程中的任务优先级控制和姿态优化问题。对于任务优先级问题，文献 [58] 首次提出机械臂任务优先级概念，采用梯度投影法，利用零空间投影技术实现关节限位避障、增加机械臂操作度、避免奇异以及一系列综合指标。此后多任务优先级的通用算法和简化算法分别由文献 [59] 和 [60] 提出。而对于多移动机械臂协同,文献 [61] 通过在机械臂雅可比矩阵的零空间中设计次任务,实现了多移动机械臂的任务优先级控制。文献 [62] 进一步使用该方法在有时滞条件下,通过分布式任务/零空间控制实现多移动机械臂协同控制。对于姿态优化问题,文献 [63] 将机械臂的逆运动学问题建模为一个二次规划问题,通过设计神经网络求解该优化问题,实现了机械臂末端位置跟踪。文献 [64] 针对机械臂控制中的冗余度问题,将机械臂的运动控制建模为一个凸优化问题,通过投影算子来解决凸集约束的问题,确保控制误差不会随着时间累积,并设计循环神经网络来求解该优化问题,实现了机械臂的姿态规划控制。文献 [65] 在加速度层面来求解冗余机械臂的逆运动学问题,与之前研究成果不同的是,该算法将机械臂模型以及避障需求建模到同一个优化问题中,能够在姿态规划和轨迹跟踪的同时,实现机械臂的避障。这些文献都是通过优化算法解决单机械臂的姿态规划问题。在多冗余机械臂系统中,文献 [66] 采用分布式优化来解决多机械臂的姿态规划及协同问题,在速度层面上将多机械臂系统建模为一个优化问题,并设计了收敛的分布式算法求解该问题,但是该算法需要每个机械臂都知道全局的任务信息。

在多移动机械臂系统的实际应用中,系统能量以及机械臂的操作度是两项非常重要的技术指标。上述成果中,没有充分利用移动机械臂冗余的自由度来进行系统姿态的优化,而冗余的自由度能够用来实现次要的控制目标,如操作度及能量优化。能量优化可使系统能够更有效率地适应长时间的任务 [64,67]。操作度 [68] 是一个用来度量机械臂状态的重要指标,较大的操作度能够避免机械臂处于奇异位形,提升整个系统的鲁棒性。但是目前的成果中,很少有同时考虑能量优化与操作度优化。文献 [69] 只考虑了固定机械臂的能量优化,文献 [68] 只考虑了单机械臂操作度的优化。综上所述,在多移动机械臂协同搬运控制系统中,同时进行能量优化与操作度优化是非常有研究价值的问题。

1.3.3 固定翼飞行器编队飞行控制

近年来,随着反导技术的快速发展,无论在进攻端还是防御端,单飞行器作战模式越来越难以满足当代信息化作战的要求。在进攻端,飞行器面临路基先进反导系统以及海基近程武器系统(close-in weapon systems, CIWS)的严重威胁;而在防御端,单枚拦截弹很容易被目标飞行器放出的干扰弹所误导。相比于单飞行器独立作战,多飞行器协同作战可以通过多飞行器之间的协同配合达到更好的战术效果 [70]。例如,在进攻端,可以通过多飞行器之间的协同制导对目标在不同方向上同时进行打击,使敌方防御系统难以应对 [71,72];而在防御端,多枚拦截弹通过协同配合可以实现对干扰弹的识别，有助于拦截敌方真实目标 [73]。

由于多固定翼飞行器协同作战模式在现代战争中表现出的广阔前景，多固定翼飞行器协同问题在近十几年来受到了广泛关注，越来越多的研究人员将目光投向了这个领域。在多固定翼飞行器协同问题的研究中，大多数研究者都将研究的重点放在了多固定翼飞行器协同制导 [74-78] 上，其研究目标主要是协调打击时间，使一队飞行器按预定时间同时打击目标。但对于多飞行器协同问题，另一个组成部分，即多飞行器协同编队控制 [79]，其作用也不可小觑。多飞行器协同编队控制是指出于某种战术目的，对多飞行器进行最优的编队结构设计，并在飞行过程中完成队形的形成及保持。这是一种基于空间协同的多飞行器协同方式，可以利用特定队形结合地形实现战术隐身效果，提升中段飞行过程中的突防能力。但现阶段国内外关于固定翼飞行器编队控制方面的文献还很少，多固定翼飞行器协同编队控制方法大多源于多智能体领域的相关研究。

在当前多固定翼飞行器协同编队控制的研究中，绝大多数控制方法都是基于领航者-跟随者框架的。这种控制框架的基本思想是指定编队中某几个飞行器作为领航者，带领整个编队进行飞行，通过保持领航者与跟随者的相对距离和角度来形成期望的队形。基于这种控制框架，Ma 等 [80] 研究了多弹编队控制中从弹的控制律和实现算法，利用误差的动力学特性设计了三维条件下基于从弹的编队控制器。Cui 等 [81] 基于领弹从弹相对运动模型提出了一种三回路编队控制方法，外环利用动态逆方法设计了导弹编队控制器，中环和内环分别设计了基于能量的控制器与比例-积分-微分（PID）控制器，并得到相应的过载和舵面偏转角指令，从而控制导弹跟踪外环编队控制器得到的速度及方向角指令。另一种常用于多弹协同编队的框架是基于行为的编队方法。这种方法的思想是通过对导弹的基本行为及局部控制规则的设计使得导弹编队产生所需的整体行为。Mu 等 [82] 提出了一种将领弹-从弹方法与基于行为的方法相结合的多弹编队控制律。其中，导弹行为包括编队形成、躲避障碍和防止碰撞，几种行为加权平均后通过行为机制来执行。同时，编队的领弹中还加入了最优飞行目标控制机制。在该方法作用下，导弹不但能够完成队形保持、避障和避碰的行为，同时在飞行目标的路径上也是最优的。

从控制方法的角度来看，目前的多飞行器编队研究中主要采用了比例-积分（PI）最优控制 [83,84]、模型预测控制 [85,86]、反馈线性化 [87,88] 和反演法 [89] 等控制方法。Wei 等 [83] 采用 PI 最优控制理论，设计了可克服相对运动常值扰动、领弹运动状态输入扰动以及非线性模型线性化偏差的最优编队队形保持控制器。Du 等 [85] 针对密集编队在队形变换时的碰撞冲突问题，考虑飞航导弹的低空突防背景与机动能力的限制条件，设计了基于局部模型预测控制的主动防碰撞队形保持控制器。Zhang 等 [88] 采用微分几何理论对导弹运动方程进行精确线性化,建立基于从弹跟踪误差和相对速度误差的控制系统状态方程,利用基于稳态解的黎卡提方程求解方法求解给定值为零点的状态调节问题,设计了从弹的三维跟随编队控制器。Liu 等 [89] 研究了铅垂面内基于制导与控制一体化思想的编队队形控制器设计问题,根据领弹从弹的相对运动模型,建立了领弹姿态与从弹舵偏角之间的关系,将从弹通道间的耦合项作为不确定项进行处理,并利用自适应神经网络理论设计了补偿器,依据反演控制理论设计了编队控制器。此外,Wei 等在文献 [90] 中还考虑了领弹信息未知情形下的编队控制问题,将领弹的运动状态从相对运动模型中分离出去,利用自适应调节器估计领弹的未知状态,并结合比例-微分(PD)控制器实现了领弹信息缺失条件下的队形保持。

在目前的多固定翼飞行器编队控制研究中,研究者大多采用的是双环控制框架,即外环编队控制和内环姿态控制。在这些研究中都假设内环姿态控制器可以准确地执行外环编队控制器产生的控制指令,所以这些研究将内外环控制割裂开来分别设计对应的控制器。这就对自动驾驶仪的响应速度提出了很高的要求。在某些情况,如大机动条件下的多飞行器编队控制问题中,内环姿态控制器很难快速跟踪外环控制器产生的指令,就会产生内外环控制的不协调。此外,由于固定翼飞行器运动学和动力学本质上是耦合的,这样根据时标分离原理将内外环控制分别当作快慢回路进行分开设计的方法必然会引入模型误差 [91]。对于倾斜转弯(bank-to-turn, BTT)飞行器,为了进行协调转弯,需要对飞行器的姿态角施加一定的约束条件。此外,受物理条件制约,飞行器舵面的最大偏转角也有一定的限制,导致内外环控制器分开设计时,外环编队控制器无法考虑内环姿态以及驱动器的一些约束条件,从而最终导致内外环控制失调。

1.3.4 有人/无人协同控制

有人/无人协同控制长期以来是机器人领域的研究重点。现有的理论和研究主要集中于经典单机器人系统方面,尽管在多机器人领域的研究也取得了一定的进展,但总体而言,其研究成果并没有单机器人系统中的成果丰富。下面将介绍人机协作系统中的一些基本概念和多机器人系统有人/无人协同控制的研究现状。

1. 人机协同控制的基本概念

自主性是人机协同控制最基本的概念 [92],也是划分各类系统智能水平的基本依据。自主性有两重含义,一方面用于描述机器人的能力,另一方面用于描述机器人的主动性。当用于描述机器人能力时,自主性最高的机器人即全自动机器人,自主性最低的则是直接遥控系统，其需要操作员全程操作才能完成任务。当用于描述机器人的主动性时，自主性高的机器人会主动地完成其预定的任务，尽可能提高其预定任务的性能指标。研究者常用角色表示机器人被赋予的任务，这实际上定义了机器人在这类任务上的能力以及主动性，因而角色的概念也可视为自主性概念的一种延伸。

基于自主性的概念，人机协同控制系统有三种类别：直接控制、监督控制和共享控制[93]。从机器人自主性的角度看，直接控制系统中，机器人没有自主性，其行为完全由操作员所掌控，如遥控机械臂系统。而在监督控制系统中，操作员不再直接参与控制，而是通过设置目标点等方式指导机器人进行操作。从自主性角度看，监督控制系统中机器人有了一定的自主性，但机器人的自主性和操作员的自主性是上下分层的。在共享控制系统中，操作员仍直接参与机器人的控制过程，但同时机器人的运动也受到自动控制算法的调节，如加入扰动补偿量以提高操作精度、加入位姿限制以保证操作的安全性等。从自主性角度分析，共享控制系统中机器人和操作员的自主性同时存在控制层面。双边遥控方法是直接控制方法的延伸。这种方法采用力反馈、传输信号调制等机制以增加遥控系统的稳定性和透明性。由于双边遥控系统中也有自动控制算法的存在，其也可视为一种共享控制方法。

人机协作系统的设计目标主要分为安全性与性能指标两方面。系统安全性方面的指标较为统一，主要包括：保障系统稳定性、无源性；处理时滞、丢包等网络通信带来的影响；避碰与避障等。而在系统性能指标方面，各类系统、各种应用的指标各不相同。一般而言，操作员的物理、心理工作负担是一个常用的性能指标。对于遥控机器人系统，经典的性能指标通常包括透明度与鲁棒性。在复杂的人机协作系统中，提高操作员的态势认知能力至关重要[94]。而对于多机器人系统，一个研究方向是降低系统的人-机比例[94,95]。

2. 多机器人系统人机协同控制方法

为了让操作员能便捷地操作高自由度的多机器人系统，目前的人机协同控制方法普遍采用了共享控制的方式，即由自动控制算法负责控制多机器人系统的主体行为，同时留出一部分操作自由度以便操作员进行干预、控制。下面分别介绍目前多机器人系统人机协同控制中的主要研究方向。

（1）基于分解思想的双边遥控系统。Lee 等[96]最早提出了一套系统应用分解思想处理多机器人协同问题的方法。应用分解思想，其可将多机器人系统的控制输入、系统状态分解为两部分，分别对应用于实现协同的"队形系统"(shape system)[①]，以及完全不影响协同、可由人进行操控的"锁定系统"(locked system)。该分解方法的特点在于，为解耦两个系统而施加的控制量对系统而言是无源的，这使得大系统的无源性可以直接由子系统的无源性保证。这种方法可应用于实现多机器人协同搬运任务[97]，其中队形系统对应于编队控制任务，而锁定系统对应于队形的整体运动。同样利用分解的思想，Franchi 等[98] 考虑了多机器人基于相对航向的编队问题。采用这一方法，操作员不仅可以控制队形的整体速度，还可以控制队形的伸缩与旋转。Mušić 等[99] 近年来考虑了针对任意数量的目标任务的解耦问题，该方法可视为 Lee 等[96,97] 方法的一种拓展，且同样可以保证解耦后系统的无源性。总体而言，这类方法的优势在于能保证操作员的输入不会对机器人任务产生任何影响，进而保证了机器人任务的安全性；而其代价是控制系统常需要集中式地进行计算。

（2）基于领航-跟随者模式的双边遥控系统。在领航-跟随者模式中，操作员不直接对所有机器人进行控制，其通过控制一个或少数几个机器人（称为领航者），间接地影响其他系统中的机器人（称为跟随者）。由于这类系统中机器人的任务较为简单，如实现编队或群集控制，其研究的重点主要在于加入双边遥控系统后遥控系统整体的稳定性。这方面，时滞问题得到了最多的关注。Hokayem 等[100] 利用输入-状态稳定性研究了多欧拉-拉格朗日系统的时滞双边遥控问题。该方法还可处理采样、量化带来的误差，但对时滞大小有要求。Rodríguez-Seda 等[101] 将 Lee 等[102] 的方法拓展到多欧拉-拉格朗日双边遥控系统中，其可以处理任意大小的恒定时滞。Frachi 等[103] 首次利用群集控制算法及能量槽算法实现了分布式地面移动机器人的双边遥控系统设计，考虑了群集控制中拓扑变换对系统稳定性的影响。Franchi 等[104] 和 Lee 等[105] 也将这种基于群集控制的双边遥控系统拓展到了多无人机系统中。除了考虑拓扑变换外，他们利用 Lee 等[106] 提出的"无源定点调制"(passive-set-point-modulation, PSPM) 方法处理遥控系统中存在的时滞问题。除考虑稳定性问题外，也有一部分研究者研究了双边遥控系统的力反馈机制。Son 等[107] 通过人机交互实验比较了几种基本的力反馈机制，发现反馈力正比于机器人系统的平均速度时效果比较好；而 Kawashima 等[108] 依据新提出的多机器人系统操作度的概念，设计并实验了几种基于操作度的力反馈设计方法[109]。Sabattini 等[110] 将变阻抗控制的思想引入了多机器人双边遥控系统。该方法通过动态调整领航者与相邻节点间的耦合系数，提供给操作员更好的力反馈量。

（3）领航者选取算法。领航者-跟随者系统的性能表现与领航者的选取密切相

---

① 队形系统并不具体指编队问题中的队形控制，而是指一般协同任务。

关。由于领航者-跟随者系统在分布式控制、分布式感知等领域也有巨大的应用,这方面的研究很多。Patterson 等 [111] 最早考虑了用系统 H_2 范数刻画一致性网络中领航者选取带来的影响。该方法定义了称为网络紧密性的指标,该指标也被后续的许多研究者所采用 [112,113]。除了考虑一致性网络外,也有研究者考虑了其他系统的领航者选取问题。Schoof 等 [114] 考虑了基于相对航向的编队系统中领航者及边连接权重的选择问题,其考虑的指标是系统的收敛速度。此外,Franchi 等 [115-117] 提出了在线动态领航者选取算法,以此来提升领航者-跟随者系统的表现。其优化目标是减少跟随者与领航者之间的速度误差。

(4) 基于区域覆盖的人机协同控制。区域覆盖问题最初被提出主要用于解决传感器网络最优部署问题 [118]。在其一般形式中,多机器人系统需要优化一个由密度函数定义的代价函数。优化这一代价函数将使得在密度函数高的区域,机器人的分布更密集。Lee 等提出,如果允许密度函数由操作员通过某种方法进行实时调整,则可以通过区域覆盖算法实现灵活的人机协同控制 [119,120]。为实现这种构想,需要设计能处理快时变密度函数的区域覆盖算法。除了 Lee 等提出的快时变区域覆盖算法外,Miah 等 [121] 近年来也提出了一种可以处理快时变密度函数的算法。需要注意的是,因允许操作员对密度函数进行实时控制,Diaz-Mercado 等 [120] 的方法需要将操作员的输出广播至所有机器人,这实际上是一种集中式的控制策略。

整体而言,目前多机器人双边遥控系统设计方面的研究得到了最多关注,而领航者-跟随者模式是最常用于实现分布式人机协同控制的方法。就双边遥控方面的研究而言,目前的研究主要集中于解决时滞带来的稳定性问题,这其实与单机器人双边遥控系统的发展相似。随着稳定性问题得到越来越多的研究,如何提升人机协同系统性能将成为新的研究重点。对于基于领航者-跟随者模式的系统,目前提升性能的主要途径是设计领航者选取算法,但领航者选取只能加快系统的整体响应速度,而无法解决现有领航者-跟随者系统操作方式单一的问题。可以预测,未来多机器人的人机协同控制系统将不仅仅局限于基于领航者-跟随者与编队、群集控制的系统框架中,通过引入更多类别的自动控制算法,如区域覆盖算法、分布式优化算法等,研究者有望设计出操作自由度更大、更便捷的人机协同控制系统。然而,正如 Lee 等 [119] 与 Diaz-Mercado 等 [120] 基于区域覆盖算法的研究、Lee 等 [96,97] 与 Musić 等 [99] 基于分解思想的研究所展示的,设计灵活度更高、安全性更强的系统往往导致集中式的系统架构。因此,如何解决分布式与系统灵活性之间的矛盾将成为未来多机器人系统人机协同控制的一项研究重点。

1.4 基础理论知识

1.4.1 代数图论及矩阵理论

1. 代数图论

假设多运动体系统中个体之间通过网络交互。一般地，网络拓扑图可以分为有向图（directed graph）和无向图（undirected graph）两大类[122]。顾名思义，在有向图中，信息的传输是具有方向性的；而在无向图中，信息的传输是双向的。本节的内容主要参考文献 [123] 和 [124]。这里，考虑一组具有 n 个个体的多运动体系统，描述多运动体间交互关系的有向图 $\mathcal{G}$ 由节点集 $\mathcal{V} \stackrel{\text{def}}{=} \{1, 2, \cdots, n\}$ 和边集 $\mathcal{E} \subseteq \mathcal{V} \times \mathcal{V}$ 构成，其中边集为有序节点对之间的边的集合，记为 $\mathcal{G} \stackrel{\text{def}}{=} (\mathcal{V}, \mathcal{E})$。在有向图中，由于信息传输的有向性，边 (i, j) 表示信息从点 i 传输至点 j，这里称点 i 为父节点（parent node），点 j 为子节点（child node），且点 i 为点 j 的邻居（neighbor）。考虑到在多运动体系统中，可能有多个运动体与运动体 i 交互，因此在对应的拓扑图中，点 i 有多个邻居，这些邻居的集合记为 $\mathcal{N}_i$。此处，假设不存在如 (i, i) 这类自环的边。与有向图不同的是，在无向图中，由于信息传输的无向性，如果点 i 和点 j 之间存在边 (i, j)，则代表 i 和 j 互为邻居，即它们彼此均能够接收到对方的信息。

在有向图中，有向路径（directed path）指边 (i_k, i_{k+1}), $k = 1, 2, \cdots, m-1$ 的序列，其中 i_1 和 i_m 为路径的起点和终点，且 $(i_j, i_{j+1}) \in \mathcal{E}$, $j = 1, 2, \cdots, k$。如果对于任意节点，均存在有向路径到其他任意节点，则称此有向图是强连通的（strongly connected）。对于无向图，如果任意两节点间均存在路径，则称该图是连通的（connected）；如果在任意两个节点间均存在边，则称该图是全连通的（fully connected）。在有向图中，如果对于任意一个节点，存在到其他所有节点的边，则称该图是完全的（complete）；如果除了根节点（root）外，每个节点有且仅有一个父节点，且存在从根节点到其他所有节点的有向路径，则称该有向图是有向树（directed tree），其中根节点没有父节点。有向图的有向生成树（directed spanning tree）是包含该有向图所有节点的有向树。

给定一个有向图，为了描述节点间的连接关系及其相应边的权重，引入邻接矩阵（adjacency matrix）$\mathcal{A} \stackrel{\text{def}}{=} [a_{ij}] \in \mathbb{R}^{n \times n}$，如果 $(j, i) \in \mathcal{E}$，那么元素 $a_{ij} > 0$；否则，$a_{ij} = 0$。由于在本书中假设不存在自环边，所以邻接矩阵的对角线元素 $a_{ii} = 0$。类似地，对于无向图，可以采用同样的方式定义邻接矩阵。然而，需要指出的是，由于在无向图中边的无向性，$(i, j) \in \mathcal{E}$ 意味着 $(j, i) \in \mathcal{E}$，所以 $a_{ij} = a_{ji}$。这

说明对于无向图，其邻接矩阵为对称矩阵。考虑到元素 a_{ij} 代表的是边 (j,i) 的权重，而在本书的随后章节中，仅用 a_{ij} 表示节点 i 与 j 的连接关系，因此定义如果 $(j,i) \in \mathcal{E}$，那么 $a_{ij} = 1$；否则 $a_{ij} = 0$。节点 i 的入度（in-degree）定义为 $\sum_{j \in \mathcal{N}_i} a_{ij}$；类似地，出度（out-degree）定义为 $\sum_{j \in \mathcal{N}_i} a_{ji}$。相应地，定义入度矩阵 $\mathcal{D} = \mathrm{diag}(d_1, \cdots, d_n)$，其中 $d_i = \sum_{j \in \mathcal{N}_i} a_{ij}$。

在有向图中，通常也用关联矩阵（incidence matrix）$B \stackrel{\text{def}}{=} [b_{ki}] \in \mathbb{R}^{|\mathcal{E}| \times n}$ 描述点与点之间的连接关系，其定义为

$$
b_{ki} = \begin{cases} 1, & \text{第 } k \text{ 条边指向节点 } i \\ -1, & \text{第 } k \text{ 条边离开节点 } i \\ 0, & \text{其他} \end{cases} \tag{1.1}
$$

式中，$|\mathcal{E}|$ 表示边集 $\mathcal{E}$ 的基数，即图中边的条数。

当拓扑图为无向图时，任意设定边的方向，不会影响本书的结果。

定义 1.1 图的 Laplacian 矩阵 $\mathcal{L} \stackrel{\text{def}}{=} [\ell_{ij}] \in \mathbb{R}^{n \times n}$，定义为

$$
\ell_{ii} = \sum_{j=1, j \neq i}^{n} a_{ij}, \quad \ell_{ij} = -a_{ij}, \quad i \neq j \tag{1.2}
$$

或

$$
\mathcal{L} = B^{\mathrm{T}} B \tag{1.3}
$$

注 1.1 定义方式 (1.2) 可以等价地写为 $\mathcal{L} = \mathcal{D} - \mathcal{A}$，且无向图的拉普拉斯矩阵是对称的。此外，若拉普拉斯矩阵的行和为 0，则 0 是 $\mathcal{L}$ 的一个特征值，对应的特征向量为 1_n。

关于拉普拉斯矩阵，有如下结论。

引理 1.1 对于无向图，拉普拉斯矩阵 $\mathcal{L}$ 至少有一个零特征值，且所有非零特征值均为正，即 $\mathcal{L}$ 半正定。$\mathcal{L}$ 有一个简单零特征值（即零特征值的代数重数为 1）当且仅当该图是连通的。对于有向图，拉普拉斯矩阵 $\mathcal{L}$ 至少有一个零特征值，且所有非零特征值的实部均为正。$\mathcal{L}$ 有一个简单零特征值当且仅当该有向图包含有向生成树。

关于一致性和图的关系，有如下结论。

引理 1.2[124] 如果有向图 $\mathcal{G}$ 含有一条生成树，则存在向量 $\nu = [\nu_1, \cdots, \nu_n]^{\mathrm{T}}$，其中 $\nu_i \geqslant 0$，使得 $\mathcal{L}^{\mathrm{T}} \nu = 0_n$ 且 $1_n^{\mathrm{T}} \nu = 1$。

引理 1.3 [13,124]   令 $\mathcal{L}$ 为有向图 $\mathcal{G}$ 的拉普拉斯矩阵，则以下论述是相互等价的：

(1) 有向图 $\mathcal{G}$ 包含一条有向生成树；

(2) 以 $z = [z_1^{\mathrm{T}}, \cdots, z_n^{\mathrm{T}}]^{\mathrm{T}} \in \mathbb{R}^{mn}$ 为状态的闭环自治系统 $\dot{z} = -(\mathcal{L} \otimes I_m)z$ 将会达到一致。考虑任意一个子系统 i，上述系统可以等价地写成：$\dot{z}_i = -\sum_{j=1}^{n} a_{ij}(z_i - z_j)$，其中 a_{ij} 为邻接矩阵 $\mathcal{A}$ 的元素。即对于任意的初始值 $z_i(0)$, $\forall i, j = 1, 2, \cdots, n$，有 $\lim_{t \to \infty} z_i(t) - z_j(t) = 0$；且 $\lim_{t \to \infty} z_i(t) = \sum_{i=1}^{n} \nu_i z_i(0)$，其中 ν 为 $\mathcal{L}$ 与零相关的左特征向量。

引理 1.4   令 $\overline{\mathcal{G}} \stackrel{\text{def}}{=} (\overline{\mathcal{V}}, \overline{\mathcal{E}})$ 为代表 n 个跟随者和一个领航者之间交互关系的有向图，令向量 $b \stackrel{\text{def}}{=} [b_1, \cdots, b_n]^{\mathrm{T}}$ 表示领航者与跟随者之间的关系，如果 $(0, i) \in \mathcal{E}$，则 $b_i > 0$；否则，$b_i = 0$, $i = 1, 2, \cdots, n$。考虑增广图 $\overline{\mathcal{G}}$，如果存在领航者到所有跟随者的有向路径，则其增广拉普拉斯矩阵 $\overline{\mathcal{L}} = \mathcal{L} + \mathrm{diag}(b_1, \cdots, b_n)$ 是正稳定的（positive stable）。

2. 矩阵理论

定义 1.2   给定两个矩阵 $A = [a_{ij}] \in \mathbb{R}^{m \times n}$, $B = [b_{ij}] \in \mathbb{R}^{p \times q}$，则 A 与 B 的 Kronecker 积定义为

$$A \otimes B = \begin{bmatrix} a_{11}B & a_{12}B & \cdots & a_{1n}B \\ a_{21}B & a_{22}B & \cdots & a_{2n}B \\ \vdots & \vdots & & \vdots \\ a_{m1}B & a_{m2}B & \cdots & a_{mn}B \end{bmatrix}$$

引理 1.5 [125]   对于适当维数的矩阵，Kronecker 积有以下性质：

(1) $A \otimes (B + C) = A \otimes B + A \otimes C$；

(2) $(A + B) \otimes C = A \otimes C + B \otimes C$；

(3) $(kA) \otimes B = A \otimes (kB) = k(A \otimes B)$，其中 k 为标量；

(4) $(A \otimes B) \otimes C = A \otimes (B \otimes C)$；

(5) $(A \otimes B)(C \otimes D) = (AC) \otimes (BD)$；

(6) $(A \otimes B)$ 可逆当且仅当 A 和 B 均可逆，有 $(A \otimes B)^{-1} = A^{-1} \otimes B^{-1}$；

(7) $(A \otimes B)^{\mathrm{T}} = A^{\mathrm{T}} \otimes B^{\mathrm{T}}$。

引理 1.6 [126]   给定对称矩阵 $X = \begin{bmatrix} A & B \\ B^{\mathrm{T}} & C \end{bmatrix}$，则以下条件是等价的：

(1) X 是正定的；

(2) A 是正定的，且 A 的舒尔补（Schur complement）$C - B^{\mathrm{T}}A^{-1}B$ 是正定的；

(3) C 是正定的，且 C 的舒尔补 $A - BC^{-1}B^{\mathrm{T}}$ 是正定的。

1.4.2　非线性系统稳定性理论

以下内容主要参考文献 [127]。

引理 1.7 (LaSalle's 定理)　令 $\Omega \subset D$ 为与系统 $\dot{x} = f(x)$ 相关的紧的正不变集。$V : D \to \mathbb{R}$ 为连续可微函数，且在集合 Ω 中，满足 $\dot{V} \leqslant 0$。另外，在 Ω 中，定义所有使 $\dot{V}(x) = 0$ 的点的集合为 E，相应地，M 为 E 的最大不变集。因此，当 $t \to \infty$ 时，所有始于 Ω 的轨迹 $x(t)$ 均趋向于 M。

定义 1.3　对于函数 $f(t,x)$，如果在某个域 $D \subset \mathbb{R}^n$ 上，每一点均存在邻域 D_0，且所有在此邻域内的点，均使得函数 f 满足 Lipschitz 条件，即

$$\|f(t,x) - f(t,y)\| \leqslant L_0 \|x - y\| \tag{1.4}$$

式中，$\|\cdot\|$ 表示取范数；L_0 为 Lipschitz 常数，则称该函数 $f(t,x)$ 是局部 Lipschitz 的。如果函数 $f(t,x)$ 在整个实数域 $\mathbb{R}^n$ 都是 Lipschitz 的，那么称该函数全局 Lipschitz。

定义 1.4　考虑如下非自治系统：

$$\dot{x} = f(t,x) \tag{1.5}$$

式中，$f : [0,\infty) \times D \to \mathbb{R}^n$ 关于 t 分段连续，且关于 x 是局部 Lipschitz 的。如果对于 $\forall t \geqslant 0$，都有 $f(t,0) = 0$，则 $x = 0$ 为系统 (1.5) 的平衡点，且有以下结论。

(1) 对于每个 $\epsilon > 0$，存在 $\delta = \delta(\epsilon, t_0) > 0$，使得

$$\|x(t_0)\| < \delta \Rightarrow \|x(t)\| < \epsilon, \quad \forall t \geqslant t_0 \geqslant 0 \tag{1.6}$$

则称该平衡点是稳定的。

(2) 对于每个 $\epsilon > 0$，存在与 t_0 无关的 $\delta = \delta(\epsilon) > 0$，使得式 (1.6) 成立，则称该平衡点是一致稳定的。

(3) 如果平衡点是稳定的，且存在一个正常数 $c = c(t_0)$，对于任意的初始值 $x(t_0) < c$，当 $t \to \infty$ 时，均有 $x(t) \to 0$，则称该平衡点是渐近稳定的。

(4) 如果平衡点是渐近稳定的，且关于 t_0 是一致的，即对于任意 $\eta > 0$，存在 $T = (\eta) > 0$，使得

$$\|x(t)\| < \eta, \quad \forall t \geqslant t_0 + T(\eta), \quad \forall \|x(t_0)\| < c \tag{1.7}$$

则称该平衡点是一致渐近稳定的。

(5) 如果平衡点是一致渐近稳定的，选取 $\delta(\epsilon)$ 满足 $\lim\limits_{t\to\infty}(\delta(\epsilon))=\infty$，且对于每对正数 η 和 c，存在 $T=T(\eta,c)>0$，使得

$$\|x(t)\|<\eta, \quad \forall t\geqslant t_0+T(\eta,c), \quad \forall\|x(t_0)\|<c \tag{1.8}$$

则称该平衡点是全局一致渐近的。

引理 1.8 (Barbalat's 引理)   令函数 $f:\mathbb{R}\to\mathbb{R}$ 为在 $[0,\infty)$ 上的一致连续函数。如果 $\lim\limits_{t\to\infty}\int_0^t f(\tau)\mathrm{d}\tau$ 存在且为有限值，则当 $t\to\infty$ 时，$f(t)\to 0$。

注 1.2   对于可微函数 $f(t)$，如果其导数 $\dot{f}(t)$ 有界，则 $f(t)$ 是一致连续的。

引理 1.9 (类李雅普诺夫定理)[128]   假设标量函数 $V(x,t)$ 满足如下条件：

(1) $V(x,t)$ 有下界；

(2) $\dot{V}(x,t)$ 半负定；

(3) $\dot{V}(x,t)$ 关于 t 一致连续。

那么，当 $t\to\infty$ 时，$\dot{V}(x,t)\to 0$。

引理 1.10   令 $x=0$ 为系统 (1.5) 的平衡点，且 $D\subset\mathbb{R}^n$ 为含有 $x=0$ 的区域。令 $V:[0,\infty)\times D\to\mathbb{R}$ 为连续可微函数，且有

$$k_1\|x\|^a\leqslant V(x)\leqslant k_2\|x\|^a \tag{1.9}$$

$$\frac{\partial V}{\partial t}+\frac{\partial V}{\partial x}f(t,x)\leqslant -k_3\|x\|^a \tag{1.10}$$

对于任意 $t>0$ 和任意 $x\in D$ 均成立，其中 k_1、k_2、k_3 和 a 为正常数。那么，$x=0$ 指数稳定。进一步，如果上面的假设在整个域内均满足，那么 $x=0$ 全局指数稳定。

定义 1.5   如果连续函数 $\alpha:[0,a)\to[0,\infty)$ 严格增，且 $\alpha(0)=0$，则称该函数为 $\mathcal{K}$ 类函数。如果 $a=\infty$，且当 $r\to\infty$ 时，$\alpha(r)\to\infty$，则称该函数为 $\mathcal{K}_\infty$ 类函数。

定义 1.6   对于连续函数 $\beta:[0,a)\times[0,\infty)\to[0,\infty)$，如果固定 s，映射 $\beta(r,s)$ 为关于 r 的 $\mathcal{K}$ 类函数，且当 r 固定时，映射 $\beta(r,s)$ 关于 s 减，当 $s\to\infty$ 时，$\beta(r,s)\to 0$，则称该函数为 $\mathcal{KL}$ 类函数。

引理 1.11   对于系统 (1.5)，平衡点 $x=0$ 有如下结论：

(1) 它是一致稳定的当且仅当存在 $\mathcal{K}$ 类函数 α 和与 t_0 无关的正数 c，使得

$$\|x(t)\|\leqslant\alpha(\|x(t_0)\|), \quad t\geqslant t_0\geqslant 0, \forall\,\|x(t_0)\|<c \tag{1.11}$$

(2) 它是一致渐近稳定的当且仅当存在 $\mathcal{KL}$ 类函数 β 和与 t_0 无关的正数 c，使得

$$\|x(t)\| \leqslant \beta(\|x(t_0)\|, t - t_0), \quad t \geqslant t_0 \geqslant 0, \forall\, \|x(t_0)\| < c \tag{1.12}$$

(3) 它是全局一致渐近稳定的，当且仅当对于任意初始状态 $x(t_0)$，不等式(1.12)均成立。

定义 1.7   考虑如下系统：

$$\dot{x} = f(t, x, u) \tag{1.13}$$

式中，$f : [0, \infty) \times \mathbb{R}^n \times \mathbb{R}^m \to \mathbb{R}^m$ 是关于 t 分段连续，且关于 x 和 u 局部 Lipschitz 的；输入 $u(t)$ 是分段连续的，且对于任意 $t \geqslant 0$ 均有界。如果存在 $\mathcal{KL}$ 类函数 β 和 $\mathcal{K}$ 类函数 γ，使得对于任意初始状态 $x(t_0)$ 和任意有界输入 $u(t)$，当 $t \geqslant t_0$ 时，系统有解 $x(t)$，且满足

$$\|x(t)\| \leqslant \beta(\|x(t_0)\|, t - t_0) + \gamma(\sup_{t_0 \leqslant \tau \leqslant t} \|u(\tau)\|) \tag{1.14}$$

则称系统 (1.13) 是输入-状态稳定的（input-to-state stable, ISS）。

第 2 章　基于速度估计的多欧拉-拉格朗日系统分布式跟踪控制

2.1　引　　言

如前所述,虽然近年来多运动体系统协同控制得到了各个领域的广泛关注,且有了丰富的研究成果[129,130],但是其大部分结果均局限于线性系统,而对非线性系统进行控制器设计时,不能忽略其自身的非线性特点,且线性系统的结果不能直接推广至非线性系统。因此,本章将开展能够代表一大类机械系统的欧拉-拉格朗日系统[131,132]协同控制的研究。在大部分关于多欧拉-拉格朗日系统协同控制器设计过程中,要求跟随者的每个状态信息均可测,这对系统本身提出了较高要求,即要求每个跟随者都要安装相应的位置传感器、速度传感器,甚至加速度传感器。在实践中,由于受到系统总体成本或者安装空间的限制,速度和加速度一般是不可测的。因此,有一些学者对基于速度估计的协同控制问题进行了讨论。文献[133]利用超螺旋滑模控制(super twisting)技术解决了只有位置测量信息情况下的包围控制问题。同时,对于动态领航者的跟踪问题也在文献[134]和[135]中得到解决。然而,上述结果的研究对象均是线性积分器模型,不具有一般性。虽然文献[19]针对网络化欧拉-拉格朗日系统分布式控制,设计了一类线性的速度观测器,但是其假设运动体间的交互拓扑为无向图,限制了结果的适用性。

本章将针对多欧拉-拉格朗日系统,研究仅在跟随者位置信息可测情况下的分布式估计与渐近协调跟踪问题,且交互拓扑为有向拓扑,其中领航者仅与部分跟随者进行交互。为了克服这些约束给分布式控制带来的难题,采用有限时间滑模估计器对领航者状态进行估计,设计依赖于跟随者位置信息的速度观测器,再基于观测器输出提出分布式控制算法,实现对领航者的跟踪。

2.2　模型与问题描述

2.2.1　欧拉-拉格朗日系统

欧拉-拉格朗日系统涵盖工程实践中的一大类机械系统,本节将着重介绍其动力学方程,以探究输入力(矩)与系统运动之间的关系。这里,首先介绍如何用欧拉-拉格朗日方程来描述自由度为 p 的全驱动欧拉-拉格朗日系统,然后给出其相关性质。

1. 欧拉-拉格朗日方程

对于能用欧拉-拉格朗日方程描述的物理机械系统,定义 $q \in \mathbb{R}^p$ 为其广义坐标向量,则系统的欧拉-拉格朗日算子为

$$L(q, \dot{q}) = K(q, \dot{q}) - P(q) \tag{2.1}$$

式中,$K(q, \dot{q}) = \dfrac{1}{2}\dot{q}^\mathrm{T} M(q)\dot{q}$ 为系统的动能,$M(q) \in \mathbb{R}^{p \times p}$ 为正定惯性矩阵;$P(q)$ 为系统的势能。

因此,相应的欧拉-拉格朗日方程为

$$\frac{\mathrm{d}}{\mathrm{d}t}\frac{\partial L(q, \dot{q})}{\partial \dot{q}} - \frac{\partial L(q, \dot{q})}{\partial q} = \tau \tag{2.2}$$

式中,$\tau \in \mathbb{R}^p$ 为系统力或者力矩的输入。

一般地,通常将式 (2.2) 写成如下形式[136,137]:

$$M(q)\ddot{q} + C(q, \dot{q})\dot{q} + g(q) = \tau \tag{2.3}$$

式中,$C(q, \dot{q}), \dot{q} \in \mathbb{R}^p$ 为科里奥利力和离心力向量;$g(q) = \dfrac{\partial P(q)}{\partial q}$ 为重力相关的向量。

2. 欧拉-拉格朗日方程的性质

由欧拉-拉格朗日方程的推导过程可知,其本身有着一些特殊的性质,这些性质对控制器的设计和稳定性分析有着重要意义。现列举如下。

(1) 有界性:存在正常数 $k_{\underline{m}}$、$k_{\overline{m}}$、k_c 和 k_g,使得

$$0 < k_{\underline{m}} I_p \leqslant M(q) \leqslant k_{\overline{m}} I_p$$

$$\|C(q, \dot{q})\| \leqslant k_c \|q\| \|\dot{q}\|$$

$$\|g(q)\| \leqslant k_g$$

(2) 反对称性:$\dot{M}(q) - 2C(q, \dot{q})$ 是反对称的,即对任意 $\xi \in \mathbb{R}^p$,均有

$$\xi^\mathrm{T}[\dot{M}(q) - 2C(q, \dot{q})]\xi = 0$$

(3) 参数线性化:对于任意的向量 $x, y \in \mathbb{R}^p$,均有

$$M(q)x + C(q, \dot{q})y + g(q) = Y(q, \dot{q}, x, y)\Theta$$

式中，$Y(q, \dot{q}, x, y)$ 为回归量；Θ 为与系统物理参数相关的未知常值向量。

(4) 对于任意 $x, y, z \in \mathbb{R}^p$，均有

$$C(q, x)y = C(q, y)x$$
$$C(q, x + y)z = C(q, x)z + C(q, y)z$$

2.2.2 问题描述

假设多运动体系统由 n 个跟随者和一个领航者组成，领航者标号为 0，跟随者标号从 1 到 n，动力学模型由欧拉-拉格朗日方程表示：

$$M_i(q_i)\ddot{q}_i + C_i(q_i, \dot{q}_i)\dot{q}_i + g_i(q_i) = \tau_i, \quad i = 1, 2, \cdots, n \tag{2.4}$$

式中，$C_i(q_i, \dot{q}_i)\dot{q}_i \in \mathbb{R}^p$ 为科里奥利力和离心力向量；$g_i(q_i) = \dfrac{\partial P_i(q_i)}{\partial q_i}$ 为重力相关的向量，且具有 2.2.1 节 "2. 欧拉-拉格朗日方程的性质" 中介绍的性质。本章讨论的领航者为动态领航者，即其广义位置坐标 $q_0(t)$ 和广义速度 $\dot{q}_0(t)$ 均为与 t 相关的时变函数，且假设领航者的轨迹 $q_0(t)$ 三阶连续可微且有界，即

$$\sup_t \|\dot{q}_0(t)\| \leqslant \bar{q}_d^1, \quad \sup_t \|\ddot{q}_0(t)\| \leqslant \bar{q}_d^2, \quad \sup_t \|q_0^{(3)}(t)\| \leqslant \bar{q}_d^3$$

式中，$q_0^{(3)}(t)$ 表示 $q_0(t)$ 的三阶导数；$\bar{q}_d^i (i = 1, 2, 3)$ 为正常数。

本章的目的是对每个带有不确定参数的跟随者 i，设计仅依赖于位置信息和观测器输出的分布式控制输入 τ_i，在仅有部分跟随者能够获取领航者信息的情况下，实现跟随者和领航者的广义位置与速度一致，即

$$\lim_{t \to \infty} \|q_i(t) - q_0(t)\| = 0, \quad \text{且} \quad \lim_{t \to \infty} \|\dot{q}_i(t) - \dot{q}_0(t)\| = 0$$

2.3 动态领航者状态估计器设计

由于领航者的状态信息仅能被部分跟随者获取，而若实现精确跟踪，对每一个跟随者而言，领航者的状态信息又是不可或缺的。受到文献 [138] 和 [134] 的启发，提出分布式滑模估计器实现对领航者状态信息的估计：

$$\dot{\hat{p}}_i = -\alpha_1 \mathrm{sgn}\left[\sum_{j \in \mathcal{N}_i} a_{ij}(\hat{p}_i - \hat{p}_j) + b_i(\hat{p}_i - q_0)\right] \tag{2.5a}$$

$$\dot{\hat{v}}_i = -\alpha_2 \mathrm{sgn}\left[\sum_{j \in \mathcal{N}_i} a_{ij}(\hat{v}_i - \hat{v}_j) + b_i(\hat{v}_i - \dot{q}_0)\right] \tag{2.5b}$$

$$\dot{\hat{a}}_i = -\alpha_3 \mathrm{sgn}\left[\sum_{j\in\mathcal{N}_i} a_{ij}(\hat{a}_i - \hat{a}_j) + b_i(\hat{a}_i - \ddot{q}_0)\right] \tag{2.5c}$$

式中，$\hat{p}_i$、$\hat{v}_i$ 和 $\hat{a}_i$ 分别为第 i 个跟随者对领航者的广义位置坐标 q_0、广义速度 $\dot{q}_0$ 和广义加速度 $\ddot{q}_0$ 的估计；$a_{ij}(i,j=1,2,\cdots,n)$ 为邻接矩阵 $\mathcal{A}$ 的元素；$b_i(i=1,2,\cdots,n)$ 的定义见引理 1.4；$\alpha_i(i=1,2,3)$ 为正常数。

推论 2.1　假设在增广图 $\overline{\mathcal{G}}$ 中，存在领航者到每一个跟随者的有向路径。如果选取 $\alpha_1 > \bar{q}_d^1$，那么在有限时间 T_1 内，跟随者能够精确估计领航者广义坐标，即 $\lim\limits_{t\to T_1}\|\hat{p}_i(t) - q_0(t)\| = 0$。类似地，如果选取 $\alpha_2 > \bar{q}_d^2$，$\alpha_3 > \bar{q}_d^3$，那么有 $\lim\limits_{t\to T_2}\|\hat{v}_i(t) - \dot{q}_0(t)\| = 0$，$\lim\limits_{t\to T_3}\|\hat{a}_i(t) - \ddot{q}_0(t)\| = 0$。

注 2.1　推论 2.1 的证明与文献 [138] 中定理 3.1 的证明相似，因此不在此赘述。类似地，上述滑模估计器的调节时间 T_1、T_2 和 T_3 分别为

$$T_1 = \frac{\max_i \|\hat{p}_i(0) - q_0(0)\|}{\alpha_1 - \sup\limits_{t\geqslant 0}\|\dot{q}_0\|},\quad T_2 = \frac{\max_i \|\hat{v}_i(0) - \dot{q}_0(0)\|}{\alpha_2 - \sup\limits_{t\geqslant 0}\|\ddot{q}_0\|},\quad T_3 = \frac{\max_i \|\hat{a}_i(0) - \ddot{q}_0(0)\|}{\alpha_3 - \sup\limits_{t\geqslant 0}\|q_0^{(3)}\|}$$

2.4　分布式跟踪控制器设计

为了方便表述，对任意跟随者 $i(i=1,2,\cdots,n)$，有如下辅助变量：

$$\dot{q}_{ri} \stackrel{\mathrm{def}}{=} \hat{v}_i - \beta_1\left[\sum_{j\in\mathcal{N}_i} a_{ij}(q_i - q_j) + b_i(q_i - q_0)\right] \tag{2.6}$$

$$s_i \stackrel{\mathrm{def}}{=} \dot{q}_i - \dot{q}_{ri} = \tilde{v}_i + \beta_1\left[\sum_{j\in\mathcal{N}_i} a_{ij}(q_i - q_j) + b_i(q_i - q_0)\right] \tag{2.7}$$

$$s_{oi} \stackrel{\mathrm{def}}{=} \dot{\tilde{q}}_i + \beta_2\sum_{j\in\mathcal{N}_i} a_{ij}(\tilde{q}_i - \tilde{q}_j) \tag{2.8}$$

式中，β_1 和 β_2 是正常数；$\tilde{v}_i = \dot{q}_i - \hat{v}_i$，$\tilde{q}_i = q_i - \hat{q}_i$，$\dot{\tilde{q}}_i = \dot{q}_i - \dot{\hat{q}}_i$，这里 $\hat{q}_i$ 和 $\dot{\hat{q}}_i$ 分别为第 i 个跟随者对其自身广义位置坐标 q_i 和广义速度 $\dot{q}_i$ 的观测值；$a_{ij}(i,j=1,2,\cdots,n)$ 为邻接矩阵 $\mathcal{A}$ 的元素；$b_i(i=1,2,\cdots,n)$ 的定义见引理 1.4。

将式 (2.6) 和式 (2.8) 分别写成向量形式，为

$$s \stackrel{\mathrm{def}}{=} \tilde{v} + \beta_1(\overline{\mathcal{L}}\otimes I_p)e \tag{2.9}$$

$$s_o \stackrel{\mathrm{def}}{=} \dot{\tilde{q}} + \beta_2(\mathcal{L}\otimes I_p)\tilde{q} \tag{2.10}$$

式中，$e \stackrel{\mathrm{def}}{=} q - 1_n\otimes q_0$ 为跟随者广义坐标的跟踪误差的向量形式，这里 $q = [q_1^\mathrm{T},\cdots,q_n^\mathrm{T}]^\mathrm{T}\in\mathbb{R}^{np}$，$e = [e_1^\mathrm{T},\cdots,e_n^\mathrm{T}]^\mathrm{T}$。类似地，$s = [s_1^\mathrm{T},\cdots,s_n^\mathrm{T}]^\mathrm{T}$，跟随者自身

速度与对领航者速度估计之间的误差 $\tilde{v} = [\tilde{v}_1^{\mathrm{T}}, \cdots, \tilde{v}_n^{\mathrm{T}}]^{\mathrm{T}}$，广义位置观测误差 $\tilde{q} = [\tilde{q}_1^{\mathrm{T}}, \cdots, \tilde{q}_n^{\mathrm{T}}]^{\mathrm{T}}$，广义速度观测误差 $\dot{\tilde{q}} = [\dot{\tilde{q}}_1^{\mathrm{T}}, \cdots, \dot{\tilde{q}}_n^{\mathrm{T}}]^{\mathrm{T}}$，以及 $s_o = [s_{o1}^{\mathrm{T}}, \cdots, s_{on}^{\mathrm{T}}]^{\mathrm{T}}$。由欧拉-拉格朗日方程可线性化的性质可知

$$M_i(q_i)\dot{s}_i + C_i(q_i, \dot{q}_i)s_i + \Delta\tilde{W}_i = \tau_i - \hat{\tau}_i \tag{2.11}$$

式中，

$$\Delta\tilde{W}_i = M_i(q_i)\ddot{q}_{ri} + C_i(q_i, \dot{q}_i)\dot{q}_{ri} + g_i(q_i) - Y_i(\hat{p}_i, \hat{v}_i, \hat{a}_i)\Theta_i$$

$$\hat{\tau}_i = M_i(\hat{p}_i)\hat{a}_i + C_i(\hat{p}_i, \hat{v}_i)\hat{v}_i + g_i(\hat{p}_i) = Y_i(\hat{p}_i, \hat{v}_i, \hat{a}_i)\Theta_i$$

式 (2.11) 的向量形式为

$$M(q)\dot{s} + C(q, \dot{q})s + \Delta\tilde{W} = \tau - \hat{\tau}_0 \tag{2.12}$$

式中，$M(q) = \mathrm{diag}(M_1(q_1), \cdots, M_n(q_n))$；$C(q, \dot{q}) = \mathrm{diag}(C_1(q_1, \dot{q}_1), \cdots, C_n(q_n, \dot{q}_n))$；$\Delta\tilde{W} = [\Delta\tilde{W}_1^{\mathrm{T}}, \cdots, \Delta\tilde{W}_n^{\mathrm{T}}]^{\mathrm{T}}$；$\tau = [\tau_1^{\mathrm{T}}, \cdots, \tau_n^{\mathrm{T}}]^{\mathrm{T}}$。

引理 2.1 令 $s_e \overset{\text{def}}{=} \dot{e} + \beta_1(\overline{\mathcal{L}} \otimes I_p)e$，式中 $\dot{e} = \dot{q} - 1_n \otimes \dot{q}_0$，令 $\Delta W \overset{\text{def}}{=} M(q)(\ddot{q} - \dot{s}_e) + C(q, \dot{q})(\dot{q} - s_e) + g(q) - Y(q_0, \dot{q}_0, \ddot{q}_0)\Theta$，则存在正常数 $c_i(i = 1, 2, \cdots, 6)$，使得

$$-s_e^{\mathrm{T}}\Delta W \leqslant \beta_1 s_e^{\mathrm{T}}M(q)\overline{\mathcal{L}}s_e - \beta_1^2 s_e^{\mathrm{T}}M(q)\overline{\mathcal{L}}^2 e + c_1\|s_e\|^2 + c_2\|s_e\|\|e\|$$
$$+ c_3(\|s_e\|^2\|e\| + \beta_1\sigma_{\max}(\overline{\mathcal{L}})\|s_e\|\|e\|^2) \tag{2.13}$$

$$-s_o^{\mathrm{T}}\Delta W \leqslant \beta_2 s_o^{\mathrm{T}}M(q)\mathcal{L}s_e - \beta_2^2 s_o^{\mathrm{T}}M(q)\mathcal{L}^2 e + c_4\|s_e\|\|s_o\| + c_5\|s_o\|\|e\|$$
$$+ c_6(\|s_e\|\|s_o\|\|e\| + \beta_2\sigma_{\max}(\mathcal{L})\|s_o\|\|e\|^2) \tag{2.14}$$

注 2.2 该引理为文献 [139] 中引理 1 的推广，通过类似的证明过程可完成对引理 2.1 的证明，详细证明过程请参考文献 [139]。

众所周知，跟踪一个具有时变速度的动态领航者，跟随者在获取领航者速度信息的同时知晓自身的速度也是非常必要的，因此提出了以下的速度观测器：

$$\begin{cases} \dot{\tilde{q}}_i = w_i - \beta_1\left[\displaystyle\sum_{j \in \mathcal{N}_i} a_{ij}(q_i - q_j) - b_i(q_i - q_0)\right] + \beta_2\displaystyle\sum_{j \in \mathcal{N}_i} a_{ij}(\tilde{q}_i - \tilde{q}_j) + k_3\tilde{q}_i \\ \dot{w}_i = \hat{a}_i - k_2(s_i - s_{oi}) + k_3\beta_2\displaystyle\sum_{j \in \mathcal{N}_i} a_{ij}(\tilde{q}_i - \tilde{q}_j) \end{cases} \tag{2.15}$$

式中，k_2、k_3 为正常数。注意到 $s_i - s_{oi} = \dot{\tilde{q}}_i - \hat{v}_i + \beta_1\left[\displaystyle\sum_{j \in \mathcal{N}_i} a_{ij}(q_i - q_j) + b_i(q_i - q_0)\right] -$

$\beta_2 \sum\limits_{j \in \mathcal{N}_i} a_{ij}(\tilde{q}_i - \tilde{q}_j)$，因此 $s_i - s_{oi}$ 不含任何跟随者的广义速度信息。此外，由于该速度观测器仅用到了局部信息，所以是分布式的，在实践中更易实现。

将式 (2.15) 写成向量形式为

$$\begin{cases} \dot{\tilde{q}} = w - \beta_1(\overline{\mathcal{L}} \otimes I_p)e + \beta_2(\mathcal{L} \otimes I_p)\tilde{q} + k_3\tilde{q} \\ \dot{w} = \hat{a} - k_2(s - s_o) + k_3\beta_2(\mathcal{L} \otimes I_p)\tilde{q} \end{cases} \tag{2.16}$$

式中，$\dot{\tilde{q}}$、w、$\tilde{q}$、$\hat{a}$、s 和 s_o 分别为 $\dot{\tilde{q}}_i$、w_i、$\tilde{q}_i$、$\hat{a}_i$、s_i 和 s_{oi} $(i = 1, 2, \cdots, n)$ 的列堆栈向量形式。

应用上述领航者状态估计器和速度观测器的输出，针对每个跟随者 $i(i = 1, 2, \cdots, n)$，提出分布式控制律如下：

$$\tau_i = -k_1(s_i - s_{oi}) + Y_{i0}\hat{\Theta}_i - 2\Lambda_i Y_{i0} Y_{i0}^{\mathrm{T}} \hat{e}_i \tag{2.17}$$

式中，$\hat{e}_i \overset{\text{def}}{=} q_i - \hat{p}_i$；$Y_{i0}$ 代表 $Y_i(\hat{p}_i, \hat{v}_i, \hat{a}_i)$；$k_1$ 为正常数；Λ_i 为正定对角矩阵；$\hat{\Theta}_i$ 为 Θ_i 的估计值。

针对式 (2.11) 中的参数不确定性，提出了如下自适应更新律：

$$\dot{\hat{\Theta}}_i = -\Lambda_i Y_{i0}^{\mathrm{T}}(s_{oi} - s_i) + 2\Lambda_i^{1/2}\dot{Y}_{i0}^{\mathrm{T}}\hat{e}_i - 2\beta_1\Lambda_i Y_{i0}^{\mathrm{T}}\left[\sum_{j \in \mathcal{N}_i} a_{ij}(q_i - q_j) + b_i(q_i - q_0)\right] \tag{2.18}$$

注意到上述提出的分布式控制算法和自适应律中，$s_i - s_{oi}$ 的设计巧妙地规避了跟随者速度不可测的难题，且变量 $\hat{e}_i$ 的引入可以处理只有部分跟随者能获取领航者状态信息的情形。

下面提出本章的主要定理。

定理 2.1　如果在跟随者和领航者的交互拓扑中，存在领航者作为根节点的有向生成树，且选取 $\alpha_i > \bar{q}_{0i}(i = 1, 2, 3)$。那么，应用本章中提出的分布式控制器 (2.17) 及估计器 (2.5)，观测器 (2.15) 和对不确定参数的自适应更新律 (2.18)，存在参数 β_1、β_2、Λ、k_1、k_2 和 k_3，使得闭环系统局部稳定，即当 $t \to \infty$ 时，有 $\|q_i(t) - q_0(t)\| \to 0$ 且 $\|\dot{q}_i(t) - \dot{q}_0(t)\| \to 0$，$i = 1, 2, \cdots, n$。

证明　为了解决只有部分跟随者能够获取领航者状态信息的难题，本章采用估计器 (2.5) 实现每个跟随者对领航者状态的估计。由推论 2.1 可知，如果估计器增益选取合适，那么能够保证估计误差在有限时间内收敛至 0，即所有的估计值将会在有限时间内收敛至真值。当 $t \geqslant T \overset{\text{def}}{=} \max\{T_1, T_2, T_3\}$ 时，有 $\hat{p}_i = q_0$、$\hat{v}_i = \dot{q}_0$ 和 $\hat{a}_i = \ddot{q}_0$。因此，变量 s_i 可以等价地写成

$$s_i = \dot{q}_i - \dot{q}_0 + \beta_1\left[\sum_{j \in \mathcal{N}_i} a_{ij}(q_i - q_j) + b_i(q_i - q_0)\right] \tag{2.19}$$

式 (2.12) 变为

$$M(q)\dot{s} + C(q,\dot{q})s + \Delta W = \tau - \tau_0 \tag{2.20}$$

式中，$\tau_0 = Y_0\Theta = M(q_0)\ddot{q}_0 + C(q_0,\dot{q}_0)\dot{q}_0 + g(q_0)$。

那么，式 (2.16) 能够写成

$$\begin{cases} \dot{q} = w - \beta_1(\overline{\mathcal{L}} \otimes I_p)e + \beta_2(\mathcal{L} \otimes I_p)\tilde{q} + k_3\tilde{q} \\ \dot{w} = \ddot{q}_0 - k_2(s-s_o) + k_3\beta_2(\mathcal{L} \otimes I_p)e_o \end{cases} \tag{2.21}$$

可以看到，$s-s_o = \dot{\tilde{q}}_i - \dot{q}_0 + \beta_1\left[\sum_{j\in\mathcal{N}_i} a_{ij}(q_i-q_j) + b_i(q_i-q_0)\right] - \beta_2\sum_{j\in\mathcal{N}_i} a_{ij}(\tilde{q}_i-\tilde{q}_j)$，其不含任何跟随者的速度信息。

当 $t > T$ 时，考虑如下李雅普诺夫函数：

$$V(t) = \frac{1}{2}(-2\Lambda^{\frac{1}{2}}Y_0^{\mathrm{T}}e + \Lambda^{-\frac{1}{2}}\tilde{\Theta})^{\mathrm{T}}(-2\Lambda^{\frac{1}{2}}Y_0^{\mathrm{T}}e + \Lambda^{-\frac{1}{2}}\tilde{\Theta})$$
$$+ \frac{1}{2}s^{\mathrm{T}}M(q)s + \frac{1}{2}s_o^{\mathrm{T}}M(q)s_o + \frac{1}{2}e^{\mathrm{T}}e \tag{2.22}$$

式中，$\Lambda \stackrel{\text{def}}{=} \text{blockdiag}(\Lambda_1,\cdots,\Lambda_n)$；$\tilde{\Theta} = [\tilde{\Theta}_i^{\mathrm{T}},\cdots,\tilde{\Theta}_n^{\mathrm{T}}]^{\mathrm{T}}$，这里 $\tilde{\Theta}_i = \hat{\Theta}_i - \Theta_i$ 为对 Θ_i 的估计误差。

对上述李雅普诺夫函数关于时间求导，可得

$$\dot{V}(t) = (-2\Lambda^{\frac{1}{2}}Y_0^{\mathrm{T}}e + \Lambda^{-\frac{1}{2}}\tilde{\Theta})^{\mathrm{T}}(-2\Lambda^{\frac{1}{2}}Y_0^{\mathrm{T}}\dot{e} - 2\Lambda^{\frac{1}{2}}\dot{Y}_0^{\mathrm{T}}e + \Lambda^{-\frac{1}{2}}\dot{\tilde{\Theta}})$$
$$+ s^{\mathrm{T}}M(q)\dot{s} + \frac{1}{2}s^{\mathrm{T}}\dot{M}(q)s + s_o^{\mathrm{T}}M(q)\dot{s}_o + \frac{1}{2}s_o^{\mathrm{T}}\dot{M}(q)s_o + e^{\mathrm{T}}\dot{e} \tag{2.23}$$

结合式 (2.17) 和式 (2.20)，当 $t > T$ 时，考虑到 $\hat{p}_i = q_0$、$\hat{v}_i = \dot{q}_0$ 和 $\hat{a}_i = \ddot{q}_0$，闭环系统误差动力学方程为

$$M(q)\dot{s} = -k_1(s-s_o) - \Delta W + Y_0\tilde{\Theta} - C(q,\dot{q})s - 2\Lambda Y_0 Y_0^{\mathrm{T}}e \tag{2.24}$$

对观测器 (2.21) 的 $\dot{q}$ 部分进行求导，再将第二部分代入，可得

$$\dot{s}_o = \dot{s} - k_2(s_o - s) - k_3 s_o \tag{2.25}$$

注意到，由于 Θ 为常值，有 $\dot{\tilde{\Theta}} = \dot{\hat{\Theta}}$。将式 (2.18)、式 (2.24) 和式 (2.25) 代入式 (2.23)，可得

$$\dot{V}(t) = \left(-2\Lambda^{\frac{1}{2}}Y_0^{\mathrm{T}}e + \Lambda^{-\frac{1}{2}}\tilde{\Theta}\right)^{\mathrm{T}}\left[-2\Lambda^{\frac{1}{2}}Y_0^{\mathrm{T}}\dot{e} - \Lambda^{\frac{1}{2}}Y_0^{\mathrm{T}}(s_o - s) - 2\Lambda^{\frac{1}{2}}\beta_1 Y_0^{\mathrm{T}}(\overline{\mathcal{L}} \otimes I_p)e\right]$$
$$- k_1 s^{\mathrm{T}}(s-s_o) - s^{\mathrm{T}}\Delta W - s^{\mathrm{T}}Y_0\Theta_e - 2\Lambda s^{\mathrm{T}}Y_0 Y_0^{\mathrm{T}}e + \frac{1}{2}s_o^{\mathrm{T}}\dot{M}s_o - s_o^{\mathrm{T}}Cs_o$$

$$+s_o^T C s_o + s_o^T \left[-k_1(s - s_o) - \Delta W + Y_d \Theta_e - C(q, \dot{q})s - 2\Lambda Y_0 Y_0^T e \right]$$
$$-k_3 s_o^T M s_o - k_2 s_o^T M(s_o - s) + e^T \dot{e} \tag{2.26}$$

通过简单地代数运算，应用引理 2.1，式 (2.26) 能够简化为

$$\dot{V}(t) \leqslant \beta_1 s^T M \overline{\mathcal{L}} s - \beta_1^2 s^T M \overline{\mathcal{L}}^2 e + c_1 \|s\|^2 + c_2 \|s\|\|e\| + c_3 \Big(\|s\|^2 \|e\|$$
$$+ \beta_1 \lambda_{\max}(\overline{\mathcal{L}}) \|s\| \|e\|^2 \Big) + \beta_2 s_o^T M \mathcal{L} s - \beta_2^2 s_o^T M \mathcal{L}^2 e + c_4 \|s\| \|s_o\|$$
$$+ c_5 \|s_o\|\|e\| + c_6 \Big(\|s\|\|s_o\|\|e\| + \beta_2 \sigma_{\max}(\mathcal{L}) \|s_o\| \|e\|^2 \Big)$$
$$- k_1 s^T s - s_o^T C s + s_o^T C s_o + k_1 s_o^T s_o - k_2 s_o^T M s_o$$
$$+ k_2 s_o^T M s - k_3 s_o^T M s_o + e^T s - \beta_1 e^T \overline{\mathcal{L}} e \tag{2.27}$$

考虑以下等式关系：

$$\|s\|\|e\|^2 = -\frac{1}{2}\|e\|^2(1 - \|s\|)^2 + \frac{1}{2}\|e\|^2 + \frac{1}{2}\|e\|^2\|s\|^2$$
$$\|s_o\|\|e\|^2 = -\frac{1}{2}\|e\|^2(1 - \|s_o\|)^2 + \frac{1}{2}\|e\|^2 + \frac{1}{2}\|e\|^2\|s_o\|^2 \tag{2.28}$$

则式 (2.27) 能够满足不等式

$$\dot{V}(t) \leqslant \left(\phi_1 + c_3 \|e\| + \frac{c_6}{2}\|e\| \right) \|s\|^2 + \left(\phi_2 + \frac{c_6}{2}\|e\| + \frac{c_6}{2}\beta_2 \sigma_{\max}(\mathcal{L})\|e\|^2 \right) \|s_o\|^2$$
$$+ \phi_3 \|e\|^2 + \left(\phi_4 - \frac{c_6}{2}\|e\| \right)(\|s_o\| - \|s\|)^2 + \Psi \tag{2.29}$$

式中，

$$\phi_1 = -k_1 + \frac{k_3}{2}k_{\overline{m}} + \zeta_1$$

$$\phi_2 = -k_{\underline{m}}(k_2 + k_3) + k_1 + \zeta_2$$

$$\phi_3 = -\beta_1 \left(\sigma_{\min}(\overline{\mathcal{L}}) - \frac{c_3}{2}\sigma_{\max}(\overline{\mathcal{L}}) \right) + \zeta_3$$

$$\phi_4 = -\frac{\beta_2}{2}k_{\overline{m}}\sigma_{\max}(\mathcal{L}) - \frac{c_4}{2} - \frac{k_{\overline{m}}}{2}k_3$$

$$\Psi = \left(-\frac{1}{2}\beta_2^2 k_{\overline{m}}\sigma_{\max}(\mathcal{L}^2) - \frac{1}{2}\beta_1^2 k_{\overline{m}}\sigma_{\max}(\overline{\mathcal{L}}^2) - \frac{1}{2} - \frac{c_2}{2} \right)(\|s\| - \|e\|)^2$$
$$- \frac{c_3}{2}\beta_1 \sigma_{\max}(\overline{\mathcal{L}})\|e\|^2(1 - \|s\|)^2 - \frac{c_5}{2}(\|s_o\| - \|e\|)^2$$
$$- \frac{c_6}{2}\beta_2 \sigma_{\max}(\mathcal{L})\|e\|^2(1 - \|s_o\|)^2 \tag{2.30}$$

由欧拉-拉格朗日方程的性质可知，当状态 q 和 $\dot{q}$ 的范数有界时，$\sigma_{\max}(C)$ 有界。ϕ 中的 $\zeta_i(i = 1, 2, 3)$ 定义为

$$\zeta_1 = \beta_1 k_{\overline{m}} \sigma_{\max}(\overline{\mathcal{L}}) + c_1 + \frac{c_2}{2} + \frac{c_3}{2} \beta_1 \sigma_{\max}(\overline{\mathcal{L}}) + \frac{c_4}{2}$$
$$+ \frac{1}{2} \beta_2 k_{\overline{m}} \sigma_{\max}(C) + \frac{1}{2} \beta_1^2 k_{\overline{m}} \sigma_{\max}(\overline{\mathcal{L}}^2) + \frac{1}{2}$$

$$\zeta_2 = \frac{c_4}{2} + \frac{c_5}{2} + \frac{c_6}{2} \sigma_{\max}(\mathcal{L}) + \frac{3}{2} \sigma_{\max}(C)$$
$$+ \frac{1}{2} \beta_2 k_{\overline{m}} \sigma_{\max}(\mathcal{L}) + \frac{1}{2} \beta_2^2 k_{\overline{m}} \sigma_{\max}(\mathcal{L}^2)$$

$$\zeta_3 = \frac{1}{2} \beta_1^2 k_{\overline{m}} \sigma_{\max}(\overline{\mathcal{L}}^2) + \frac{1}{2} \beta_2^2 k_{\overline{m}} \sigma_{\max}(\mathcal{L}^2)$$
$$+ \frac{c_6}{2} \beta_2 \sigma_{\max}(\mathcal{L}) + \frac{c_4}{2} + \frac{c_5}{2} + \frac{1}{2}$$

由式 (2.30) 可知，$\Psi \leqslant 0$。因此，要使得 $\dot{V}(t) \leqslant 0$，只需满足以下条件：

$$\begin{cases} \phi_1 + c_3 \|e\| + \frac{c_6}{2} \|e\| \leqslant 0 & (2.31a) \\ \phi_2 + \frac{c_6}{2} \|e\| + \frac{c_6}{2} \beta_2 \sigma_{\max}(\mathcal{L}) \|e\|^2 \leqslant 0 & (2.31b) \\ \phi_3 \leqslant 0 & (2.31c) \\ \phi_4 - \frac{c_6}{2} \|e\| \leqslant 0 & (2.31d) \end{cases}$$

显然，对于所有的 e，均有 $\phi_4 - \frac{c_6}{2} \|e\| \leqslant 0$，因为 $\|e\| \geqslant 0$。注意到式 (2.31a) 和式 (2.31b) 含有 $\|e\|$ 和 $\|e\|^2$ 项，因此要使 $\|e\| \geqslant 0$ 有界，需要满足

$$\phi_1 \leqslant 0, \quad \text{且 } \phi_2 \leqslant 0 \qquad (2.32)$$

结合式 (2.31) 和式 (2.32)，当选取的控制增益参数满足以下不等式条件时有 $\dot{V}(t) \leqslant 0$：

$$\begin{cases} k_1 \geqslant \frac{1}{2} k_{\overline{m}} k_3 + \zeta_1 & (2.33a) \\ k_2 + k_3 \geqslant \frac{k_1}{k_{\underline{m}}} + \frac{\zeta_2}{k_{\underline{m}}} & (2.33b) \\ \beta_1 \geqslant \dfrac{\zeta_3}{\sigma_{\min}(\overline{\mathcal{L}}) - \frac{c_3}{2} \sigma_{\max}(\overline{\mathcal{L}})} & (2.33c) \end{cases}$$

由 $\dot{V}(t) \leqslant 0$ 可知，s、s_o、e 和 $\tilde{\Theta}$ 均是有界的。观察输入 (2.17) 的形式，可知输入也是有界的，进而观察速度观测器 (2.16) 和自适应更新律 (2.18) 的形式，可以得出速度观测器状态 $\dot{\hat{q}}$ 及 $\dot{\hat{\Theta}}$ 是有界的。因此，由式 (2.20) 可知，$\dot{s}$ 也是有界量。通过对

式 (2.26) 求导, 再结合问题描述部分中对领航者状态及其导数的有界性假设可知, $\ddot{V}(t)$ 是有界的, 即 $\dot{V}(t)$ 是一致连续的。综上, 由 Barbalat's 引理可知, 当 $t \to \infty$ 时, $\dot{V}(t) \to 0$, 等价地, $s(t) \to 0$, $s_o(t) \to 0$ 和 $e(t) \to 0$。最后, 由它们的定义可以得出, $\lim\limits_{t\to\infty} \|q_i(t) - q_0(t)\| \to 0$ 和 $\lim\limits_{t\to\infty} \|\dot{q}_i(t) - \dot{q}_0(t)\| \to 0$, $i = 1, 2, \cdots, n$。 □

注 2.3   注意到式 (2.10) 可以写成 $\dot{e}_o = -\beta_2(\mathcal{L} \otimes I_p)e_o + s_o$。因为多运动体系统交互拓扑中含有有向生成树, 当 $s_o \to 0$ 时, 由 Lasalle's 理论和引理 1.3 可知, 当 $t \to \infty$ 时, $e_o \to 0$, 即 $\lim\limits_{t\to\infty} \dot{q}_i(t) - \dot{\hat{q}}_i(t) = 0$。这说明, 本章提出的速度观测器能够在仅有广义位置信息的情况下, 精确地观测跟随者自身的广义速度状态。

注 2.4   由引理 2.1 可知, 参数 c_3 的取值范围是由误差决定的, 然而为了保证式 (2.33c) 有解, 通常按照如下原则选取 c_3:

$$c_3 = \begin{cases} 2, & 0 < c_3 < 2 \\ c_3, & c_3 \geqslant 2 \end{cases}$$

结合不等式 $\sigma_{\min}(\mathcal{H}) \leqslant \sigma_{\max}(\mathcal{H})$, 可以得到 $\sigma_{\min}(\overline{\mathcal{L}}) - \dfrac{c_3}{2}\sigma_{\max}(\overline{\mathcal{L}}) < 0$ 恒成立。又因为在式 (2.7) 中 β_1 定义为正常数, 所以式 (2.33c) 恒成立。

2.5 仿 真 验 证

本节通过数值仿真实验来验证本章提出算法的有效性。考虑跟随者为四个二连杆转动机械臂。为简单起见, 假设所有跟随者具有相同的动力学模型。文献 [137] 中给出了二连杆机械臂的欧拉-拉格朗日方程, 具体形式如下:

$$M_i(q_i) = \begin{bmatrix} O_{i(1)} + 2O_{i(2)}\cos(q_{i(2)}) & O_{i(3)} + O_{i(2)}\cos(q_{i(2)}) \\ O_{i(3)} + O_{i(2)}\cos(q_{i(2)}) & O_{i(3)} \end{bmatrix}$$

$$C_i(q_i, \dot{q}_i) = \begin{bmatrix} -O_{i(2)}\sin(q_{i(2)})\dot{q}_{i(2)} & -O_{i(2)}\sin(q_{i(2)})(\dot{q}_{i(1)} + \dot{q}_{i(2)}) \\ O_{i(2)}\sin(q_{i(2)})\dot{q}_{i(1)} & 0 \end{bmatrix}$$

$$g_i(q_i) = \begin{bmatrix} O_{i(4)}g\cos(q_{i(1)}) + O_{i(5)}g\cos(q_{i(1)} + q_{i(2)}) \\ O_{i(5)}g\cos(q_{i(1)} + q_{i(2)}) \end{bmatrix}$$

式中, $q_i = [q_{i(1)}, q_{i(2)}]^{\mathrm{T}}$ 代表两个连杆的角度; $O_i = [O_{i(1)}, O_{i(2)}, O_{i(3)}, O_{i(4)}, O_{i(5)}] = [m_1l_{c1}^2 + m_2(l_1^2 + l_{c2}^2) + J_1 + J_2, m_2l_1l_{c2}, m_2l_{c2}^2 + J_2, m_1l_{c1} + m_2l_1, m_2l_{c2}]$ 为与系统物理参数相关的向量, 这里选取与文献 [19] 中相同的物理参数, $m_1 = 0.5\mathrm{kg}$ 和 $m_2 = 0.4\mathrm{kg}$ 分别代表连杆 1 和 2 的质量, $l_1 = 0.4\mathrm{m}$ 和 $l_2 = 0.3\mathrm{m}$ 分别代表连

杆 1 和 2 的长度，$l_{c1} = 0.2\mathrm{m}$ 和 $l_{c2} = 0.15\mathrm{m}$ 为连杆质心到其相邻连杆的距离，连杆的惯性矩分别为 $J_1 = 0.0067\mathrm{kg \cdot m^2}$ 和 $J_2 = 0.003\mathrm{kg \cdot m^2}$。

跟随者与领航者（运动体 0）的交互拓扑如图 2.1 所示。由图可以看出，只有跟随者 1 能够获取领航者的信息。跟随者的初始位置假设为 $q_i(0) = [(\pi/7)i, (\pi/8)i]^\mathrm{T}\mathrm{rad}$，且速度观测器初始状态为 $\dot{\hat{q}}_i(0) = [0,0]^\mathrm{T}\mathrm{rad/s}$。选取领航者的状态为 $q_0(t) = [\sin(t), -\sin(t)]\mathrm{rad}$，则其速度为 $\dot{q}_0(t) = [\cos(t), -\cos(t)]\mathrm{rad/s}$。控制参数设定为 $\alpha_1 = \alpha_2 = \alpha_3 = 1.5$，$\beta_1 = 5$，$\beta_2 = 1$，$\Lambda_i = 0.2I_2$，$i = 1, 2, 3, 4$，$k_1 = 12$，$k_2 = 1$，$k_3 = 12$。

图 2.1 领航者与跟随者的交互图

所有机械臂的运动轨迹如图 2.2 所示。从图中可以看出，跟随者和领航者的运动轨迹是重合的，说明实现了跟踪控制。图 2.3 和图 2.4 为控制过程中各个跟随者的位置和速度跟踪误差。由图可以看出，应用本章提出的分布式控制器，闭环系统跟踪误差均收敛于零。此外，由图 2.5 可以看出，速度观测器能够提供精确的速度观测值。

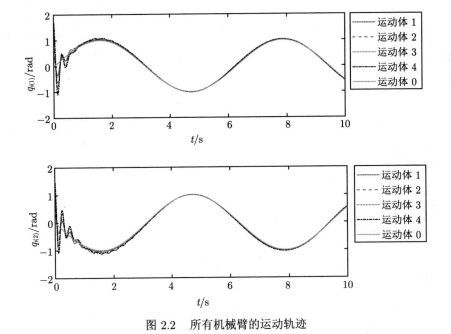

图 2.2 所有机械臂的运动轨迹

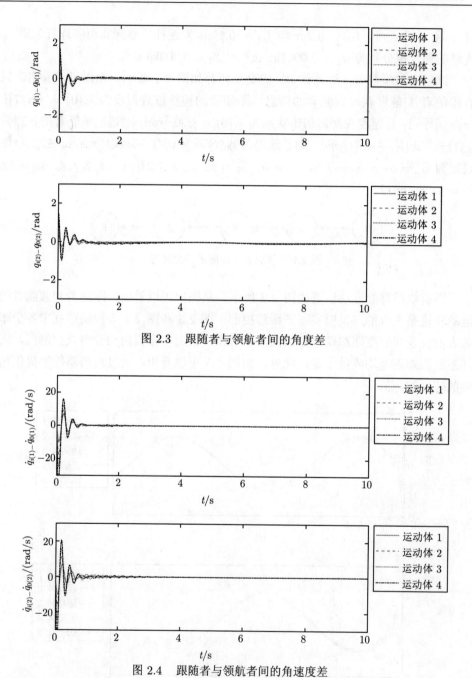

图 2.3　跟随者与领航者间的角度差

图 2.4　跟随者与领航者间的角速度差

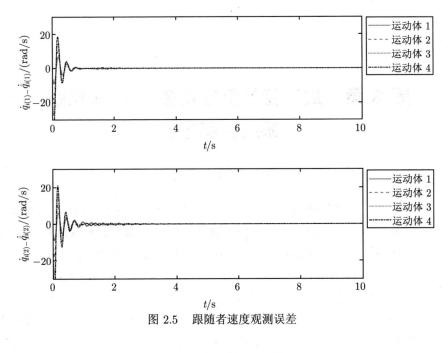

图 2.5 跟随者速度观测误差

2.6 本章小结

本章考虑了有向图下带有参数不确定性的多欧拉-拉格朗日系统的分布式协调跟踪问题。为了克服仅有部分跟随者能够获取领航者状态信息的局限性，提出了有限时间分布式估计器。为了进一步在仅具有位置信息反馈条件下实现对动态领航者的跟踪，设计了分布式速度观测器，并利用观测器输出，为每个跟随者提出了分布式控制算法。该算法针对一般欧拉-拉格朗日系统，解决了在没有速度信息情况下的分布式协调跟踪问题，具有重要的实践意义。

第 3 章　局部指数稳定的多欧拉-拉格朗日系统协同控制

3.1　引　　言

如前所述，系统的速度可能在实际应用中因某些原因而无法直接通过传感器进行测量。因此，一般是通过对位置测量值的数值微分得到速度信息。但是，在实际工作环境中，观测器-控制器这种框架往往比数值微分方法有更好的性能。第 2 章讨论了在仅有位置可测情况下的分布式协调跟踪问题。然而，注意到在第 2 章中，为了解决仅有部分跟随者能够获取领航者状态信息这一难题，首先设计了有限时间估计器，进而又设计了观测器、控制器，且它们之间存在着不同程度的耦合。这种复杂的关系使得闭环系统变得很复杂，且给稳定性分析造成了一定的难度；而且，这种估计器-观测器-控制器的控制框架割裂了系统控制的整体性，也不符合分布式控制的本质思想。此外，考虑到在领航者状态估计器中用到了符号函数，在实际应用中，这种信号的快速变化必然会对系统性能造成影响，甚至会损坏系统的某些执行机构。因此，本章旨在设计一种全新的控制框架，简化第 2 章中的控制方法，且避免因符号函数的引入而带来的振荡等不利影响。

为了克服这些工作的不足，本章将研究在仅有位置测量信息情况下，且交互拓扑为有向图时的多欧拉-拉格朗日系统的分布式协同控制问题。首先考虑带有动态领航者的分布式协调跟踪问题，设计分布式的速度观测器，提出基于观测器的分布式控制算法，得到稳定的闭环系统。该控制算法既不需要运动体自身的绝对速度，也不需要与邻居相关的相对速度，在实际应用中易于实现。然后考虑无领航者情况下的同步问题，采用同样的观测器-控制器框架，实现系统状态的局部指数同步。针对上述所设计的分布式控制算法，本章通过两个仿真实验对其进行验证，实验结果表明了本章提出算法的有效性。总体而言，本章提出的控制方法能保证分布式多欧拉-拉格朗日系统的闭环控制误差具有局部指数收敛的性质，这比研究中误差一致最终有界的结论 [33,34] 有更好的性能。

3.2 对动态领航者的分布式跟踪控制

3.2.1 问题描述

假设系统由 n 个跟随者和一个领航者组成，其中领航者标号为 0，跟随者标号从 1 到 n，动力学模型由欧拉-拉格朗日方程表示：

$$M_i(q_i)\ddot{q}_i + C_i(q_i,\dot{q}_i)\dot{q}_i + g_i(q_i) = \tau_i, \quad i = 1,2,\cdots,n \tag{3.1}$$

式中，q_i、$\dot{q}_i$、$M_i(q_i)$、$C_i(q_i,\dot{q}_i)$、$g_i(q_i)$ 与式 (2.3) 中定义相同，且具有 2.2.1 节介绍的性质。可知对于系统 (3.1)，总存在 k_m、k_M，使得 $0 < k_m I \leqslant M_i(q) \leqslant k_M I$。

给定动态领航者轨迹 $q_0(t)$：

$$\ddot{q}_0(t) = f(t, q_0(t), \dot{q}_0(t)) \tag{3.2}$$

式中，$f : \mathbb{R} \times \mathbb{R}^p \times \mathbb{R}^p \to \mathbb{R}^p$ 是一致连续可微的函数，且满足

$$\sup_t \|q_0(t)\| \leqslant \bar{q}_d^0, \quad \sup_t \|\dot{q}_0(t)\| \leqslant \bar{q}_d^1$$

这里，$\bar{q}_d^0$ 和 $\bar{q}_d^1$ 为正常数。

领航者轨迹信息只能被部分跟随者获取。本节控制目标是对每个跟随者 i，设计仅利用局部位置信息 q_i 和 $q_j (j \in \mathcal{N}_i)$ 的控制律 τ_i，使得

$$\lim_{t\to\infty} (q_i(t) - q_0(t)) = 0_p, \quad \lim_{t\to\infty} (\dot{q}_i(t) - \dot{q}_0(t)) = 0_p$$

为了方便后面稳定性分析，首先给出下面辅助变量：

$$s_i \overset{\text{def}}{=} q_i - \frac{1}{d_i + b_i}\left(\sum_{j\in\mathcal{N}_i} a_{ij}q_j + b_i q_0\right) \overset{\text{def}}{=} q_i - q_{si}, \quad i = 1,2,\cdots,n \tag{3.3}$$

相应地，有

$$\dot{s}_i \overset{\text{def}}{=} \dot{q}_i - \frac{1}{d_i + b_i}\left(\sum_{j\in\mathcal{N}_i} a_{ij}\dot{q}_j + b_i\dot{q}_0\right) \overset{\text{def}}{=} \dot{q}_i - \dot{q}_{si} \tag{3.4}$$

式中，d_i 为跟随者 i 的入度，定义见 1.4 节。如果领航者为跟随者 i 的邻居，那么 $b_i = 1$，否则 $b_i = 0$。

式 (3.3) 和式 (3.4) 的向量形式为

$$s = \left(\overline{\mathcal{L}}_I \otimes I_p\right)(q - 1_n \otimes q_0) = \left[(\mathcal{L}_I + \mathcal{B}_I) \otimes I_p\right](q - 1_n \otimes q_0) \tag{3.5}$$

$$\dot{s} = \left(\overline{\mathcal{L}}_I \otimes I_p\right)(q - 1_n \otimes q_0) = [(\mathcal{L}_I + \mathcal{B}_I) \otimes I_p)](\dot{q} - 1_n \otimes \dot{q}_0) \tag{3.6}$$

式中，$s = [s_1^{\mathrm{T}}, \cdots, s_n^{\mathrm{T}}]^{\mathrm{T}}$；$q = [q_1^{\mathrm{T}}, \cdots, q_n^{\mathrm{T}}]^{\mathrm{T}}$；$\mathcal{L}_I$ 为归一化的拉普拉斯矩阵，具有如下形式：

$$\mathcal{L}_I = \begin{bmatrix} \dfrac{d_1}{d_1 + b_1} & -\dfrac{a_{12}}{d_1 + b_1} & \cdots & \cdots & -\dfrac{a_{1n}}{d_1 + b_1} \\[2mm] -\dfrac{a_{21}}{d_2 + b_2} & \dfrac{d_2}{d_2 + b_2} & \cdots & \cdots & -\dfrac{a_{2n}}{d_2 + b_2} \\[2mm] \vdots & \vdots & & \cdots & \vdots \\[2mm] -\dfrac{a_{n1}}{d_n + b_n} & \cdots & \cdots & -\dfrac{a_{n(n-1)}}{d_n + b_n} & \dfrac{d_n}{d_n + b_n} \end{bmatrix}$$

且矩阵 $\mathcal{B}_I = \mathrm{diag}\left(\dfrac{b_1}{d_1 + b_1}, \cdots, \dfrac{b_n}{d_n + b_n}\right)$。

引理 3.1 [33,140]　如果跟随者和领航者的有向交互拓扑中，含有领航者作为根节点的生成树，那么 $s = 0$ 当且仅当 $q = 1_n \otimes q_0$，类似地，$\dot{s} = 0$ 当且仅当 $\dot{q} = 1_n \otimes \dot{q}_0$。

3.2.2　基于速度观测器的分布式控制器设计

为了获取准确的速度信息，本节将设计一种速度观测器。广义位置 q_i 和速度 $\dot{q}_i$ 的观测值分别用 $\hat{q}_i$ 和 $\dot{\hat{q}}_i$ 表示。首先对于任意跟随者 $i(i = 1, 2, \cdots, n)$，定义以下辅助变量：

$$\tilde{q}_i = \hat{q}_i - q_i \tag{3.7}$$

速度观测误差：

$$\dot{\tilde{q}}_i = \dot{\hat{q}}_i - \dot{q}_i \tag{3.8}$$

广义位置和速度结合误差（也称为滑模变量）：

$$\eta_i = \dot{\tilde{q}}_i + \alpha \tilde{q}_i \tag{3.9}$$

式中，α 是正常数，用来调节误差的收敛速度。

为跟随者 i 设计如下观测器：

$$\begin{cases} \dot{\hat{q}}_i = w_i - k_i \tilde{q}_i \\ \dot{w}_i = M_i^{-1}(q_i)[\tau_i - C_i(q_i, \dot{\hat{q}}_i)(\dot{\hat{q}}_i + \alpha \tilde{q}_i) - g_i(q_i)] - \iota_i \tilde{q}_i \end{cases} \tag{3.10}$$

式中，k_i、ι_i 为正常数，满足 $k_i > \alpha$，$\iota_i = \alpha(k_i - \alpha)$；$w_i$ 是中间变量。

注 3.1　观测器 (3.10) 的设计受到了文献 [141] 和 [142] 中存储函数递减的启发。本节考虑的是多欧拉-拉格朗日系统，其中仅有部分跟随者能够获取领航者的状态，而在文献 [141] 和 [142] 中，由于考虑的是单体系统，所以唯一的跟随者总是能够获得领航者的状态信息，问题得到显著简化。

对于任意跟随者 $i(i = 1, 2, \cdots, n)$，利用观测器的输出 $\hat{\dot{q}}_i$，提出如下分布式控制律：

$$\tau_i = M_i(q_i)(\hat{\ddot{q}}_{si} + s_i) + C_i(q_i, \hat{\dot{q}}_i)(\hat{\dot{q}}_{si} - s_i) - \gamma_i(\hat{\dot{s}}_i + s_i) + g_i \tag{3.11}$$

式中，γ_i 为正常数；$\hat{\ddot{q}}_{si}$、$\hat{\dot{q}}_{si}$ 和 $\hat{\dot{s}}_i$ 分别为变量 $\ddot{q}_{si}$、$\dot{q}_{si}$ 和 $\dot{s}_i$ 的估计值。

考虑式 (3.5) 和式 (3.6) 中的定义，有如下形式：

$$\hat{\dot{q}}_{si} = \frac{1}{d_i + b_i}\left(\sum_{j \in \mathcal{N}_i} a_{ij}\hat{\dot{q}}_j + b_i\dot{q}_0\right)$$

$$\hat{\ddot{q}}_{si} = \frac{1}{d_i + b_i}\left(\sum_{j \in \mathcal{N}_i} a_{ij}\hat{\ddot{q}}_j + b_i\ddot{q}_0\right) \tag{3.12}$$

$$\hat{\dot{s}}_i = \hat{\ddot{q}}_i - \hat{\ddot{q}}_{si}$$

现给出以下主要结论。

定理 3.1　假设跟随者和领航者之间的交互拓扑为有向图，且包含以领航者作为根节点的有向生成树。应用基于观测器 (3.10) 的分布式控制算法 (3.11)，存在合适的控制参数 γ_i、α 和 k_i，使得闭环系统跟踪误差局部指数收敛于零，即 $\lim\limits_{t \to \infty} q_i(t) - q_0(t) = 0$，$\lim\limits_{t \to \infty} \dot{q}_i(t) - \dot{q}_0(t) = 0$；同时，观测器误差也局部指数收敛于零，即 $\lim\limits_{t \to \infty} \dot{q}_i(t) - \hat{\dot{q}}_i(t) = 0$。

证明　选取闭环系统的李雅普诺夫函数为

$$V = \underbrace{\frac{1}{2}\sum_{i=1}^{n} \eta_i^{\mathrm{T}} M_i(q_i)\eta_i + \frac{1}{2}\sum_{i=1}^{n} \tilde{q}_i^{\mathrm{T}}\tilde{q}_i}_{\stackrel{\text{def}}{=} V_0} + \underbrace{\frac{1}{2}\sum_{i=1}^{n} \xi_i^{\mathrm{T}} M_i(q_i)\xi_i}_{\stackrel{\text{def}}{=} V_1} \tag{3.13}$$

式中，$\xi_i = \dot{s}_i + s_i$，$i = 1, 2, \cdots, n$。

对 V_0 关于时间求导数，得

$$\dot{V}_0 = \frac{1}{2}\sum_{i=1}^{n} \eta_i^{\mathrm{T}}\dot{M}_i(q_i)\eta_i + \sum_{i=1}^{n} \eta_i M_i(q_i)\dot{\eta}_i + \sum_{i=1}^{n} \tilde{q}_i^{\mathrm{T}}\dot{\tilde{q}}_i$$

$$= \frac{1}{2}\sum_{i=1}^{n} \eta_i^{\mathrm{T}}\dot{M}(q_i)\eta_i + \sum_{i=1}^{n} \eta_i^{\mathrm{T}} M_i(q_i)(\ddot{\tilde{q}}_i + \alpha\dot{\tilde{q}}_i) + \sum_{i=1}^{n} \tilde{q}_i^{\mathrm{T}}(\eta_i - \alpha\tilde{q}_i) \tag{3.14}$$

在观测器 $\dot{w}_i$ 两边乘以 $M_i(q_i)$ 可得

$$M_i(q_i)\dot{w}_i = \tau_i - C_i(q_i,\dot{q}_i)(\dot{\hat{q}}_i + \alpha\tilde{q}_i) - g_i(q_i) - \iota_i M_i(q_i)\tilde{q}_i \tag{3.15}$$

对 $\dot{\hat{q}}_i$ 求导，并乘以 $M_i(q_i)$ 得到

$$M_i(q_i)\ddot{\hat{q}}_i = M_i(q_i)\dot{w}_i - k_i M_i(q_i)\dot{\hat{q}}_i \tag{3.16}$$

将式 (3.15) 代入式 (3.16)，可得

$$M_i(q_i)\ddot{\hat{q}}_i = \tau_i - C_i(q_i,\dot{q}_i)(\dot{\hat{q}}_i + \alpha\tilde{q}_i) - g_i(q_i) - \iota_i M_i\tilde{q}_i - k_i M_i\dot{\hat{q}}_i \tag{3.17}$$

由系统模型 (3.1) 可知

$$M_i(q_i)\ddot{q}_i = \tau_i - C_i(q_i,\dot{q}_i)\dot{q}_i - g_i(q_i) \tag{3.18}$$

对速度观测误差 (3.8) 求导，两边乘以 $M_i(q_i)$，可得

$$M_i(q_i)\ddot{\tilde{q}}_i = M_i(q_i)\ddot{\hat{q}}_i - M_i(q_i)\ddot{q}_i \tag{3.19}$$

将式 (3.19) 右边两项用式 (3.17) 和式 (3.18) 替换，有

$$M_i(q_i)\ddot{\tilde{q}}_i = C_i(q_i,\dot{q}_i)\dot{q}_i - C_i(q_i,\dot{q}_i)(\dot{\hat{q}}_i + \alpha\tilde{q}_i) - k_i M_i\dot{\hat{q}}_i - \iota_i M_i\tilde{q}_i \tag{3.20}$$

将式 (3.20) 代入式 (3.14)，可得

$$
\begin{aligned}
\dot{V}_0 &= \frac{1}{2}\sum_{i=1}^{n}\eta_i^{\mathrm{T}}\dot{M}_i\eta_i + \sum_{i=1}^{n}\eta_i^{\mathrm{T}}C_i(q_i,\dot{q}_i)\dot{q}_i - \sum_{i=1}^{n}\eta_i^{\mathrm{T}}C_i(q_i,\dot{q}_i)\dot{\hat{q}}_i \\
&\quad -\alpha\sum_{i=1}^{n}\eta_i^{\mathrm{T}}C_i(q_i,\dot{q}_i)\tilde{q}_i - \sum_{i=1}^{n}k_i\eta_i M_i(q_i)\dot{\hat{q}}_i - \sum_{i=1}^{n}\iota_i\eta_i^{\mathrm{T}}M_i\tilde{q}_i \\
&\quad +\alpha\sum_{i=1}^{n}\eta_i^{\mathrm{T}}M_i(q_i)\dot{\hat{q}}_i - \alpha\sum_{i=1}^{n}\tilde{q}_i^{\mathrm{T}}\tilde{q}_i + \sum_{i=1}^{n}\tilde{q}_i^{\mathrm{T}}\eta_i
\end{aligned}
\tag{3.21}
$$

用 $\dot{q}_i = \dot{\hat{q}}_i + \alpha\tilde{q}_i - \eta_i$ 替换式(3.21)第二项括号外的 $\dot{q}_i$，有

$$
\begin{aligned}
\dot{V}_0 &= \frac{1}{2}\sum_{i=1}^{n}\eta_i^{\mathrm{T}}\dot{M}_i(q_i)\eta_i - \sum_{i=1}^{n}\eta_i^{\mathrm{T}}C_i(q_i,\dot{q}_i)\eta_i + \sum_{i=1}^{n}\eta_i^{\mathrm{T}}C_i(q_i,\dot{q}_i)\dot{\hat{q}}_i \\
&\quad +\alpha\sum_{i=1}^{n}\eta_i^{\mathrm{T}}C_i(q_i,\dot{q}_i)\tilde{q}_i - \sum_{i=1}^{n}\eta_i^{\mathrm{T}}C_i(q_i,\dot{q}_i)\dot{\hat{q}}_i - \alpha\sum_{i=1}^{n}\eta_i^{\mathrm{T}}C_i(q_i,\dot{q}_i)\tilde{q}_i
\end{aligned}
$$

$$-\sum_{i=1}^{n}(k_i - \alpha)\eta_i^{\mathrm{T}} M_i(q_i)\eta_i - \alpha\sum_{i=1}^{n}\tilde{q}_i^{\mathrm{T}}\tilde{q}_i + \sum_{i=1}^{n}\tilde{q}_i^{\mathrm{T}}\eta_i \tag{3.22}$$

注意到式 (3.22) 中前两项会因欧拉-拉格朗日方程的 $\dot{M}(q) - 2C(q,\dot{q})$ 的反对称性而消去，还可得到

$$\begin{aligned}
& C_i(q_i,\dot{q}_i)\dot{\hat{q}}_i + \alpha C_i(q_i,\dot{q}_i)\tilde{q}_i - C_i(q_i,\dot{\hat{q}}_i)\dot{\hat{q}}_i - \alpha C_i(q_i,\dot{\hat{q}}_i)\tilde{q}_i \\
&= -C_i(q_i,\dot{\hat{q}}_i)(\eta_i - \alpha\tilde{q}_i) - \alpha C_i(q_i,\dot{\hat{q}}_i)\tilde{q}_i \\
&= -C_i(q_i,\dot{\hat{q}}_i)\eta_i + \alpha C_i(q_i,\dot{\hat{q}}_i)\tilde{q}_i - \alpha C_i(q_i,\dot{\hat{q}}_i)\tilde{q}_i
\end{aligned} \tag{3.23}$$

令变量 $x \overset{\text{def}}{=} \left[\dot{\tilde{q}}^{\mathrm{T}}, e_i^{\mathrm{T}}, \dot{e}_i^{\mathrm{T}}\right]^{\mathrm{T}}$，其中 $e_i = q_i - q_0$，$\dot{e}_i = \dot{q}_i - \dot{q}_0$，平衡点附近邻域 Ω_r 为

$$\Omega_r \overset{\text{def}}{=} \left\{ x : \left| \dot{\tilde{q}}_i^{\mathrm{T}}\dot{\tilde{q}}_i + e_i^{\mathrm{T}}e_i + \dot{e}_i^{\mathrm{T}}\dot{e}_i \leqslant r,\ i = 1,2,\cdots,n \right\} \tag{3.24}$$

因此，对于任意 $x \in \Omega_r$，都有 $\dot{\hat{q}}_i$ 和 $\dot{q}_i$ 是有界的。注意到当 $\zeta = 0$ 时，有 $C_i(q_i,\dot{\hat{q}}_i)\zeta = 0$ 且 $C_i(q_i,\dot{q}_i)\zeta = 0$。由科里奥利力和离心力向量的局部 Lipschitz 性质，存在依赖于 r 和 $\bar{q}_d^1$ 的正常数 ϵ_1 和 ϵ_2，使得

$$\|C_i(q_i,\dot{\hat{q}}_i)\zeta\| \leqslant \epsilon_1\|\zeta\|,\quad \|C_i(q_i,\dot{q}_i)\zeta\| \leqslant \epsilon_2\|\zeta\| \tag{3.25}$$

由向量范数的性质，可得

$$\begin{aligned}
& \|C_i(q_i,\dot{\hat{q}}_i + \dot{q}_i)\zeta\| \leqslant \|C_i(q_i,\dot{\hat{q}}_i)\zeta\| + \|C_i(q_i,\dot{q}_i)\zeta\| \leqslant (\epsilon_1 + \epsilon_2)\|\zeta\| \\
& \|C_i(q_i,\dot{\hat{q}}_i - \dot{q}_i)\zeta\| \leqslant \|C_i(q_i,\dot{\hat{q}}_i)\zeta\| + \|C_i(q_i,\dot{q}_i)\zeta\| \leqslant (\epsilon_1 + \epsilon_2)\|\zeta\|
\end{aligned} \tag{3.26}$$

结合式 (3.23)、式 (3.25) 和式 (3.26)，可得 $\dot{V}_0$ 的上界，即

$$\dot{V}_0 \leqslant -\left[k_m(\min_i k_i - \alpha) - \epsilon_1\right]\|\eta\|^2 - \alpha\|\tilde{q}\|^2 + (1 + \alpha\epsilon_1 + \alpha\epsilon_2)\|\eta\|\|\tilde{q}\| \tag{3.27}$$

下面计算 $\dot{V}_1(t)$。首先注意到

$$\begin{aligned}
M_i(q_i)\dot{\hat{q}}_{si} - M_i(q_i)\ddot{q}_{si} &= \frac{M_i(q_i)}{d_i + b_i}\left(\sum_{j\in\mathcal{N}_i}a_{ij}\ddot{\hat{q}}_j + b_i\ddot{q}_0 - \sum_{j\in\mathcal{N}_i}a_{ij}\ddot{q}_j - b_i\ddot{q}_0\right) \\
&= \frac{M_i(q_i)}{d_i + b_i}\sum_{j\in\mathcal{N}_i}a_{ij}(\ddot{\hat{q}}_j - \ddot{q}_j)
\end{aligned} \tag{3.28}$$

结合式 (3.12) 和系统模型 (3.1)，可得

$$\frac{M_i(q_i)}{d_i + b_i}\sum_{j\in\mathcal{N}_i}a_{ij}(\ddot{\hat{q}}_j - \ddot{q}_j)$$

$$= \frac{M_i(q_i)}{d_i + b_i} \sum_{j \in \mathcal{N}_i} a_{ij} (\dot{w}_j - k_j \dot{\tilde{q}}_j - \ddot{q}_j)$$

$$= \frac{M_i(q_i)}{d_i + b_i} \sum_{j \in \mathcal{N}_i} a_{ij} \Big\{ M_j^{-1} [\tau_j - C_j(q_j, \dot{\hat{q}}_j)(\dot{\hat{q}}_j + \alpha \tilde{q}_j) - g_j(q_j)] - \iota_j \tilde{q}_j$$

$$\qquad - k_j \dot{\tilde{q}}_j - M_j^{-1} [\tau_j - C_j(q_j, \dot{q}_j) \dot{q}_j - g_j(q_j)] \Big\}$$

$$= \frac{M_i(q_i)}{d_i + b_i} \sum_{j \in \mathcal{N}_i} a_{ij} \Big\{ M_j^{-1} [C_j(q_j, \dot{q}_j) \dot{q}_j - C_j(q_j, \dot{\hat{q}}_j)(\dot{\hat{q}}_j + \alpha \tilde{q}_j)] - k_j \dot{\tilde{q}}_j - \iota_j \tilde{q}_j \Big\}$$

$$= \frac{M_i(q_i)}{d_i + b_i} \sum_{j \in \mathcal{N}_i} a_{ij} \Big\{ M_j^{-1} [\alpha C_j(q_j, \dot{q}_j) \tilde{q}_j - C_j(q_j, \dot{q}_j + \dot{\hat{q}}_j) \eta_j] - k_j \eta_j + \alpha^2 \tilde{q}_j \Big\} \quad (3.29)$$

式(3.29)中利用了由欧拉-拉格朗日方程性质得到的如下变换：

$$C_j(q_j, \dot{q}_j) \dot{q}_j - C_j(q_j, \dot{\hat{q}}_j)(\dot{\hat{q}}_j + \alpha \tilde{q}_j)$$

$$= C_j(q_j, \dot{q}_j) \dot{q}_j - C_j(q_j, \dot{q}_j) \dot{\hat{q}}_j + C_j(q_j, \dot{q}_j) \dot{\hat{q}}_j - C_j(q_j, \dot{\hat{q}}_j)(\dot{\hat{q}}_j + \alpha \tilde{q}_j)$$

$$= C_j(q_j, \dot{q}_j)(\alpha \tilde{q}_j - \eta_j) + C_j(q_j, \dot{\hat{q}}_j)(\alpha \tilde{q}_j - \eta_j) - C_j(q_j, \dot{\hat{q}}_j) \alpha \tilde{q}_j$$

$$= C_j(q_j, \dot{q}_j) \alpha \tilde{q}_j - C_j(q_j, \dot{q}_j + \dot{\hat{q}}_j) \eta_j \quad (3.30)$$

此外，还有

$$C_i(q_i, \dot{\hat{q}}_i)(\dot{\hat{q}}_{si} - s_i) - C_i(q_i, \dot{q}_i)(\dot{q}_{si} - s_i)$$

$$= C_i(q_i, \dot{\hat{q}}_i) \dot{\hat{q}}_{si} - C_i(q_i, \dot{\hat{q}}_i) \dot{q}_{si} + C_i(q_i, \dot{\hat{q}}_i) \dot{q}_{si} - C_i(q_i, \dot{q}_i) \dot{q}_{si} - C_i(q_i, \dot{\hat{q}}_i) s_i + C_i(q_i, \dot{q}_i) s_i$$

$$= \frac{C_i(q_i, \dot{\hat{q}}_i)}{d_i + b_i} \sum_{j \in \mathcal{N}_i} a_{ij} (\dot{\hat{q}}_j - \dot{q}_j) - C_i(q_i, \dot{\hat{q}}_i)(s_i - \dot{q}_i) - C_i(q_i, \dot{\hat{q}}_i) s_i$$

$$= \frac{C_i(q_i, \dot{q}_i)}{d_i + b_i} \sum_{j \in \mathcal{N}_i} a_{ij} (\eta_j - \alpha \tilde{q}_j) - C_i(q_i, \dot{\hat{q}}_i)(s_i + s_i) + C_i(q_i, \dot{q}_i)(\eta_i - \alpha \tilde{q}_i) \quad (3.31)$$

由模型 (3.1) 和式 (3.3)，可得

$$M_i(q_i) \ddot{s}_i = M_i(q_i)(\ddot{q}_i - \ddot{q}_{si})$$

$$= \tau_i - C_i(q_i, \dot{q}_i) \dot{q}_i - g_i(q_i) - M_i(q_i) \ddot{q}_{si}$$

$$= \tau_i - C_i(q_i, \dot{q}_i) s_i - C_i(q_i, \dot{q}_i) \dot{q}_{si} - g_i(q_i) - M_i(q_i) \ddot{q}_{si} \quad (3.32)$$

因此，V_1 关于时间 t 的导数为

$$\dot{V}_1 = \frac{1}{2} \sum_{i=1}^{n} \xi_i^{\mathrm{T}} \dot{M}_i \xi_i + \sum_{i=1}^{n} \xi_i^{\mathrm{T}} M_i \dot{\xi}_i$$

$$= \frac{1}{2}\sum_{i=1}^{n}\xi_i^{\mathrm{T}}\dot{M}_i\xi_i - \sum_{i=1}^{n}\xi_i^{\mathrm{T}}C_i(q_i,\dot{q}_i)\xi_i$$

$$+ \sum_{i=1}^{n}\xi_i^{\mathrm{T}}\big[\tau_i - C_i(q_i,\dot{q}_i)(\dot{q}_{si}-s_i) - M_i\ddot{q}_{si} - g_i(q_i) + M_i\dot{s}_i\big] \quad (3.33)$$

然后，将分布式控制律 (3.11) 代入式(3.33)，可得

$$\dot{V}_1 = \sum_{i=1}^{n}\xi_i^{\mathrm{T}}\big[M_i\hat{\ddot{q}}_{si} - M_i\ddot{q}_{si} + C_i(q_i,\dot{\hat{q}}_i)(\hat{\dot{q}}_{si}-s_i) - C_i(q_i,\dot{q}_i)(\dot{q}_{si}-s_i)\big]$$

$$+ \sum_{i=1}^{n}\xi_i^{\mathrm{T}}\big[-(\gamma_i - M_i)\xi_i\big] - \sum_{i=1}^{n}\xi_i^{\mathrm{T}}\gamma_i\bigg[\eta_i - \alpha\tilde{q}_i - \frac{1}{d_i+b_i}\sum_{j\in\mathcal{N}_i}a_{ij}(\eta_j-\alpha\tilde{q}_j)\bigg]$$

$$= \sum_{i=1}^{n}\xi_i^{\mathrm{T}}\frac{M_i}{d_i+b_i}\sum_{j\in\mathcal{N}_i}a_{ij}\big[M_j^{-1}\big(\alpha C_j(q_j,\dot{q}_j)\tilde{q}_j - C_j(q_j,\dot{q}_j+\dot{\hat{q}}_j)\eta_j\big) - k_j\eta_j + \alpha^2\tilde{q}_j\big]$$

$$+ \sum_{i=1}^{n}\xi_i^{\mathrm{T}}\bigg[\frac{C_i(q_i,\dot{\hat{q}}_i)}{d_i+b_i}\sum_{j\in\mathcal{N}_i}a_{ij}(\eta_j-\alpha\tilde{q}_j) - C_i(q_i,\dot{\hat{q}}_i)(\dot{s}_i+s_i) + C_i(q_i,\dot{q}_i)(\eta_i-\alpha\tilde{q}_i)\bigg]$$

$$- \sum_{i=1}^{n}\xi_i^{\mathrm{T}}(\gamma_i-M_i)\xi_i - \sum_{i=1}^{n}\xi_i^{\mathrm{T}}\gamma_i\bigg[\eta_i - \alpha\tilde{q}_i - \frac{1}{d_i+b_i}\sum_{j\in\mathcal{N}_i}a_{ij}(\eta_j-\alpha\tilde{q}_j)\bigg] \quad (3.34)$$

式(3.34)的推导用到了如下等式：

$$\hat{\dot{s}}_i = \dot{\hat{q}}_i - \dot{\hat{q}}_{si}$$

$$= \dot{q}_i - \dot{q}_{si} + (\dot{\hat{q}}_i - \dot{q}_i) + (\dot{q}_{si} - \dot{\hat{q}}_{si})$$

$$= \dot{s}_i + \eta_i - \alpha\tilde{q}_i - \frac{1}{d_i+b_i}\sum_{j\in\mathcal{N}_i}a_{ij}(\eta_j-\alpha\tilde{q}_j) \quad (3.35)$$

所以，$\dot{V}_1$ 满足

$$\dot{V}_1 \leqslant -\Big[\min_i\gamma_i - k_M - (\epsilon_1+\epsilon_2)\Big]\|\xi\|^2$$

$$+ \alpha\underbrace{\bigg[\frac{\sqrt{n}k_M}{k_m} + \sqrt{n}k_M\alpha + \epsilon_1\sqrt{n} + \epsilon_2 + \max_i\gamma_i\sigma_{\max}(\mathcal{H})\bigg]}_{\overset{\text{def}}{=}\phi_1}\|\xi\|\|\tilde{q}\|$$

$$+ \underbrace{\bigg[\frac{\sqrt{n}k_M}{k_m}(\epsilon_1+\epsilon_2) + \sqrt{n}k_M\max_i k_i + \epsilon_1\sqrt{n} + \epsilon_2 + \alpha\max_i\gamma_i\sigma_{\max}(\mathcal{H})\bigg]}_{\overset{\text{def}}{=}\phi_2}\|\xi\|\|\eta\|$$

$$(3.36)$$

考虑李雅普诺夫函数 (3.13)，定义 $\chi = [\tilde{q}^{\mathrm{T}}, \eta^{\mathrm{T}}, \xi^{\mathrm{T}}]^{\mathrm{T}}$，对于任意正常数 c_m 和 c_M，若 $c_m \leqslant \min\{1, k_m\}$ 和 $c_M \geqslant \max\{1, k_M\}$，则有

$$c_m \|\chi\|^2 \leqslant V(\tilde{q}, \eta, \xi) \leqslant c_M \|\chi\|^2 \tag{3.37}$$

成立。

结合式 (3.27) 和式 (3.36)，$V(y)$ 关于时间 t 的导数满足

$$\dot{V}(y) = \dot{V}_0 + \dot{V}_1 \leqslant -y^{\mathrm{T}} P y \tag{3.38}$$

式中，$y = (\|\tilde{q}\|, \|\eta\|, \|\xi\|)^{\mathrm{T}}$，$P \in \mathbb{R}^{3\times 3}$ 为

$$
P = \begin{bmatrix} P_{11} & P_{12} & P_{13} \\ P_{21} & P_{22} & P_{23} \\ P_{31} & P_{32} & P_{33} \end{bmatrix}
$$

$$
= \begin{bmatrix} \alpha & -\dfrac{1}{2}(1 + \alpha\epsilon_1 + \alpha\epsilon_2) & -\dfrac{1}{2}\phi_1 \\ -\dfrac{1}{2}(1 + \alpha\epsilon_1 + \alpha\epsilon_2) & k_m(\min_i k_i - \alpha) - \epsilon_1 & -\dfrac{1}{2}\phi_2 \\ -\dfrac{1}{2}\phi_1 & -\dfrac{1}{2}\phi_2 & \min_i\gamma_i - k_M - (\epsilon_1 + \epsilon_2) \end{bmatrix}
$$

为了使闭环系统稳定，需要矩阵 P 正定。下面求取使矩阵 P 正定的条件。

为了简便起见，令 $\phi_1 \overset{\text{def}}{=} \alpha(\theta_1 + \bar{\sigma}\max_i\gamma_i)$，$\phi_2 \overset{\text{def}}{=} \theta_2 + \sqrt{n}k_M\max_i k_i$，其中 $\theta_1 = \dfrac{\sqrt{n}k_M}{k_m} + \sqrt{n}k_M\alpha + \epsilon_1\sqrt{n} + \epsilon_2$，$\theta_2 = \dfrac{\sqrt{n}k_M}{k_m}(\epsilon_1 + \epsilon_2) + \epsilon_1\sqrt{n} + \epsilon_2 + \alpha\max_i\gamma_i\bar{\sigma}$，这里用 $\bar{\sigma}$ 代表 $\sigma_{\max}(\mathcal{L})$。矩阵 P 能够分解为

$$
P = \left[\begin{array}{cc:c} P_{11} & P_{12} & P_{13} \\ P_{21} & P_{22} & P_{23} \\ \hdashline P_{31} & P_{32} & P_{33} \end{array} \right]
$$

考虑利用引理 1.6，首先为了保证 $P_{33} > 0$，有

$$\min_i\gamma_i > k_M + \epsilon_1 + \epsilon_2 \tag{3.39}$$

同时，还需要满足以下条件：

$$
P_{b1} \overset{\text{def}}{=} \begin{bmatrix} \alpha - \dfrac{\phi_1^2}{4P_{33}} & P_{12} - \dfrac{\phi_1\phi_2}{4P_{33}} \\ P_{12} - \dfrac{\phi_1\phi_2}{4P_{33}} & k_m(\min_i k_i - \alpha) - \epsilon_1 - \dfrac{\phi_2^2}{4P_{33}} \end{bmatrix} > 0 \tag{3.40}
$$

式中，P_{12} 和 P_{33} 为矩阵 P 的元素。

为了使矩阵 P_{b1} 正定，需满足

$$\alpha - \frac{\phi_1^2}{4P_{33}} > 0 \tag{3.41}$$

$$|P_{b1}| > 0 \tag{3.42}$$

式中，$|P_{b1}|$ 为矩阵 P_{b1} 的行列式。

首先，考虑不等式 (3.41)，等价地写成

$$\alpha - \frac{\alpha^2}{4P_{33}}[\theta_1^2 + \bar{\sigma}^2(\max_i \gamma_i)^2 + 2\theta_1\bar{\sigma}\max_i\gamma_i] > 0 \tag{3.43}$$

注意到不等式 (3.43) 中含有参数 α 和 γ，则 α 的选取范围能够用 γ 表示。式 (3.43) 可以写成

$$\alpha\bar{\sigma}^2(\max_i\gamma_i)^2 + 2\alpha\bar{\sigma}\theta_1(\max_i\gamma_i) + \alpha\theta_1^2 - 4P_{33} < 0 \tag{3.44}$$

这里将式 (3.44) 看成与 $\max_i\gamma_i$ 相关的二次方程，其中二次项系数 $\alpha\bar{\sigma}^2$ 是正的，且判别式 $\Delta_1 = 4\alpha^2\bar{\sigma}^2\theta_1^2 - 4\alpha\bar{\sigma}^2(\alpha\theta_1^2 - 4P_{33}) = 16\alpha\bar{\sigma}^2P_{33} > 0$ 恒成立，因此式 (3.44) 有界，即能够求得 $\max_i\gamma_i$ 的范围。但是，注意到对于 γ_i，已经有了约束 (3.39)，可能会产生无解的情况，即 $\max_i\gamma_i < \min_i\gamma_i$。为了避免这种情况发生，引入不等式

$$\frac{-2\alpha\bar{\sigma}\theta_1 + 4\bar{\sigma}\sqrt{\alpha[\min_i\gamma_i - (k_M + \epsilon_1 + \epsilon_2)]}}{2\alpha\bar{\sigma}^2} \geqslant \min_i\gamma_i \tag{3.45}$$

等价地写成

$$\alpha\bar{\sigma}^2(\min_i\gamma_i)^2 + (2\alpha\bar{\sigma}\theta_1 - 4)\min_i\gamma_i + \alpha\theta_1^2 + 4(k_M + \epsilon_1 + \epsilon_2) \leqslant 0 \tag{3.46}$$

式 (3.46) 有解当且仅当如下不等式成立：

$$\Delta_2 = (2\alpha\bar{\sigma}\theta_1 - 4)^2 - 4\alpha\bar{\sigma}^2[\alpha\theta_1^2 + 4(k_M + \epsilon_1 + \epsilon_2)] \geqslant 0 \tag{3.47}$$

经过简单的数学运算，式(3.47)可以简化为

$$1 - \alpha\bar{\sigma}\theta_1 - \alpha\bar{\sigma}^2(k_M + \epsilon_1 + \epsilon_2) \geqslant 0 \tag{3.48}$$

考虑变量 θ_1 的定义，得到 α 满足的条件为

$$0 < \alpha \leqslant \frac{-\alpha_b\bar{\sigma} + \sqrt{\alpha_b^2\bar{\sigma}^2 + 4\sqrt{n}\bar{\sigma}k_M}}{2\sqrt{n}\bar{\sigma}k_M} \tag{3.49}$$

式中，$\alpha_b = \dfrac{\sqrt{n}k_M}{k_m} + \epsilon_1\sqrt{n} + \epsilon_2 + \bar{\sigma}(k_M + \epsilon_1 + \epsilon_2)$。

此外，在已有条件 (3.39) 情况下，式 (3.46) 的解应当满足

$$\frac{4 - 2\alpha\bar{\sigma}\theta_1 - \sqrt{(2\alpha\bar{\sigma}\theta_1 - 4)^2 - 4\alpha\bar{\sigma}^2[\alpha\theta_1^2 + 4(k_M + \epsilon_1 + \epsilon_2)]}}{2\alpha\bar{\sigma}^2} > k_M + \epsilon_1 + \epsilon_2 \tag{3.50}$$

经过数学运算，式(3.50)简化为

$$\alpha\bar{\sigma}^2(k_M + \epsilon_1 + \epsilon_2)^2 + 2\alpha\bar{\sigma}\theta_1(k_M + \epsilon_1 + \epsilon_2) + \alpha\theta_1^2 > 0 \tag{3.51}$$

式中，各项系数均为正，因此式 (3.51) 恒成立。这也说明了式 (3.49) 中给出的条件满足式 (3.41)。

现在考虑使矩阵 P 正定的第二个条件 (3.42)，以期得到参数 k_i 的取值范围。首先，考虑式 (3.40) 中定义的 P_{b1}，将式 (3.42) 展开，并分离参数 k_i 可得

$$\alpha n k_M^2 (\max_i k_i)^2 + 2(\alpha\theta_2\sqrt{n}k_M - P_{12}\phi_1\sqrt{n}k_M)\max_i k_i + \phi_1^2 k_m \min_i k_i + c < 0 \tag{3.52}$$

式中，$c = \alpha\theta_2^2 - 2P_{12}\phi_1\theta_2 + 4P_{12}^2 P_{33} - (\phi_1^2 - 4\alpha P_{33})(k_m\alpha - \epsilon_1)$。

接下来，用 $\max_i k_i$ 取代式 (3.52) 中的 $\min_i k_i$，计算判别式

$$\Delta_3 = (2\alpha\theta_2\sqrt{n}k_M - 2P_{12}\phi_1\sqrt{n}k_M + \phi_1^2 k_m)^2 - 4\alpha n k_M^2 c \tag{3.53}$$

可以看到，只要 $c \leqslant 0$，就有 $\Delta_3 \geqslant 0$，即

$$\alpha\theta_2^2 - 2P_{12}\phi_1\theta_2 + 4P_{12}^2 P_{33} - (\phi_1^2 - 4\alpha P_{33})(k_m\alpha - \epsilon_1) \leqslant 0 \tag{3.54}$$

将式 (3.54) 写成与参数 γ_i 相关的如下不等式：

$$[(k_m\alpha - \epsilon_1)\alpha^2\bar{\sigma}^2 - \alpha^3\bar{\sigma}^2 - 2P_{12}\alpha^2\bar{\sigma}](\max_i\gamma_i)^2 + c_1\max_i\gamma_i + c_2\min_i\gamma_i + c_3 \geqslant 0 \tag{3.55}$$

式中，c_1、c_2 和 c_3 为与 γ_i 无关的固定常数。注意到，当上述不等式二次项系数为正时，只要 γ_i 足够大，则式 (3.55) 恒成立，得到

$$\alpha > \frac{\epsilon_1\bar{\sigma} - 1}{k_m\bar{\sigma} - \bar{\sigma} + \epsilon_1 + \epsilon_2} \tag{3.56}$$

因此，参数 α 的取值范围为

$$\max\left\{\frac{\epsilon_1\bar{\sigma} - 1}{k_m\bar{\sigma} - \bar{\sigma} + \epsilon_1 + \epsilon_2}, 0\right\} < \alpha \leqslant \frac{-\alpha_b\bar{\sigma} + \sqrt{\alpha_b^2\bar{\sigma}^2 + 4\sqrt{n}\bar{\sigma}k_M}}{2\sqrt{n}\bar{\sigma}k_M} \tag{3.57}$$

由式 (3.52) 和式 (3.53) 可得 $\sqrt{\Delta_3} > 2\sqrt{n}k_M(\alpha\theta_2 - P_{12}\phi_1) + \phi_1^2 k_m$，则 k_i 的取值范围为

$$0 < \min_i k_i \leqslant \max_i k_i \leqslant \frac{2\sqrt{n}k_M(P_{12}\phi_1 - \alpha\theta_2) - \phi_1^2 k_m + \sqrt{\Delta_3}}{2\alpha n k_M^2} \tag{3.58}$$

综上，当控制参数满足式 (3.39)、式(3.57) 和式 (3.58) 时，矩阵 P 正定，得到

$$\dot{V} \leqslant -\lambda_{\min}(P)\|\chi\|^2 \tag{3.59}$$

根据引理 1.10，$[\tilde{q}^{\mathrm{T}}, \eta^{\mathrm{T}}, \xi^{\mathrm{T}}]^{\mathrm{T}} = 0_{3p}$ 局部指数稳定。因此，由 ξ 的定义，$\xi = \dot{s} + s$，可得 s 和 $\dot{s}$ 均收敛于零。由引理 3.1，当 $t \to \infty$ 时，$q_i - q_d \to 0_p$，$\dot{q}_i - \dot{q}_d \to 0_p$，$i = 1, 2, \cdots, n$，这说明跟随者状态趋于动态领航者的状态。此外，由式 (3.37) 和式 (3.59) 可知，当 $t \to \infty$ 时，η 和 $\tilde{q}$ 均趋于零，等价于 $\lim\limits_{t\to\infty} q_i - \hat{q}_i = 0_p$，$\lim\limits_{t\to\infty} \dot{q}_i - \dot{\hat{q}}_i = 0_p$，$i = 1, 2, \cdots, n$。因此，本节提出的速度观测器能够对跟随者自身速度有精确的观测。综上所述，本节提出的观测器-控制器框架在多欧拉-拉格朗日系统交互拓扑为有向图时，能够很好地解决在速度不可测情况下的分布式协调跟踪动态领航者问题。 □

注 3.2 对于任意给定 r，即邻域 Ω_r 的半径和期望轨迹的上界，通过式 (3.24) 和式 (3.25) 便能确定 ϵ_1 和 ϵ_2 的取值。因此，控制参数的具体取值范围，即式 (3.39)、式(3.57) 和式 (3.58)，便能够确定。

注 3.3 由以上证明可知，闭环系统的指数稳定性是由合适的控制参数保证的，所以如何选取参数便显得至关重要。从式 (3.24) 可以看出，γ_i 的选取是不依赖于 α 和 k_i 的取值的，因此可以独立选取 γ_i。类似地，由式 (3.57) 可知，α 的选取同样独立于另外两个参数的选取，且较大的 ϵ_1 和 ϵ_2 将会为选择 α 提供较大的自由度。进而，当 γ_i 和 α 的取值确定以后，由式 (3.58) 便能够确定 k_i 的选取范围。

3.3 无领航者的分布式一致性控制

本节将考虑多欧拉-拉格朗日系统在交互拓扑为有向图情况下的分布式同步问题。控制目标如下：

$$\lim_{t\to\infty} (q_i(t) - q_j(t)) = 0_p, \quad \lim_{t\to\infty} (\dot{q}_i(t) - \dot{q}_j(t)) = 0_p, \quad i, j = 1, 2, \cdots, n \tag{3.60}$$

在式 (3.3) 中定义的辅助变量 s_i 重新定义为

$$s_i \stackrel{\text{def}}{=} \dot{q}_i - q_{ri} \stackrel{\text{def}}{=} \dot{q}_i + \beta \sum_{j\in\mathcal{N}_i} a_{ij}(q_i - q_j) \tag{3.61}$$

式中，β 是正常数。

因此，式(3.61) 的向量形式为

$$s \stackrel{\text{def}}{=} \dot{q} - q_r \stackrel{\text{def}}{=} \dot{q} + \beta(\mathcal{L} \otimes I_p)q \tag{3.62}$$

式中，$s = [s_1^{\text{T}}, \cdots, s_n^{\text{T}}]^{\text{T}}$；$q = [q_1^{\text{T}}, \cdots, q_n^{\text{T}}]^{\text{T}}$；$q_r = [q_{r1}^{\text{T}}, \cdots, q_{rn}^{\text{T}}]^{\text{T}}$。

对于系统 (3.1)，提出如下分布式同步控制律：

$$\tau_i = M_i(q_i)\hat{\dot{q}}_{ri} + C_i(q_i, \hat{\dot{q}}_i)q_{ri} + g_i(q_i) - k_{\text{p}}\hat{s}_i \tag{3.63}$$

式中，k_{p} 是正的控制增益；$\hat{\dot{q}}_{ri}$ 和 $\hat{s}_i$ 分别为 $\dot{q}_{ri}$ 和 s_i 的估计值，有如下形式：

$$\hat{\dot{q}}_{ri} = -\beta \sum_{j \in \mathcal{N}_i} a_{ij}(\hat{\dot{q}}_i - \hat{\dot{q}}_j)$$

$$\hat{s}_i = \hat{\dot{q}}_i - q_{ri} = \hat{\dot{q}}_i + \beta \sum_{j \in \mathcal{N}_i} a_{ij}(q_i - q_j) \tag{3.64}$$

从式 (3.61) 和式 (3.64)可得

$$\hat{s}_i = \dot{q}_i - q_{ri} - \dot{q}_i + \hat{\dot{q}}_i = s_i - \eta_i + \alpha\tilde{q}_i \tag{3.65}$$

下面针对无领航者同步问题，给出主要结论。

定理 3.2　　如果系统交互拓扑含有有向生成树，则应用速度观测器 (3.10) 和本节提出的分布式控制算法 (3.63)，存在合适的参数 α、k_i 和 k_{p}，使得同步误差局部指数收敛于零。

证明　首先，将式 (3.61) 代入系统方程 (3.1)，可得

$$M_i\dot{s}_i + C_i(q_i, \dot{q}_i)s_i = \tau_i - M_i\dot{q}_{ri} - C_i(q_i, \dot{q}_i)q_{ri} - g_i \tag{3.66}$$

考虑到式 (3.64) 和欧拉-拉格朗日方程的性质，有等式关系

$$\hat{\dot{q}}_{ri} - \dot{q}_{ri} = -\beta \sum_{j \in \mathcal{N}_i}(\hat{\dot{q}}_i - \hat{\dot{q}}_j) + \beta \sum_{j \in \mathcal{N}_i} a_{ij}(\dot{q}_i - \dot{q}_j)$$

$$= \alpha\beta \sum_{j \in \mathcal{N}_i} a_{ij}(\tilde{q}_i - \tilde{q}_j) - \beta \sum_{j \in \mathcal{N}_i} a_{ij}(\eta_i - \eta_j) \tag{3.67}$$

和

$$C_i(q_i, \hat{\dot{q}}_i)q_{ri} - C_i(q_i, \dot{q}_i)q_{ri} = C_i(q_i, q_{ri})\hat{\dot{q}}_i = C_i(q_i, q_{ri})\eta_i - \alpha C_i(q_i, q_{ri})\tilde{q}_i \tag{3.68}$$

考虑如下子李雅普诺夫函数：

$$V_2 = \frac{1}{2}\sum_{i=1}^{n} s_i^{\text{T}} M_i(q_i)s_i \tag{3.69}$$

沿系统 (3.66)，V_2 的导数为

$$\dot{V}_2 = \frac{1}{2}\sum_{i=1}^{n}s_i^{\mathrm{T}}\dot{M}_i s_i + \sum_{i=1}^{n}s_i^{\mathrm{T}}\big[-C_i(q_i,\dot{q}_i)s_i + \tau_i - M_i\dot{q}_{ri} - C_i(q_i,\dot{q}_i)q_{ri} - g_i(q_i)\big]$$

$$= -k_p\sum_{i=1}^{n}s_i^{\mathrm{T}}s_i + \sum_{i=1}^{n}s_i^{\mathrm{T}}\big[M_i(\dot{\hat{q}}_{ri} - \dot{q}_{ri}) + C_i(q_i,\dot{\hat{q}}_i)q_{ri} - C_i(q_i,\dot{q}_i)q_{ri}\big] \qquad (3.70)$$

然后，利用欧拉-拉格朗日方程的性质，将式 (3.67) 和式 (3.68) 代入式 (3.70)，可得

$$\dot{V}_2 = -k_p\sum_{i=1}^{n}s_i^{\mathrm{T}}s_i + \sum_{i=1}^{n}s_i^{\mathrm{T}}\bigg\{\beta M_i\Big[\alpha\sum_{j\in\mathcal{N}_i}a_{ij}(\tilde{q}_i - \tilde{q}_j) - \sum_{j\in\mathcal{N}_i}a_{ij}(\eta_i - \eta_j)\Big]$$

$$+C_i(q_i,q_{ri})\eta_i - \alpha C_i(q_i,q_{ri})\tilde{q}_i\bigg\} \qquad (3.71)$$

考虑 $x\in\Omega_r$，因此 q_i 是有界的，由式 (3.61) 中对 q_{ri} 的定义可知，q_{ri} 也是有界的，有

$$\|C_i(q_i,q_{ri})\zeta\| \leqslant \epsilon_3\|\zeta\| \qquad (3.72)$$

式中，ϵ_3 是与 r 相关的正常数。

因此，$\dot{V}_2$ 满足

$$\dot{V}_2 \leqslant -k_p\|s\|^2 + \alpha\phi_3\|s\|\|\tilde{q}\| + \phi_3\|s\|\|\eta\| \qquad (3.73)$$

式中，$\phi_3 = \beta k_M\overline{\sigma}(\mathcal{L}) + \epsilon_3$。

针对无领航者同步问题，考虑李雅普诺夫函数

$$V = V_0 + V_2 = \frac{1}{2}\sum_{i=1}^{n}\eta_i^{\mathrm{T}}M_i(q_i)\eta_i + \frac{1}{2}\sum_{i=1}^{n}\tilde{q}_i^{\mathrm{T}}\tilde{q}_i + \frac{1}{2}\sum_{i=1}^{n}s_i^{\mathrm{T}}M_i(q_i)s_i \qquad (3.74)$$

该函数满足：对于任意参数 c_m 和 c_M，若 $c_m \leqslant \min\{1, k_m\}$ 和 $c_M \geqslant \max\{1, k_M\}$，则有

$$c_m\left\|\begin{bmatrix} \tilde{q} \\ \eta \\ s \end{bmatrix}\right\|^2 \leqslant V(\tilde{q}, \eta, s) \leqslant c_M\left\|\begin{bmatrix} \tilde{q} \\ \eta \\ s \end{bmatrix}\right\|^2 \qquad (3.75)$$

成立。

V 的导数满足

$$\dot{V}(z) = \dot{V}_0 + \dot{V}_2 \leqslant -z^{\mathrm{T}}Qz \qquad (3.76)$$

式中，

$$z = [\|\tilde{q}\|, \|\eta\|, \|s\|]^{\mathrm{T}}$$

$$Q = \begin{bmatrix} \alpha & -\dfrac{1}{2}(1 + \alpha\epsilon_1 + \alpha\epsilon_2) & -\dfrac{\alpha}{2}\phi_3 \\[2mm] -\dfrac{1}{2}(1 + \alpha\epsilon_1 + \alpha\epsilon_2) & k_m(\min_i k_i - \alpha) - \epsilon_1 & -\dfrac{1}{2}\phi_3 \\[2mm] -\dfrac{\alpha}{2}\phi_3 & -\dfrac{1}{2}\phi_3 & k_p \end{bmatrix}$$

由基本的矩阵论可知，矩阵正定的充分必要条件是矩阵所有的顺序主子式都为正。通过与 3.2 节中相同的计算方法，可以得出使矩阵 Q 正定的条件是

$$\begin{aligned}
\min_i k_i &> \frac{1}{4k_m\alpha}(1 + \alpha\epsilon_1 + \alpha\epsilon_2)^2 + \frac{\epsilon_1}{k_m} + \alpha \\[2mm]
k_p &> \frac{\alpha\phi_3^2(2 + \alpha\epsilon_1 + \alpha\epsilon_2) + \alpha^2\phi_3^2[k_m(\min_i k_i - \alpha) - \epsilon_1]}{4\alpha[k_m(\min_i k_i - \alpha) - \epsilon_1] - (1 + \alpha\epsilon_1 + \alpha\epsilon_2)^2}
\end{aligned} \tag{3.77}$$

相应地，有

$$\dot{V} \leqslant -\lambda_{\min}(Q) \left\| \begin{bmatrix} \tilde{q} \\ \eta \\ s \end{bmatrix} \right\|^2 \tag{3.78}$$

与 3.2 节中相同，根据引理 1.10，有 $[\tilde{q}^{\mathrm{T}}, \eta^{\mathrm{T}}, s^{\mathrm{T}}]^{\mathrm{T}} = 0_{3p}$ 是局部指数稳定的，因此当 $t \to \infty$ 时，$s \to 0$。考虑式 (3.62)，再根据引理 1.2 和引理 1.3，可知当 $t \to \infty$ 时，$q_i(t) \to \sum\limits_{i=1}^{n} \nu_i q_i(0)$，这里 $\nu = [\nu_1, \cdots, \nu_n]^{\mathrm{T}}$，满足 $1_n^{\mathrm{T}}\nu = 1$ 且 $\mathcal{L}^{\mathrm{T}}\nu = 0_n$，这就证明所有系统实现了同步。此外，应用与定理 3.1 相似的证明方法，可以得到当 $t \to \infty$ 时，速度观测误差趋于零。　　　□

注 3.4　本节提出的控制方法能够应用于多运动体系统分布式协调控制的其他任务，如队形控制。假设运动体 i 和 j 间的相对期望距离为 r_{ij}^d，则本节中相应的误差定义变为 $q_{ri} = -\beta \sum\limits_{j \in \mathcal{N}_i} a_{ij}(q_i - q_j - r_{ij}^d)$。在交互拓扑包含有向生成树的条件下，利用本章提出的控制算法，能够实现 $\lim\limits_{t \to \infty} \|q_i(t) - q_j(t) - r_{ij}^d\| = 0$。

3.4　仿真验证

由于本章被控对象的模型与第 2 章相同，所以依然用欧拉-拉格朗日方程表示系统模型，其相关介绍参见 2.5 节。

(1) 情形一：分布式跟踪动态领航者。为了与文献 [33] 中的结果进行比较，本节采用相同的交互拓扑，如图 3.1 所示。图中，标号为 0 的点代表领航者，其运动轨迹为 $q_0(t) = [\sin(t), \cos(t)]^{\mathrm{T}} \mathrm{rad}$，则相应的速度向量为 $\dot{q}_0(t) = [\cos(t), -\sin(t)]^{\mathrm{T}} \mathrm{rad/s}$。

跟随者的初始位置为 $q_i(0) = [(\pi/5)i, (\pi/4)i]^{\mathrm{T}}\mathrm{rad}$，速度观测器初始化为 $\dot{\hat{q}}(0) = [0.1, 0.1]^{\mathrm{T}}\mathrm{rad/s}$。控制参数设定为：$\gamma_i = 4$，$\alpha = 2$，$k_i = 8$，$i = 1, 2, 3, 4$。

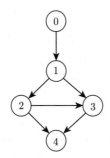

图 3.1　领航者与跟随者的交互拓扑图

　　图 3.2 和图 3.3 分别给出了广义位置跟踪误差和广义速度跟踪误差。从图中可以看出，每一个跟随者都能够实现对领航者的精确跟踪。与文献 [33] 的结果比较，在相同的交互拓扑下，本章提出的控制算法不仅能够保证跟踪误差有界，还能使误差指数收敛于零。图 3.4 为广义速度观测误差，其中速度观测误差的快速收敛也说明了速度观测器的良好性能。

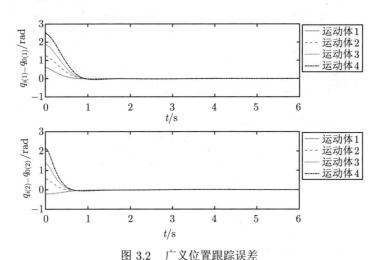

图 3.2　广义位置跟踪误差

　　(2) 情形二：无领航者的同步控制。此处考虑由六个运动体构成的系统，模型及参数与情形一中的相同。采用与文献 [25] 中相同的交互拓扑，如图 3.5 所示。可以看到图中包含有向生成树。控制参数为：$\alpha = 2, k_p = 3, \beta = 2, k_i = 6, i = 1, 2, \cdots, 6$。

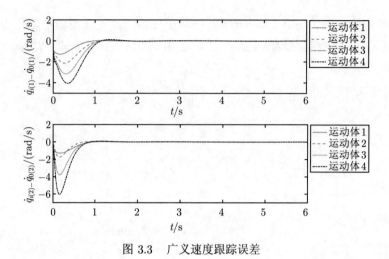

图 3.3   广义速度跟踪误差

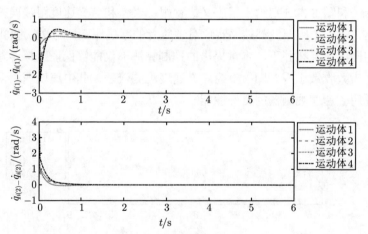

图 3.4   广义速度观测误差

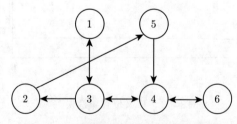

图 3.5   无领航者情形下的交互拓扑图

图 3.6 和图 3.7 分别描述了系统广义位置和速度在各个时刻的值,可以看出系统状态大约在 3s 后达到了同步。综上,这些仿真结果验证了本章提出的观测器和控制器对于解决分布式跟踪和同步问题的有效性。

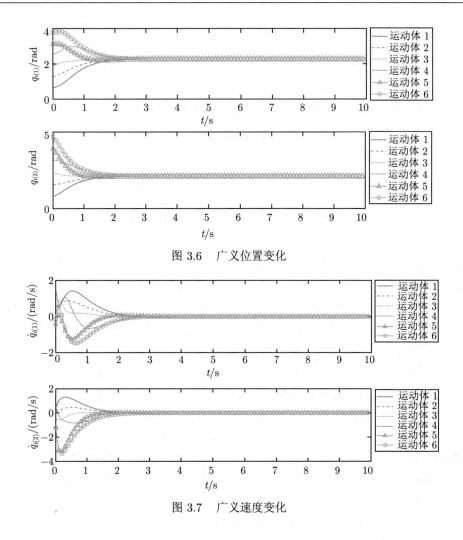

图 3.6 广义位置变化

图 3.7 广义速度变化

3.5 本章小结

本章分别研究了多欧拉-拉格朗日系统在交互拓扑为有向图情况下的分布式协调跟踪和无领航者同步问题。首先,针对跟踪问题,利用局部位置信息,设计了分布式速度观测器;进而提出了一种仅依赖局部位置信息和观测器输出的控制算法,实现了对动态领航者的精确跟踪,理论证明了跟踪误差渐近收敛于零。其次,针对无领航者同步问题,在已设计的速度观测器基础上,提出了分布式同步算法。所有理论结果的有效性均通过数值仿真得以验证。

第 4 章 一类欧拉-拉格朗日系统全局稳定的输出反馈协调控制

4.1 引　　言

第 2 章和第 3 章主要研究了基于速度观测的多欧拉-拉格朗日系统协调控制问题，但是注意到，其闭环系统稳定性均局限于局部稳定。值得一提的是，文献 [28] 中利用自适应耦合增益，得到了全局渐近稳定的结果，但是其中的控制律并非是严格意义上的基于输出反馈的，因为控制算法的实现需要邻居的速度信息，一般而言输出指的是位置信息。然而，对于某些特定的非线性系统，全局输出反馈控制问题最近有了初步成果，如文献 [143] 和 [144] 中分别采用循环小增益方法和内模控制实现了闭环系统全局稳定。

本章的目的是在第 2 章和第 3 章的基础上进一步深化，研究一类能用欧拉-拉格朗日方程表示的二连杆机械臂全局一致渐近稳定的分布式输出反馈控制问题。由于技术上存在多种挑战，目前还没有针对该问题的分布式全局跟踪算法，主要难点在于如何处理科里奥利力和离心力向量中不可测速度状态的二次交叉项。为了消去这类非线性二次项，应用最多的是状态变换（也称为坐标变换）方法，如文献 [145] ～ [148]。虽然在这些文章中，作者通过不同形式的坐标变换简化了非线性系统，但是这些方法均只适用于特定的系统模型，如一自由度欧拉-拉格朗日系统 [145]、哈密尔顿形式的欠驱动系统 [146]、一类关于不可测状态线性且能够通过输出反馈全局镇定的系统 [147] 和模型中科里奥利力和离心力项反对称的机械系统 [148]。本章研究的二连杆机械臂模型不具有上述任何能够简化系统的良好性质，文献 [145] ～ [148] 中提出的所有方法均不能直接推广到本章讨论的系统。受到文献 [147] 和 [148] 的启发，本章将研究如何通过坐标变换简化二连杆机械臂系统，并设计观测器-控制器的系统框架，使得闭环系统稳定。

4.2 问题描述

考虑一组由 n 个跟随者和一个标号为 0 的领航者组成的二连杆机械臂系统，其中跟随者标记为 $1 \sim n$。由于二连杆机械臂系统为一种典型的欧拉-拉格朗日系统，系统中任意个体的动力学模型可用欧拉-拉格朗日方程表示：

$$M_i(q_i)\ddot{q}_i + C_i(q_i, \dot{q}_i)\dot{q}_i + g_i(q_i) = \tau_i, \quad i = 0, 1, 2, \cdots, n \tag{4.1}$$

式中，$q_i = [q_{i(1)}, q_{i(2)}] \in \mathbb{R}^2$ 为关节角向量；$\dot{q}_i \in \mathbb{R}^2$ 为角速度向量；τ_i 为控制输入。

$M_i(q_i)$、$C_i(q_i, \dot{q}_i)$、$g_i(q_i)$ 的具体数学表达式为

$$M_i(q_i) = \begin{bmatrix} O_{i(1)} + 2O_{i(2)}\cos(q_{i(2)}) & O_{i(3)} + O_{i(2)}\cos(q_{i(2)}) \\ O_{i(3)} + O_{i(2)}\cos(q_{i(2)}) & O_{i(3)} \end{bmatrix}$$

$$C_i(q_i, \dot{q}_i) = \begin{bmatrix} -O_{i(2)}\sin(q_{i(2)})\dot{q}_{i(2)} & -O_{i(2)}\sin(q_{i(2)})(\dot{q}_{i(1)} + \dot{q}_{i(2)}) \\ O_{i(2)}\sin(q_{i(2)})\dot{q}_{i(1)} & 0 \end{bmatrix}$$

$$g_i(q_i) = \begin{bmatrix} O_{i(4)}g\cos(q_{i(1)}) + O_{i(5)}g\cos(q_{i(1)} + q_{i(2)}) \\ O_{i(5)}g\cos(q_{i(1)} + q_{i(2)}) \end{bmatrix}$$

式中，g 为重力加速度；向量 $O_i = [O_{i(1)}, O_{i(2)}, O_{i(3)}, O_{i(4)}, O_{i(5)}] = [m_1 l_{c1}^2 + m_2(l_1^2 + l_{c2}^2) + J_1 + J_2, m_2 l_1 l_{c2}, m_2 l_{c2}^2 + J_2, m_1 l_{c1} + m_2 l_1, m_2 l_{c2}]$，这里 m_j、l_j 和 J_j 分别代表第 j 个臂的质量、长度和惯性矩，l_{cj} 表示前一个关节到臂 j 的质心的距离，$j = 1, 2$。

作为欧拉-拉格朗日系统中的一种，二连杆机械臂系统模型 (4.1) 自然满足 2.2.1 节中介绍的欧拉-拉格朗日方程的性质。假设领航者速度有界，即

$$\sup_t \|\dot{q}_0(t)\| \leqslant \bar{q}_d^1 \tag{4.2}$$

本章的控制目标是为每个跟随者，设计仅利用局部输出信息的分布式控制器，使得有跟随者的状态全局一致渐近收敛于领航者状态，即 $\lim\limits_{t \to \infty} q_i(t) - q_0(t) = 0, i = 1, 2, \cdots, n$。

关于个体间的交互拓扑，有如下假设。

假设 4.1 n 个跟随者和领航者间的交互关系可以用有向图表示，其中含有以领航者为根节点的有向生成树。

4.3 基于坐标变换和状态重构的部分线性化

为了移除 $C_i(q_i, \dot{q}_i)\dot{q}_i$ 中关于不可测状态速度的二次项，简化系统模型，提出如下形式的坐标变换：

$$z_i = T_i(q_i)\dot{q}_i \tag{4.3}$$

式中，$T_i(q_i) \in \mathbb{R}^{2\times 2}$ 是一个非奇异矩阵且所有元素有界，有如下形式：

$$T_i(q_i) = \begin{bmatrix} {}^iT_{11} & {}^iT_{12} \\ {}^iT_{21} & {}^iT_{22} \end{bmatrix} \tag{4.4}$$

则结合系统模型 (4.1)，新状态 z_i 的动力学方程为

$$\dot{z}_i = \left(\dot{T}_i(q_i)\dot{q}_i - T_i(q_i)M_i^{-1}(q_i)C_i(q_i,\dot{q}_i)\dot{q}_i \right)$$
$$+ T_i(q_i)M_i^{-1}(q_i)\left(\tau_i - G_i(q_i) \right) \tag{4.5}$$

从式(4.5)可以看出，若令

$$\dot{T}_i(q_i)\dot{q}_i - T_i(q_i)M_i^{-1}(q_i)C_i(q_i,\dot{q}_i)\dot{q}_i = 0 \tag{4.6}$$

则系统可以化为线性系统。

对式 (4.6) 的解进行讨论。式 (4.6) 可等价地写成

$$\left[\left(\frac{\partial {}^iT_{j1}}{\partial q_{i(1)}}, \frac{\partial {}^iT_{j1}}{\partial q_{i(2)}} \right) \begin{pmatrix} \dot{q}_{i(1)} \\ \dot{q}_{i(2)} \end{pmatrix} \left(\frac{\partial {}^iT_{j2}}{\partial q_{i(1)}}, \frac{\partial {}^iT_{j2}}{\partial q_{i(2)}} \right) \begin{pmatrix} \dot{q}_{i(1)} \\ \dot{q}_{i(2)} \end{pmatrix} \right] \begin{bmatrix} \dot{q}_{i(1)} \\ \dot{q}_{i(2)} \end{bmatrix}$$
$$= \begin{bmatrix} {}^iT_{j1}(M_i^{-1}C_i)_{11} + {}^iT_{j2}(M_i^{-1}C_i)_{21} \\ {}^iT_{j1}(M_i^{-1}C_i)_{12} + {}^iT_{j2}(M_i^{-1}C_i)_{22} \end{bmatrix}^{\mathrm{T}} \begin{bmatrix} \dot{q}_{i(1)} \\ \dot{q}_{i(2)} \end{bmatrix}, \quad j=1,2 \tag{4.7}$$

式中，为了简便起见，用 $M_i^{-1}C_i$ 代表 $M_i^{-1}(q_i)C_i(q_i,\dot{q}_i)$，且下标 ij 表示矩阵 $M_i^{-1}C_i$ 中位置为 (i,j) 的元素，即第 i 行第 j 列的元素。类似地，${}^iT_{jk}(j,k=1,2)$ 表示矩阵 $T_i(q_i)$ 中位置为 (j,k) 的元素。

基于 $M_i(q_i)$ 和 $C_i(q_i,\dot{q}_i)$ 的定义，式 (4.7) 可以等价地写为

$$\frac{\partial {}^iT_{j1}}{\partial q_{i(1)}} = \frac{-{}^iT_{j1}\left({}^iT_a + {}^iT_b \right) + {}^iT_{j2}\left(2\,{}^iT_b + \Theta_{i(1)}\Theta_{i(2)}\sin(q_{i(2)}) \right)}{{}^iT_c} \tag{4.8a}$$

$$\frac{\partial {}^iT_{j2}}{\partial q_{i(2)}} = \frac{-{}^iT_{j1}\,{}^iT_a + {}^iT_{j2}\left({}^iT_a + {}^iT_b \right)}{{}^iT_c} \tag{4.8b}$$

$$\frac{\partial {}^iT_{j1}}{\partial q_{i(2)}} + \frac{\partial {}^iT_{j2}}{\partial q_{i(1)}} = \frac{-{}^iT_{j1}\,{}^iT_a + 2\,{}^iT_{j2}\left({}^iT_a + {}^iT_b \right)}{{}^iT_c} \tag{4.8c}$$

式中，${}^iT_a = \Theta_{i(2)}\Theta_{i(3)}\sin(q_{i(2)})$；${}^iT_b = \Theta_{i(2)}^2\sin(q_{i(2)})\cos(q_{i(2)})$；${}^iT_c = \Theta_{i(1)}\Theta_{i(3)} - \Theta_{i(3)}^2 - \Theta_{i(2)}^2\cos^2(q_{i(2)})$。

对于偏微分方程组 (4.8) 的解，考虑以下三种情况：

(1) ${}^{i}T_{j2}$ 独立于 $q_{i(2)}$，即 $\dfrac{\partial {}^{i}T_{j2}}{\partial q_{i(2)}} = 0$；

(2) ${}^{i}T_{j1}$ 独立于 $q_{i(1)}$，即 $\dfrac{\partial {}^{i}T_{j1}}{\partial q_{i(1)}} = 0$；

(3) ${}^{i}T_{j1}$ 和 ${}^{i}T_{j2}$ 均与 $q_{i(1)}$ 和 $q_{i(2)}$ 相关。

首先，考虑第一种情况，即式 (4.8b) 为零，可得

$$
{}^{i}T_{j1} = \left(1 + \frac{\Theta_{i(2)}}{\Theta_{i(3)}} \cos(q_{i(2)}) \right) {}^{i}T_{j2} \tag{4.9}
$$

结合式 (4.8b) 和式 (4.8c)，可得

$$
\frac{\partial {}^{i}T_{j1}}{\partial q_{i(2)}} + \frac{\partial {}^{i}T_{j2}}{\partial q_{i(1)}} = 2\frac{\partial {}^{i}T_{j2}}{\partial q_{i(2)}} = 0 \tag{4.10}
$$

进而有

$$
\frac{\partial {}^{i}T_{j1}}{\partial q_{i(2)}} = -\frac{\partial {}^{i}T_{j2}}{\partial q_{i(1)}} \tag{4.11}
$$

对式 (4.9) 关于 $q_{i(2)}$ 求偏导，结合式 (4.11)，可得

$$
\frac{\partial {}^{i}T_{j2}}{\partial q_{i(1)}} = \frac{\Theta_{i(2)}}{\Theta_{i(3)}} \cos(q_{i(2)}){}^{i}T_{j2} \tag{4.12}
$$

因此，可知 ${}^{i}T_{j2}$ 为关于 $q_{i(1)}$ 和 $q_{i(2)}$ 的函数，即

$$
{}^{i}T_{j2} = f_2(q_{i(1)}, q_{i(2)}) \tag{4.13}
$$

式中，$f_2(x, y)$ 为关于 x、y 的可微函数。

式 (4.13) 与假设 $\dfrac{\partial {}^{i}T_{j2}}{\partial q_{i(2)}} = 0$ 相矛盾。因此，第一种情况不成立。

然后，考虑第二种情况，即式 (4.8a) 为零，可得

$$
{}^{i}T_{j1} = \frac{\Theta_{i(1)} + 2\Theta_{i(2)} \cos(q_{i(2)})}{\Theta_{i(3)} + \Theta_{i(2)} \cos(q_{i(2)})} {}^{i}T_{j(2)} \tag{4.14}
$$

将式 (4.14) 代入式 (4.8b)，可得

$$
\frac{\partial {}^{i}T_{j2}}{\partial q_{i(2)}} = \frac{-\Theta_{i(1)}\Theta_{i(2)}\Theta_{i(3)}\sin(q_{i(2)}) + \Theta_{i(2)}\Theta_{i(3)}^2\sin(q_{i(2)}) + \Theta_{i(2)}^3\sin(q_{i(2)})\cos(q_{i(2)})^2}{(\Theta_{i(1)}\Theta_{i(3)} - \Theta_{i(3)}^2 - \Theta_{i(2)}^2\cos(q_{i2})^2)(\Theta_{i(2)}\cos(q_{i(2)}) + \Theta_{i(3)})} {}^{i}T_{j2}
$$

$$
\tag{4.15}
$$

式 (4.15)的解为

$$^iT_{j2} = c_{j2}(\Theta_{i(3)} + \Theta_{i(2)}\cos(q_{i(2)})) \tag{4.16}$$

式中，c_{j2} 为任意常数，且由式 (4.14) 可得

$$^iT_{j1} = c_{j1}(\Theta_{i(1)} + 2\Theta_{i(2)}\cos(q_{i(2)})) \tag{4.17}$$

式中，c_{j1} 为任意常数。

类似地，通过将式 (4.14) 代入式 (4.8c)，可以得到 $^iT_{j1}$ 的数学表达式，则变换矩阵 $T_i(q_i)$ 为

$$T_i(q_i) = \begin{bmatrix} c_{11}(\Theta_{i(1)} + 2\Theta_{i(2)}\cos(q_{i(2)})) & c_{12}(\Theta_{i(3)} + \Theta_{i(2)}\cos(q_{i(2)})) \\ c_{21}(\Theta_{i(1)} + 2\Theta_{i(2)}\cos(q_{i(2)})) & c_{22}(\Theta_{i(3)} + \Theta_{i(2)}\cos(q_{i(2)})) \end{bmatrix} \tag{4.18}$$

由系统模型可知，$O_{i(3)}/O_{i(2)} = (m_2 l_{c2}^2 + J_2)/(m_2 l_1 l_{c2})$。考虑到 $J_2 = m_2 l_{c2}^2$，则 $O_{i(3)}/O_{i(2)} = 2l_{c2}/l_1$。这就意味着，如果 $l_1 \geqslant 2l_{c2}$，那么 $O_{i(3)}/O_{i(2)} \leqslant 1$。在这种情况下，即使选取常数 c 满足 $c_{11}c_{22} \neq c_{12}c_{21}$，如果系统位置 q 满足 $\cos(q_{i(2)}) = -O_{i(3)}/O_{i(2)}$，则变换矩阵 $T_i(q_i)$ 奇异。因此，对于第二种情况，不能保证形如式 (4.18) 的变换矩阵总是全局非奇异。

最后，对于第三种情况，一般的偏微分方程组通过理论分析和求解软件运算，没有解存在。

总结以上讨论可知，不存在形如式 (4.4) 的全局非奇异坐标变换矩阵 $T_i(q_i)$ 能够完全线性化二连杆机械臂系统模型。因此，退而求其次，本章将求解一类非奇异坐标变换矩阵 $T_i(q_i)$，部分线性化变换后的系统状态 (q_i, z_i)。

从式 (4.18) 可以看到，如果参数 c_{11} 和 c_{12} 取值为 1，则其第一行元素恰好与惯性矩阵 $M_i(q_i)$ 的第一行元素相同。将 $^iT_{1j}$ 用 $^iM_{1j}(j = 1, 2)$ 替换，根据式 (4.5)，$z_{i(1)}$ 的动力学方程可简化为 $\dot{z}_{i(1)} = u_{i(1)}$，新的输入 $u_i = [u_{i(1)}, u_{i(2)}]^{\mathrm{T}} \overset{\text{def}}{=} \tau_i - g_i(q_i)$，说明状态 $z_{i(1)}$ 实现了完全线性化。如果一个方阵的行列式不等于零，则该矩阵是非奇异的。因此，为了得到结构简单的非奇异矩阵 $T_i(q_i)$，受到 $^iM_{11}$ 总是正常数的启发，提出如下具有上三角形式的新的变换矩阵：

$$T_i(q_i) = \begin{bmatrix} ^iM_{11} & ^iM_{12} \\ 0 & ^iT_{22} \end{bmatrix} \tag{4.19}$$

式中，$^iT_{22}$ 为待求解项。易知，只要 $^iT_{22}$ 不为零，上述变换矩阵 $T_i(q_i)$ 就为非奇异矩阵。此处，选取上三角形式的变换矩阵不仅能够简化系统模型，还能降低求解偏微分方程组时的计算复杂度。

将式 (4.19) 代入式 (4.5)，得到 $z_{i(2)}$ 的动力学方程为

$$
\begin{aligned}
\dot{z}_{i(2)} = {} & \frac{\partial {}^i T_{22}}{\partial q_{i(1)}} \dot{q}_{i(1)} \dot{q}_{i(2)} + \frac{\partial {}^i T_{22}}{\partial q_{i(2)}} \dot{q}_{i(2)}^2 - \frac{{}^i T_{22}\, O_{i(2)} \sin(q_{i(2)})}{|M_i(q_i)|\, {}^i M_{11}} \left({}^i M_{11} \dot{q}_{i(1)} + {}^i M_{12} \dot{q}_{i(2)} \right)^2 \\
& + \frac{{}^i T_{22}}{|M_i(q_i)|} O_{i(2)} \sin(q_{i(2)}) \frac{{}^i M_{12} \left({}^i M_{12} - {}^i M_{11} \right)}{{}^i M_{11}} \dot{q}_{i(2)}^2 \\
& + {}^i T_{22}(M_i^{-1})_{21} u_{i(1)} + {}^i T_{22}(M_i^{-1})_{22} u_{i(2)}
\end{aligned}
\tag{4.20}
$$

为了移除 $\dot{z}_{i(2)}$ 中的速度交叉项 $\dot{q}_{i(1)} \dot{q}_{i(2)}$，令

$$
\frac{\partial {}^i T_{22}}{\partial q_{i(1)}} \dot{q}_{i(1)} \dot{q}_{i(2)} + \frac{\partial {}^i T_{22}}{\partial q_{i(2)}} \dot{q}_{i(2)}^2 = \frac{{}^i T_{22}}{|M_i(q_i)|} O_{i(2)} \sin(q_{i(2)}) \frac{{}^i M_{12} \left({}^i M_{11} - {}^i M_{12} \right)}{{}^i M_{11}} \dot{q}_{i(2)}^2
\tag{4.21}
$$

将式 (4.21) 代入式 (4.20)，$\dot{z}_{i(2)}$ 可简化为

$$
\begin{aligned}
\dot{z}_{i(2)} = {} & -\frac{{}^i T_{22}\, O_{i(2)} \sin(q_{i(2)})}{|M_i(q_i)|\, {}^i M_{11}} \left({}^i M_{11} \dot{q}_{i(1)} + {}^i M_{12} \dot{q}_{i(2)} \right)^2 \\
& + {}^i T_{22}(M_i^{-1})_{21} u_{i(1)} + {}^i T_{22}(M_i^{-1})_{22} u_{i(2)}
\end{aligned}
\tag{4.22}
$$

式 (4.21) 的一个解为

$$
{}^i T_{22} = \sqrt{\frac{|M_i(q_i)|}{{}^i M_{11}}}
\tag{4.23}
$$

因此，得到上三角形式的全局非奇异变换矩阵 $T_i(q_i)$ 具有如下形式：

$$
T_i(q_i) = \begin{bmatrix} {}^i M_{11} & {}^i M_{12} \\ 0 & \sqrt{\dfrac{|M_i(q_i)|}{{}^i M_{11}}} \end{bmatrix}
\tag{4.24}
$$

综上，利用形如式 (4.24) 的变换矩阵，通过坐标变换 (4.3)，得到如下状态为 $[q_i^{\mathrm{T}}, z_i^{\mathrm{T}}]^{\mathrm{T}}$ 的部分线性化系统：

$$
\begin{cases}
\dot{q}_i = A_i(q_i) z_i \\
\dot{z}_i = f_i(q_i, z_i) + D_i(q_i) u_i \\
y_i = q_i
\end{cases}
\tag{4.25}
$$

式中，y_i 为系统输出；$u_i = \tau_i - g_i(q_i)$；矩阵 $A_i(q_i)$、$D_i(q_i)$ 和非线性项 $f_i(q_i, z_i)$ 分

别为

$$A_i(q_i) = \begin{bmatrix} \dfrac{1}{^iM_{11}} & -\dfrac{^iM_{12}}{\sqrt{^iM_{11}|M_i(q_i)|}} \\[4mm] 0 & \sqrt{\dfrac{^iM_{11}}{|M_i(q_i)|}} \end{bmatrix}$$

$$D_i(q_i) = \begin{bmatrix} 1 & 0 \\[4mm] -\dfrac{^iM_{12}}{\sqrt{^iM_{11}|M_i(q_i)|}} & \sqrt{\dfrac{^iM_{11}}{|M_i(q_i)|}} \end{bmatrix}$$

$$f_i(q_i, z_i) = \begin{bmatrix} 0 & -\dfrac{O_{i(2)}\sin(q_{i(2)})}{\sqrt{^iM_{11}|M_i(q_i)|}\,^iM_{11}} z_{i(1)}^2 \end{bmatrix}^{\mathrm{T}}$$

可以看出，变换后的系统 (4.25) 不再含有关于不可测状态的交叉二次项。此外，系统方程中 $A_i(q_i)$ 和 $D_i(q_i)$ 均与速度量不相关，意味着在仅有位置信息反馈的情况下，也能够确定矩阵 A_i 和 D_i 的值。这些性质为后面设计全局稳定的观测器和控制器奠定了基础。

注 4.1　为了引用方便，令

$$\delta_i(q_{i(2)}) \stackrel{\text{def}}{=} -\frac{O_{i(2)}\sin(q_{i(2)})}{\sqrt{^iM_{11}|M_i(q_i)|}\,^iM_{11}} \tag{4.26}$$

由惯性矩阵 $M_i(q_i)$ 的正定性，且根据其定义，$\inf_t \,^iM_{11}(q_i(t)) = O_{i(1)} - 2O_{i(2)}$，可知 $\delta_i(q_{i(2)})$ 是有界的，满足

$$\sup_t \delta_i(q_{i(2)}(t)) = \frac{O_{i(2)}}{\sqrt{k_m}}(O_{i(1)} - 2O_{i(2)})^{2/3} \stackrel{\text{def}}{=} \bar{\delta}_i > 0 \tag{4.27}$$

注 4.2　文献 [149] 和 [150] 也讨论过欧拉-拉格朗日系统的简化问题，并给出了变换矩阵 $T_i(q_i)$ 存在的条件，但是注意到该变换矩阵的求解是基于等式 $\dfrac{\partial T_i(q_i)}{\partial q_i} = T_i(q_i)M_i^{-1}(q_i)C_i(q_i, \dot{q}_i)$ 的。然而，对于很多机械系统，如本章讨论的二连杆机械臂和单轮车形式的移动机器人 [148]，该等式无解。本章研究的坐标变换问题，是从更一般性的条件出发，即 $\dot{T}_i(q_i) = T_i(q_i)M_i^{-1}(q_i)C_i(q_i, \dot{q}_i)\dot{q}_i$，因此结果能适用于更多类型的欧拉-拉格朗日系统。

注 4.3　非奇异坐标变换矩阵 (4.24) 的计算依赖于惯性矩阵和精确角度测量信息。一般而言，机械臂能够通过内部传感器，如位置编码器等，测量自身的位置 [137]。本章中，假设传感器测量的位置信息是精确的。当测量信息中含有噪声或者扰动时，将考虑引入鲁棒观测器。

4.4 分布式输出反馈跟踪控制器设计

本章将在构建速度观测器的基础上提出一种分布式控制算法，解决输出反馈跟踪问题。首先设计观测器，实现对不可测状态的精确观测。

4.4.1 全局稳定的速度观测器设计

注意到系统 (4.25) 能够写成如下两个子系统：

$$\begin{cases} \dot{q}_{i(1)} = {}^iA_{11}z_{i(1)} + {}^iA_{12}z_{i(2)} \\ \dot{z}_{i(1)} = u_{i(1)} \end{cases} \tag{4.28}$$

$$\begin{cases} \dot{q}_{i(2)} = {}^iA_{22}z_{i(2)} \\ \dot{z}_{i(2)} = \delta_i z_{i(1)}^2 + {}^iD_{21}u_{i(1)} + {}^iD_{22}u_{i(2)} \end{cases} \tag{4.29}$$

可以看到第一个子系统 (4.28) 中，$q_{i(1)}$ 的动力学方程含有第二个子系统 (4.29) 的状态 $z_{i(2)}$。类似地，$z_{i(2)}$ 的动力学方程也依赖于子系统 (4.28) 的状态 $z_{i(1)}$。这意味着，当设计速度观测器时，每个子系统的观测误差的收敛性分析会与另外一个系统的观测误差存在耦合，这将给设计全局镇定的速度观测器带来极大挑战。为了解决这个问题，构建新的状态 $x_i = [x_{i(1)}, x_{i(2)}]^{\mathrm{T}}$，旨在完全解耦子系统：

$$\begin{aligned} x_{i(1)} &= \int {}^iM_{11}(q_{i(2)})\mathrm{d}q_{i(1)} + \int_0^{q_{i(2)}} {}^iM_{12}(s)\mathrm{d}s \\ x_{i(2)} &= \int_0^{q_{i(2)}} {}^iT_{22}(s)\mathrm{d}s \end{aligned} \tag{4.30}$$

结合式 (4.3)、式 (4.19)、式 (4.28) 和式 (4.29)，对式 (4.30) 求导，得到 (x, z) 的动力学方程为

$$\begin{cases} \dot{x}_{i(1)} = z_{i(1)} \\ \dot{z}_{i(1)} = u_{i(1)} \\ \dot{x}_{i(2)} = z_{i(2)} \\ \dot{z}_{i(2)} = \delta_i(q_{i(2)})z_{i(1)}^2 + {}^iD_{21}u_{i(1)} + {}^iD_{22}u_{i(2)} \end{cases} \tag{4.31}$$

显然，第一个子系统 $(x_{i(1)}, z_{i(1)})$ 的动力学方程独立于第二个子系统 $(x_{i(2)}, z_{i(2)})$ 的动力学方程，且第一个子系统为典型的二阶积分器系统。此时，观测器的设计则相对容易很多。

对第一个子系统 $(x_{i(1)}, z_{i(1)})$，设计如下观测器：

$$
\begin{cases}
\dot{\hat{x}}_{i(1)} = -k_{o,1}(\hat{x}_{i(1)} - x_{i(1)}) + \hat{z}_{i(1)} \\
\dot{\hat{z}}_{i(1)} = -k_{o,2}(\hat{x}_{i(1)} - x_{i(1)}) + u_{i(1)}
\end{cases}
\tag{4.32}
$$

式中，$\hat{x}_i$ 和 $\hat{z}_i$ 分别为 x_i 和 z_i 的观测值；$k_{o,1}$ 和 $k_{o,2}$ 为正的观测增益。相应的观测误差定义为 $\tilde{x}_i = \hat{x}_i - x_i$，$\tilde{z}_i = \hat{z}_i - z_i$，它们的动力学方程为

$$
\begin{bmatrix} \dot{\tilde{x}}_{i(1)} \\ \dot{\tilde{z}}_{i(1)} \end{bmatrix} = \begin{bmatrix} -k_{o,1} & 1 \\ -k_{o,2} & 0 \end{bmatrix} \begin{bmatrix} \tilde{x}_{i(1)} \\ \tilde{z}_{i(1)} \end{bmatrix} \overset{\text{def}}{=} \tilde{A} \begin{bmatrix} \tilde{x}_{i(1)} \\ \tilde{z}_{i(1)} \end{bmatrix}
\tag{4.33}
$$

容易验证矩阵 $\tilde{A}$ 是 Hurwitz 的，因此系统 (4.33) 在原点处指数稳定，有

$$
\lim_{t \to \infty} \begin{bmatrix} \tilde{x}_{i(1)}(t) \\ \tilde{z}_{i(1)}(t) \end{bmatrix} = 0
\tag{4.34}
$$

对于第二个子系统 $(x_{i(2)}, z_{i(2)})$，设计如下观测器：

$$
\begin{cases}
\dot{\hat{x}}_{i(2)} = -k_{o,1}(\hat{x}_{i(2)} - x_{i(2)}) + \hat{z}_{i(2)} \\
\dot{\hat{z}}_{i(2)} = -k_{o,2}(\hat{x}_{i(2)} - x_{i(2)}) + \delta_i \hat{z}_{i(1)}^2 + \sum_{j=1,2} {}^i D_{2j} u_{i(j)}
\end{cases}
\tag{4.35}
$$

结合式 (4.31) 和式 (4.35)，可得

$$
\begin{bmatrix} \dot{\tilde{x}}_{i(2)} \\ \dot{\tilde{z}}_{i(2)} \end{bmatrix} = \tilde{A} \begin{bmatrix} \tilde{x}_{i(2)} \\ \tilde{z}_{i(2)} \end{bmatrix} + \begin{bmatrix} 0 \\ h_i(q_{i(2)}, \tilde{z}_{i(1)}, \hat{z}_{i(1)}) \end{bmatrix}
\tag{4.36}
$$

式中，$h_i = \delta_i(q_{i(2)})\tilde{z}_{i(1)}(-\tilde{z}_{i(1)} + 2\hat{z}_{i(1)})$，当 $t \to \infty$ 时，$h_i \to 0$。

注意到式 (4.33) 和式 (4.36) 表示的误差系统关于 t 连续，且关于 $[\tilde{x}^{\mathrm{T}}, \tilde{z}^{\mathrm{T}}]^{\mathrm{T}}$ 是局部 Lipschitz 的。此外，误差系统 (4.33) 全局指数稳定，系统 (4.36) 的标称部分也是全局指数稳定的，这就说明系统 (4.36) 是输入到状态稳定的。由定义 1.7 可知，级联系统 (4.33) 和 (4.36) 的原点是全局一致渐近稳定的，即 $\tilde{x}$ 和 $\tilde{z}$ 全局一致渐近收敛至零。

4.4.2　控制器设计与稳定性分析

在 4.2 节中，领航者的状态满足式 (4.2)，即速度有界。经过 4.3 节坐标变换和式 (4.30) 的变换后，可知领航者速度的有界性不会改变，因此存在有界正常数 $\bar{z}_0$，使得领航者状态信息 $(x_0(t), z_0(t))$ 满足 $\sup_t \|z_0(t)\| \leqslant \bar{z}_0$。

关于有向图矩阵论，引入以下引理。

引理 4.1 [151,152]   在假设 4.1 的条件下，矩阵 $\mathcal{L} + \mathcal{B}$ 是非奇异 M 矩阵，其中 $\mathcal{L}$ 是跟随者间交互对应的有向图的拉普拉斯矩阵，矩阵 $\mathcal{B}$ 的定义见引理 1.4，定义

$$H = [h_1, \cdots, h_n]^{\mathrm{T}} = (\mathcal{L} + \mathcal{B})^{-1} 1_n$$
$$P = \mathrm{diag}(p_i) = \mathrm{diag}(1/h_i) \tag{4.37}$$

那么矩阵 P 是正定的，且定义矩阵

$$Q = P(\mathcal{L} + \mathcal{B}) + (\mathcal{L} + \mathcal{B})^{\mathrm{T}} P \tag{4.38}$$

则矩阵 Q 也是正定的。

引理 4.2 (比较引理)[127]   考虑如下标量微分方程：

$$\dot{u} = f(t, u), \quad u(t_0) = u_0$$

式中，对于所有的 $t \geqslant 0$ 和 $u \in J \subset R$，$f(t, u)$ 关于时间 t 连续，且关于 u 是局部 Lipschitz 的。令 $[t_0, T)$ (T 能够是无穷大) 是 $u(t)$ 有解的最大区间，且假设对于所有的 $t \in [t_0, T)$，都有 $u(t) \in J$。令 $v(t_0)$ 为连续函数，它的右导数 $D^+ v(t)$ 满足微分不等式

$$D^+ v(t) \leqslant f(t, v(t)), \quad v(t_0) \leqslant u_0$$

且对于所有的 $t \in [t_0, T)$，有 $v(t) \in J$。那么，对于所有的 $t \in [t_0, T)$，均有 $v(t) \leqslant u(t)$。

首先定义辅助变量为

$$\xi_i = \hat{z}_i - z_0 + \kappa(x_i - x_0), \quad i = 1, 2, \cdots, n \tag{4.39}$$

式中，$\kappa > 1$ 为正常数。定义局部误差为

$$\begin{cases} x_{ir} = \sum\limits_{j \in \mathcal{N}_i} a_{ij}(x_i - x_j) + b_i(x_i - x_0) \\ z_{ir} = \sum\limits_{j \in \mathcal{N}_i} a_{ij}(\hat{z}_i - \hat{z}_j) + b_i(\hat{z}_i - z_0) \end{cases} \tag{4.40}$$

且定义

$$s_i = z_{ir} + \kappa x_{ir} \tag{4.41}$$

则辅助标量 s_i 的向量形式为

$$s = [(\mathcal{L} + \mathcal{B}) \otimes I_2] \xi = (\overline{\mathcal{L}} \otimes I_2) \xi \tag{4.42}$$

式中，$s = [s_1^{\mathrm{T}}, \cdots, s_n^{\mathrm{T}}]^{\mathrm{T}}$；$\xi = [\xi_1^{\mathrm{T}}, \cdots, \xi_n^{\mathrm{T}}]^{\mathrm{T}}$。

对跟随者 $i(i = 1, 2, \cdots, n)$，提出如下分布式控制律：

$$u_i = D_i^{-1}(q_i)\left(k_{c,1}\tilde{x}_i - k_{c,2}s_i - k_{c,3}\mathrm{sgn}(s_i) - f_i(q_i, \hat{z}_i)\right) \tag{4.43}$$

式中，控制增益 $k_{c,1}$ 可以取成任意正数；$k_{c,2}$ 和 $k_{c,3}$ 满足

$$\begin{cases} k_{c,2} > \dfrac{1}{\underline{\lambda}_Q}\left[3\kappa\overline{\lambda}_P + \kappa^2\overline{\lambda}_P + \dfrac{\kappa^2\overline{\lambda}_P}{2(\kappa-1)} + |k_{c,1} - k_{o,2}|\overline{\lambda}_P\overline{\sigma}_{\tilde{\mathcal{L}}}\right] \\ k_{c,3} > \bar{z}_0 \end{cases} \tag{4.44}$$

这里，实对称矩阵 P 和 Q 的定义见式 (4.37) 和式 (4.38)。

为了方便表述，用 $\overline{\lambda}_X$ 和 $\underline{\lambda}_X$ 分别表示实对称矩阵 X 的最大特征值和最小特征值，$\overline{\sigma}_X$ 表示矩阵 X 的最大奇异值。

下面给出本章的主要定理。

定理 4.1　在假设 4.1 的条件下，考虑由系统 (4.1) 经过坐标变换和状态重构得到的新系统 (4.31)，与基于观测器的控制器 (4.43) 构成闭环系统。对于任意正的观测器增益 $k_{o,1}$ 和 $k_{o,2}$，若控制器增益满足式 (4.44)，则该闭环系统在原点处全局一致渐近稳定。

证明　选取李雅普诺夫函数为

$$\begin{aligned} V &= \frac{1}{2}s^{\mathrm{T}}(P \otimes I_2)s + \frac{\varpi}{2}x_r^{\mathrm{T}}x_r \\ &= \frac{1}{2}\begin{bmatrix} s \\ x_r \end{bmatrix}^{\mathrm{T}}\begin{bmatrix} P \otimes I_2 & 0 \\ 0 & \varpi I_{2n} \end{bmatrix}\begin{bmatrix} s \\ x_r \end{bmatrix} \\ &\stackrel{\mathrm{def}}{=} \frac{1}{2}\varUpsilon^{\mathrm{T}}\bar{P}\varUpsilon \end{aligned} \tag{4.45}$$

式中，$\varUpsilon \stackrel{\mathrm{def}}{=} [s^{\mathrm{T}}, x_r^{\mathrm{T}}]^{\mathrm{T}}$；$x_r$ 为 x_{ri} 的列堆栈形式；ϖ 为正常数，满足 $\varpi > \kappa^2\overline{\lambda}_P/2(\kappa-1)$。

显然，矩阵 $\bar{P}$ 是正定的，则有

$$\frac{\underline{\lambda}_{\bar{P}}}{2}\|\varUpsilon\|^2 \leqslant V(\varUpsilon) \leqslant \frac{\overline{\lambda}_{\bar{P}}}{2}\|\varUpsilon\|^2 \tag{4.46}$$

李雅普诺夫函数 V 的广义积分（参见文献 [153]）为

$$\begin{aligned} \dot{V} =\, &s^{\mathrm{T}}(P \otimes I_2)[(\mathcal{L} + \mathcal{B}) \otimes I_2]\big[\dot{\tilde{z}} - (1_n \otimes \dot{z}_0) \\ &+ \kappa z - \kappa(1_n \otimes z_0)\big] + \varpi x_r^{\mathrm{T}}(s - \kappa x_r - \tilde{z}_r) \end{aligned} \tag{4.47}$$

式中，$\dot{\tilde{z}}$ 和 $\tilde{z}_r$ 分别为 $\dot{\tilde{z}}_i$ 和 $\tilde{z}_{ri}$ 的列堆栈形式，$\tilde{z}_r = [(\mathcal{L} + \mathcal{B}) \otimes I_2]\tilde{z}$。

由式 (4.32) 和式 (4.35)，可得

$$\dot{\hat{z}} = -k_{o,2}\tilde{x} + f(q,\hat{z}) + D(q)u \tag{4.48}$$

控制输入 (4.43) 也能够写成堆栈形式，即

$$u = D^{-1}(q)\left(k_{c,1}\tilde{x} - k_{c,2}s - k_{c,3}\mathrm{sgn}(s) - f(q,\hat{z})\right) \tag{4.49}$$

式中，$D^{-1}(q) = \mathrm{blockdiag}(D_1^{-1},\cdots,D_n^{-1}) \in \mathbb{R}^{2n\times 2n}$。

将式 (4.48) 和式 (4.49) 代入式 (4.47)，得到

$$\begin{aligned}
\dot{V} = & -k_{c,2}s^{\mathrm{T}}[P(\mathcal{L}+\mathcal{B})\otimes I_2]s - \varpi\kappa x_r^{\mathrm{T}}x_r \\
& + (k_{c,1}-k_{o,2})s^{\mathrm{T}}[P(\mathcal{L}+\mathcal{B})\otimes I_2]\tilde{x} \\
& + \kappa s^{\mathrm{T}}[P(\mathcal{L}+\mathcal{B})\otimes I_2](z-\hat{z}+\hat{z}-1_n\otimes z_0) \\
& + \varpi x_r^{\mathrm{T}}s - \varpi x_r^{\mathrm{T}}\tilde{z}_r - k_{c,3}s^{\mathrm{T}}(P\mathcal{L}\otimes I_2)\,\mathrm{sgn(s)} \\
& - k_{c,3}s^{\mathrm{T}}(P\mathcal{B}\otimes I_2)\,\mathrm{sgn(s)} + s^{\mathrm{T}}(P\mathcal{B}\otimes I_2)(1_n\otimes\dot{z}_0)
\end{aligned} \tag{4.50}$$

式(4.50)的得出应用了引理 1.5 和等式关系 $(\mathcal{L}\otimes I_2)(1_n\otimes\dot{z}_0)=0$。

注意到

$$z-\hat{z} = -\tilde{z} = -[(\mathcal{L}+\mathcal{B})\otimes I_2]^{-1}\tilde{z}_r \tag{4.51}$$

和

$$\hat{z}-1_n\otimes z_0 = [(\mathcal{L}+\mathcal{B})\otimes I_2]^{-1}z_r = [(\mathcal{L}+\mathcal{B})\otimes I_2]^{-1}(s-\kappa x_r) \tag{4.52}$$

将式 (4.51) 和式 (4.52) 代入式 (4.50)，可得

$$\begin{aligned}
\dot{V} = & -k_{c,2}s^{\mathrm{T}}[P(\mathcal{L}+\mathcal{B})\otimes I_2]s - \varpi\kappa x_r^{\mathrm{T}}x_r \\
& - \kappa s^{\mathrm{T}}[P(\mathcal{L}+\mathcal{B})\otimes I_2][(\mathcal{L}+\mathcal{B})\otimes I_2]^{-1}\tilde{z}_r \\
& + \kappa s^{\mathrm{T}}[P(\mathcal{L}+\mathcal{B})\otimes I_2][(\mathcal{L}+\mathcal{B})\otimes I_2]^{-1}(s-\kappa x_r) \\
& + (k_{c,1}-k_{o,2})s^{\mathrm{T}}[P(\mathcal{L}+\mathcal{B})\otimes I_2]\tilde{x} + \varpi x_r^{\mathrm{T}}s - \varpi x_r^{\mathrm{T}}\tilde{z}_r \\
& - k_{c,3}s^{\mathrm{T}}(P\mathcal{L}\otimes I_2)\,\mathrm{sgn(s)} - k_{c,3}s^{\mathrm{T}}(P\mathcal{B}\otimes I_2)\,\mathrm{sgn(s)} \\
& + s^{\mathrm{T}}(P\mathcal{B}\otimes I_2)(1_n\otimes\dot{z}_0)
\end{aligned} \tag{4.53}$$

因此，李雅普诺夫函数的导数 $\dot{V}$ 为

$$\begin{aligned}
\dot{V} = & -k_{c,2}s^{\mathrm{T}}[P(\mathcal{L}+\mathcal{B})\otimes I_2]s - \varpi\kappa x_r^{\mathrm{T}}x_r - \kappa s^{\mathrm{T}}(P\otimes I_2)\tilde{z}_r \\
& + \kappa s^{\mathrm{T}}(P\otimes I_2)(s-\kappa x_r) + \varpi x_r^{\mathrm{T}}s - \varpi x_r^{\mathrm{T}}\tilde{z}_r
\end{aligned}$$

$$
\begin{aligned}
&+ (k_{c,1} - k_{o,2}) s^{\mathrm{T}} [P(\mathcal{L} + \mathcal{B}) \otimes I_2] \tilde{x} - k_{c,3} s^{\mathrm{T}} (P\mathcal{L} \otimes I_2) \operatorname{sgn}(s) \\
&- k_{c,3} s^{\mathrm{T}} (P\mathcal{B} \otimes I_2) \operatorname{sgn}(s) + s^{\mathrm{T}} (P\mathcal{B} \otimes I_2)(1_n \otimes \dot{z}_0) \\
={}& -\frac{k_{c,2}}{2} s^{\mathrm{T}} (Q \otimes I_2) s - \varpi \kappa x_r^{\mathrm{T}} x_r + \kappa s^{\mathrm{T}} (P \otimes I_2) s \\
&- \kappa s^{\mathrm{T}} (P \otimes I_2) \tilde{z}_r - \kappa^2 s^{\mathrm{T}} (P \otimes I_2) x_r + \varpi x_r^{\mathrm{T}} s - \varpi x_r^{\mathrm{T}} \tilde{z}_r \\
&+ (k_{c,1} - k_{o,2}) s^{\mathrm{T}} [P(\mathcal{L} + \mathcal{B}) \otimes I_2] \tilde{x} - k_{c,3} s^{\mathrm{T}} (P\mathcal{L} \otimes I_2) \operatorname{sgn}(s) \\
&- k_{c,3} s^{\mathrm{T}} (P\mathcal{B} \otimes I_2) \operatorname{sgn}(s) + s^{\mathrm{T}} (P\mathcal{B} \otimes I_2)(1_n \otimes \dot{z}_0)
\end{aligned}
\tag{4.54}
$$

由引理 4.1 可知，矩阵 Q 和 P 均为正定矩阵，则有

$$
\begin{aligned}
\dot{V} \leqslant {}& -\frac{k_{c,2}}{2} \underline{\lambda}_Q \|s\|^2 - \varpi \kappa \|x_r\|^2 + \kappa \overline{\lambda}_P \|s\|^2 \\
&+ \frac{\kappa}{2} \overline{\lambda}_P (\|s\|^2 + \|\tilde{z}_r\|^2) + \frac{\kappa^2}{2} \overline{\lambda}_P (\|s\|^2 + \|x_r\|^2) \\
&+ \frac{\varpi}{2} (\|s\|^2 + \|x_r\|^2) + \frac{\varpi}{2} (\|\tilde{z}_r\|^2 + \|x_r\|^2) \\
&+ \frac{|k_{c,1} - k_{o,2}|}{2} \overline{\lambda}_P \overline{\sigma}_{(\bar{\mathcal{L}})} (\|s\|^2 + \|\tilde{x}\|^2) \\
&- k_{c,3} \sum_{i=1}^{n} p_i b_i \|s_i\|_1 + \sum_{i=1}^{n} p_i b_i \bar{z}_0 \|s_i\|
\end{aligned}
\tag{4.55}
$$

式(4.55)中应用了不等式 $s^{\mathrm{T}} (P\mathcal{L} \otimes I_2) \operatorname{sgn}(s) \geqslant 0$ 和 $\|s_i\|_1 \geqslant \|s_i\|$。将式 (4.55) 记为

$$
\dot{V} \leqslant -\frac{\alpha_1}{2} \|s\|^2 - \alpha_2 \|x_r\|^2 + \alpha_3 \|\tilde{z}_r\|^2 + \alpha_4 \|\tilde{x}\|^2
\tag{4.56}
$$

式中，$\alpha_i (i = 1, 2, 3, 4)$ 分别为

$$
\begin{aligned}
\alpha_1 &= k_{c,2} \underline{\lambda}_Q - 3\kappa \overline{\lambda}_P - \kappa^2 \overline{\lambda}_P - \varpi - |k_{c,1} - k_{o,2}| \overline{\lambda}_P \overline{\sigma}_{(\bar{\mathcal{L}})} \\
\alpha_2 &= \varpi \kappa - \varpi - \frac{\kappa^2}{2} \overline{\lambda}_P \\
\alpha_3 &= \frac{\kappa}{2} \overline{\lambda}_P + \frac{\varpi}{2} \\
\alpha_4 &= \frac{|k_{c,1} - k_{o,2}|}{2} \overline{\lambda}_P \overline{\sigma}_{(\bar{\mathcal{L}})}
\end{aligned}
$$

考虑条件 (4.44) 和参数 ϖ 的约束条件(4.45)，可知 $\alpha_i > 0$，$i = 1, 2, 3, 4$，则 $\dot{V}$ 满足

$$
\dot{V} \leqslant -\min\{\alpha_1, \alpha_2\} \|\varUpsilon\|^2 + \alpha_3 \|\tilde{z}_r\|^2 + \alpha_4 \|\tilde{x}\|^2
\tag{4.57}
$$

结合式 (4.46) 和式 (4.57)，有

$$\dot{V}(y) \leqslant -\underbrace{\frac{2\min\{\alpha_1,\alpha_2\}}{\overline{\lambda}_{\bar{P}}}}_{\overset{\text{def}}{=} -\bar{\alpha}} V(y) + \alpha_3\|\tilde{z}_r\|^2 + \alpha_4\|\tilde{x}\|^2 \tag{4.58}$$

通过 4.4.1 节的分析，可知 $\|\tilde{z}_r(t)\|$ 是有界的，且 $\lim\limits_{t\to\infty}\|\tilde{z}_r(t)\| = 0$，进而有 $\lim\limits_{t\to\infty}\|\tilde{z}_r(t)\|^2 = 0$。同理，有 $\lim\limits_{t\to\infty}\|\tilde{x}(t)\|^2 = 0$。定义新的系统动力学方程：

$$\dot{W}(t) = -\bar{\alpha}W(t) + \alpha_3\|\tilde{z}_r(t)\|^2 + \alpha_4\|\tilde{x}(t)\|^2 \tag{4.59}$$

由引理 4.2 可知，当函数 $W(t)$ 和 $V(t)$ 的初始值选取相同，即 $W(0) = V(0)$ 时，有 $V(t) \leqslant W(t)$。式 (4.59) 的解为

$$W(t) = \mathrm{e}^{-\bar{\alpha}(t-t_0)}W(t_0) + \mathrm{e}^{-\bar{\alpha}(t-t_0)}\int_{t_0}^t \mathrm{e}^{\bar{\alpha}\sigma}W_u\mathrm{d}\sigma \tag{4.60}$$

式中，$W_u = \alpha_3\|\tilde{z}_r(\sigma)\|^2 + \alpha_4\|\tilde{x}(\sigma)\|^2$。

如果将式 (4.60) 等号右边的 W_u 看作输入，则 $W(t)$ 满足

$$W(t) = \beta\left(W(t_0), t-t_0\right) + \gamma\left(\sup_{t_0\leqslant\sigma\leqslant t}\|W_u(\sigma)\|\right) \tag{4.61}$$

式中，β 是一类 $\mathcal{KL}$ 函数；γ 是一类 $\mathcal{K}$ 函数。由定义 1.7 可知，系统 (4.61) 是输入-状态稳定的。对于一个输入-状态稳定系统，如果当 $t\to\infty$ 时，系统输入 W_u 趋于零，则 $W(t)$ 全局一致渐近收敛至零[127]。由引理 1.11 可知，存在一类 $\mathcal{KL}$ 函数 β，使得 $\|W(t)\| \leqslant \beta(\|W(t_0)\|, t-t_0), \forall t \geqslant t_0 \geqslant 0, \forall\|W(t_0)\|$。

考虑到式 (4.45) 中定义的李雅普诺夫函数 $V(t)$ 是正定的，且选取 $W(t)$ 初始值 $W(0) = V(0) > 0$，由式 (4.61) 可知，$W(t) \geqslant 0, \forall t \geqslant 0$。因此，存在一类 $\mathcal{KL}$ 函数 β，使得式 (4.62)成立：

$$W(t) \leqslant \beta(W(t_0), t-t_0), \quad \forall t \geqslant t_0 \geqslant 0, \forall W(t_0) \tag{4.62}$$

又因为 $W(t) \geqslant V(t) \geqslant 0$，结合式(4.62)，可得

$$V(t) \leqslant \beta(V(t_0), t-t_0), \quad \forall t \geqslant t_0 \geqslant 0, \forall V(t_0) \tag{4.63}$$

由引理 1.11 可知，$V(t)$ 在原点处全局一致渐近稳定。考虑到矩阵 P 的正定性和 $\varpi > 0$ 的事实，可知 s 和 x_r 也是全局一致渐近稳定收敛至零。根据 x_{ir}、

z_{ir} 和 s_i 的定义，见式 (4.40) 和式 (4.41)，可知 x_{ir} 和 z_{ir} 均收敛至零。利用引理 3.1 和已有结论 $\lim\limits_{t\to\infty}\hat{z}=z$，可知 z_i 和 x_i 分别全局一致渐近收敛至 z_0 和 x_0。由坐标变换矩阵的非奇异性可知 $q_i(t)$ 全局一致渐近收敛于 $q_0(t)$。

至此，已经证明对于任意正的观测器增益 $k_{o,1}$ 和 $k_{o,2}$，观测器误差均全局一致渐近收敛至零，且对于满足式 (4.44) 的控制增益，闭环系统在原点是全局一致渐近稳定的。注意到，如果将控制器 (4.43) 中的观测器状态 $(\hat{x},\hat{z})$ 替换为真实状态 (x,z)，则跟踪误差依然全局收敛至零。这就意味着观测器和控制器能够分别独立设计，即满足分离原理。　　　　　　　　　　　　　　　　　□

注 4.4　本章提出的上三角形式的坐标变换矩阵，对一类欧拉-拉格朗日系统部分线性化的方法能够推广到 $n>2$ 维空间中的系统。但是，对一般形式的高阶偏微分方程组求解是一个具有挑战性的难题。

注 4.5　为了消除符号函数带来的振荡问题，实际中，通常采用连续函数进行逼近，如双曲正切函数、饱和函数[154] 等。尽管通过其他连续函数逼近的方法能够避免输入不连续对执行机构造成的损害，但是闭环系统的状态可能会稳定在平衡点附近的邻域，而不是收敛至平衡点。

4.5　仿真验证

为了验证本章理论结果的有效性，考虑 4 个二连杆机械臂作为跟随者系统，其动力学模型均由式 (4.1) 表示，且选取与 2.5 节中相同的物理参数。领航者与跟随者之间的交互拓扑关系由图 4.1 给出，其中领航者用 0 标记。

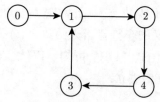

图 4.1　跟随者与领航者之间的交互拓扑

$x_i(t)$ 和 $\hat{z}_i(t)(i=1,2,3,4)$ 的初始值分别设为 $3\mathrm{rands}(2,1)$ 和 $[0,0]^\mathrm{T}$；领航者的轨迹为 $x_0(t)=[2t,\sin(t)]^\mathrm{T}$。观测器增益和控制增益分别选为：$k_{o,1}=3,k_{o,2}=5,k_{c,1}=5,k_{c,2}=6,k_{c,3}=3$。运用本章提出的分布式控制算法 (4.43)，多机械臂系统的仿真结果如图 4.2 ～ 图 4.4 所示。图 4.2 和图 4.3 分别表示每个跟随者的角度和角速度跟踪误差，可以看出所有跟随者的状态趋于领航者的状态。

图 4.4 表示每个跟随者的速度观测误差变化情况，表明了运用本章提出的观测器 (4.32) 和 (4.35)，每个跟随者都能够获取精确的速度观测值。

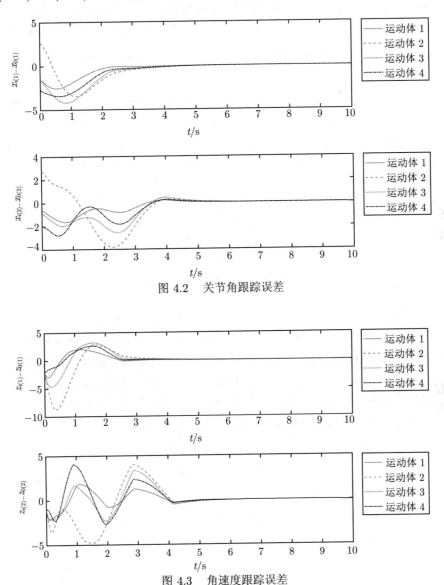

图 4.2   关节角跟踪误差

图 4.3   角速度跟踪误差

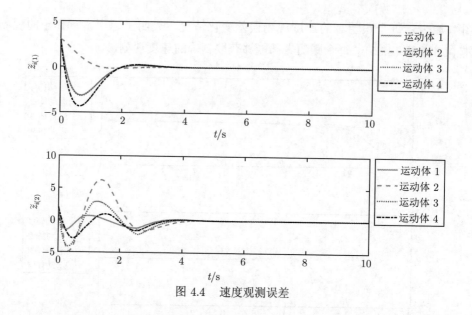

图 4.4   速度观测误差

4.6   本 章 小 结

本章研究了一类不能通过输出反馈线性化的欧拉-拉格朗日系统的分布式全局输出反馈问题。首先，构造了一类上三角形式的非奇异坐标变换矩阵，且部分线性化了这类非线性系统。然后，设计了全局一致渐近稳定的速度观测器，精确观测不可测速度信息。在此基础上，提出了分布式输出反馈控制器，使得所有的跟随者都能够全局一致渐近地跟踪领航者。关于闭环系统的全局稳定性，给出了严谨的理论证明，且通过数值仿真验证了算法的有效性。

第 5 章　多欧拉-拉格朗日系统分布式编队跟踪控制

5.1　引　　言

前面章主要考虑分布式跟踪问题，并没有对系统整体构型提出要求。本章将研究多欧拉-拉格朗日系统的编队跟踪控制问题，即在跟踪参考轨迹的同时还要求系统形成期望的队形。文献 [155] 针对单积分器系统，提出了基于估计器的控制策略，其中通过对系统集群状态的估计来获取加权中心，但是在实现跟踪目标函数的同时并没有考虑多运动体系统的编队问题。随后，其结果在文献 [156] 得到推广，通过增加一个新的与编队相关的目标函数，实现了编队跟踪任务，但是注意到新增加的目标函数是基于相对位置定义的。对于多欧拉-拉格朗日系统的编队问题，文献 [157] 首先利用第一个滑模控制器将系统状态强制约束到有界范围内，在此基础上，启动第二个滑模控制器，进而设计了基于相对位置的控制器，实现运动体间相对位置的有限时间稳定。近期，Cai 等 [158] 利用图刚性理论设计了基于相对距离的分布式编队控制算法，然而仅当系统初始状态足够接近平衡态时，才能实现期望队形。虽然这些成果能够实现期望的队形，但是并没有讨论在编队的同时如何使系统整体跟踪参考轨迹。因此，本章的问题包含两个子问题，一是如何解决集群加权中心有限时间估计问题，二是如何设计分布式控制算法实现加权中心精确跟踪参考轨迹。

5.2　问 题 描 述

定义 5.1　假设 n 个运动体的交互图为 $\mathcal{G}$，运动体 i 的位置坐标为 $q_i(i = 1, 2, \cdots, n)$，将图 $\mathcal{G}$ 嵌入空间 $\mathbb{R}^p$ 中，则称 $(\mathcal{G}, q)$ 为框架（framework），其中 $q = [q_1^{\mathrm{T}}, \cdots, q_n^{\mathrm{T}}]^{\mathrm{T}}$ 为运动体位置坐标的堆栈向量。

假设图 $\mathcal{G}$ 中含有 m 条边，即 $|\mathcal{E}| = m$。现考虑与第 k 条边相关的相对位置变量，即

$$z_k = q_j - q_i \tag{5.1}$$

令 $z = [z_1^{\mathrm{T}}, \cdots, z_m^{\mathrm{T}}]^{\mathrm{T}} \in \mathbb{R}^{mp}$，$Z(z) = \mathrm{diag}(z_1, \cdots, z_m) \in \mathbb{R}^{mp \times m}$。考虑关联

矩阵的定义方式 (1.1)，有如下关系：

$$z = (B \otimes I_p)q \tag{5.2}$$

可以看出，z 在矩阵 $(B \otimes I_p)$ 的列空间中，记作 $z \in \text{Im}(B \otimes I_p)$。

图刚性理论是分析编队刚性特征的重要工具。概略地说，如果编队的光滑移动只是整体编队的平移或者旋转，不改变编队的形状和边的长度，则称该编队是刚性的。为了给出刚性严格的数学定义，首先定义一个函数：

$$f_{\mathcal{G}}(q_1, \cdots, q_n) = \left[\cdots, \|q_i - q_j\|^2, \cdots \right]^{\text{T}} = Z^{\text{T}} z, \quad (i, j) \in \mathcal{E} \tag{5.3}$$

则刚性的定义如下。

定义 5.2 [159]　如果在空间 $\mathbb{R}^{np}$ 中，存在 q 的一个邻域 U，使得 $f_{\mathcal{G}}^{-1}(f_{\mathcal{G}}(q)) \cap U = f_{\mathcal{K}}^{-1}(f_{\mathcal{K}}(q)) \cap U$，其中 q 为构成图 $\mathcal{G}$ 的点的坐标堆栈向量，$\mathcal{K}$ 是与 $\mathcal{G}$ 有相同点集的完全图，则称框架 $(\mathcal{G}, q)$ 是局部刚性的。

分析给定框架的刚性特征，通常利用刚性矩阵（rigidity matrix）。已知系统中运动体的位置信息，便能够构造刚性矩阵，进而通过检验刚性矩阵的秩来判断该框架是否是刚性的。刚性矩阵 $R(q) \in \mathbb{R}^{m \times np}$ 定义如下：

$$R(q) = \frac{1}{2} \frac{\partial f_{\text{G}}(q)}{\partial q} \tag{5.4}$$

同时，还满足

$$R(q) = Z^{\text{T}}(z)(B \otimes I_p) \tag{5.5}$$

由以上定义可知，当图中第 k 条边的顶点为 i 和 j 时，刚性矩阵的第 k 行具有以下形式：

$$\left[0_p^{\text{T}}, \cdots, (q_i - q_j)^{\text{T}}, \cdots, 0_p^{\text{T}}, \cdots, (p_j - p_i)^{\text{T}}, \cdots, 0_p^{\text{T}} \right] \tag{5.6}$$

定义 5.3 [160]　对于框架 $(\mathcal{G}, q)$，如果刚性矩阵 $R(q)$ 的秩满足

$$\text{rank}(R(q)) = np - p(p+1)/2 \tag{5.7}$$

则称框架 $(\mathcal{G}, q)$ 是极小刚性的（infinitesimally rigid）。

如果框架 $(\mathcal{G}, q)$ 是极小刚性的，则能够得出 $(\mathcal{G}, q)$ 是刚性的，反之则不成立。因此，通过观察刚性矩阵的秩，如果满足式 (5.7)，则该框架是刚性的。

定义 5.4 [161]　对于刚性框架 $(\mathcal{G}, q)$，如果移去任何一个内部距离约束都会导致该框架失去刚性性质，则该框架是最小刚性的（minimally rigid）。

注 5.1 注意到，若使一个框架在 $\mathbb{R}^p$ 中极小刚性，考虑到其刚性矩阵的秩为 $np - p(p+1)/2$，则该框架需要至少 $np - p(p+1)/2$ 条边。如果一个框架在 $\mathbb{R}^p$ 中恰好有 $np - p(p+1)/2$ 条边，且是极小刚性的，则该框架是最小且极小刚性的（minimally and infinitesimally rigid）。特殊地，在 $\mathbb{R}^2$ 和 $\mathbb{R}^3$ 中，如果框架是极小刚性的且恰好有 $2n-3$ 或者 $3n-6$ 条边，则该框架是最小且极小刚性的。

利用最小刚性和极小刚性的定义，有以下引理。

引理 5.1 如果一个框架 $(\mathcal{G}, q)$ 在 $\mathbb{R}^p$ 中是最小且极小刚性的，那么矩阵 $R(q)R^{\mathrm{T}}(q)$ 是正定矩阵。

假设系统由一组 n 个全驱动的移动机器人构成，每个机器人的动力学模型由欧拉-拉格朗日方程表示[39]：

$$M_i(q_i)\ddot{q}_i + C_i(q_i, \dot{q}_i)\dot{q}_i = \tau_i, \quad i = 1, 2, \cdots, n \tag{5.8}$$

式中，$q_i \in \mathbb{R}^p$ 为第 i 个机器人的位置，相应地，$\dot{q}_i$ 和 $\ddot{q}_i$ 分别为速度和加速度；$M_i(q_i)$、$C_i(q_i, \dot{q}_i)$ 与式 (2.3) 中定义一致，且满足 2.2.1 节中介绍的性质。

在编队跟踪控制中，一方面为了实现期望的队形，任意机器人 i 需要与它的邻居保持期望的距离 $d_{ij}(j \in \mathcal{N}_i)$，即机器人最终收敛至如下目标集合：

$$\mathcal{T}_d = \{q \in \mathbb{R}^{np} | \, \|q_i - q_j\| = d_{ij}, \forall (i,j) \in \mathcal{E}\} \tag{5.9}$$

另一方面，在保持期望队形的同时，还需集群的加权中心 $\sigma(q)$ 跟踪某个外部参考信号 $\sigma_d(t): t \to \mathbb{R}^p$，这里加权中心 $\sigma(q)$ 定义为

$$\sigma(q) = \sum_{i=1}^n \alpha_i q_i = (\alpha^{\mathrm{T}} \otimes I_p)q \tag{5.10}$$

式中，$\alpha = [\alpha_1, \alpha_2, \cdots, \alpha_n]^{\mathrm{T}} \in \mathbb{R}^n$；权值 $\alpha_i \in (0, 1)$，且满足 $\sum_{i=1}^n \alpha_i = 1$。

跟踪目标可以表示为

$$\lim_{t \to \infty} (\sigma(q) - \sigma_d(t)) = 0 \tag{5.11}$$

5.3 队形加权中心估计器设计

注意到式 (5.10) 中的加权中心 $\sigma(q)$ 是一个全局变量，在分布式控制系统中一般是不能共享给所有机器人的。因此，本节将设计一类有限时间估计器对加权中心进行估计。首先介绍以下引理。

引理 5.2　　令 $\xi_1, \xi_2, \cdots, \xi_n \geqslant 0$，且 $0 < p \leqslant 1$，那么有

$$\sum_{i=1}^{n} \xi_i^p \geqslant \left(\sum_{i=1}^{n} \xi_i \right)^p \tag{5.12}$$

引理 5.3 [162]　　对于无向连通图，有如下性质：

$$\min_{\substack{x \neq 0 \\ 1_n^{\mathrm{T}} x = 0}} \frac{x^{\mathrm{T}} \mathcal{L} x}{\|x\|^2} = \lambda_2(\mathcal{L}) \tag{5.13}$$

式中，λ_2 为该图的代数连通度，即拉普拉斯矩阵的最小非零特征值。

引理 5.4 [163]　　假设函数 $V(t) : [0, \infty) \to [0, \infty)$ 是可导的，$V(t)$ 在零处的导数是其右导数，且有

$$\frac{\mathrm{d}V(t)}{\mathrm{d}t} \leqslant -KV^{\alpha}(t) \tag{5.14}$$

式中，K 为正常数；$0 < \alpha < 1$。那么，$V(t)$ 将在有限时间 $T_0 \leqslant V^{1-\alpha}(0)/(K(1-\alpha))$ 内趋于零，且对于任何 $t \geqslant T_0$，都有 $V(t) = 0$。

关于机器人速度，做如下假设。

假设 5.1　　机器人的速度是有界的，即 $\sup\limits_{t>0} \|\dot{q}(t)\| \leqslant \bar{q}_v$。

对于每个机器人 i，提出如下加权中心估计器：

$$\hat{q}_i(t) = w_i(t) + \alpha_i q_i(t), \quad i = 1, 2, \cdots, n \tag{5.15}$$

式中，$\hat{q}_i$ 为对 $\sum\limits_{i=1}^{n} \alpha_i q_i(t)/n$ 的估计值；α_i 为权重值，定义见式 (5.10)；$w_i(t)$ 为中间变量，其更新律为

$$\dot{w}_i(t) = -\gamma_1 \sum_{j \in \mathcal{N}_i} a_{ij} \mathrm{sig}^{\rho}(\hat{q}_i - \hat{q}_j) - \gamma_2 \sum_{j \in \mathcal{N}_i} a_{ij} \frac{\hat{q}_i - \hat{q}_j}{\epsilon_1 \mathrm{e}^{-\epsilon_2 t} + \|\hat{q}_i - \hat{q}_j\|} \tag{5.16}$$

这里，γ_1、γ_2 为正常数。函数 $\mathrm{sig}^{\rho}(x)$ 的定义如下：当 x 为标量时，函数 $\mathrm{sig}^{\rho}(x) = \mathrm{sgn}(x)|x|^{\rho}$，$\rho \in (0, 1)$，该定义使得函数 $\mathrm{sig}(x)$ 为连续函数。当 $x \in \mathbb{R}^p$ 为向量时，$\mathrm{sig}(x) \in \mathbb{R}^p$ 为每个分量 $x_i(i = 1, 2, \cdots, p)$ 的 $\mathrm{sig}(x_i)$ 组成的向量。$(\hat{q}_i - \hat{q}_j)/(\epsilon_1 \mathrm{e}^{-\epsilon_2 t} + \|\hat{q}_i - \hat{q}_j\|)$ 为 $(\hat{q}_i - \hat{q}_j)/\|\hat{q}_i - \hat{q}_j\|$ 的连续近似，其中 $\epsilon_1 < 1$ 为小的正常数，反之 ϵ_2 则为较大的正常数。式 (5.16) 中，间变量 $w_i(t)$ 的初始值应满足 $\sum\limits_{i=1}^{n} w_i(0) = 0$。

下面给出本节的主要结论。

定理 5.1　　令机器人间的交互拓扑为无向连通图，在假设 5.1 的条件下，应用加权中心估计器 (5.15) 和 (5.16)，如果控制参数满足

$$\gamma_2 \geqslant \frac{\bar{q}_v \max\{\alpha_i\}}{\sqrt{\left(1 - \cos\frac{\pi}{n}\right)\epsilon_1}} \tag{5.17}$$

则当时间 t 趋于有限时间 T_0 时，有 $\left\| \hat{q}_i(t) - \frac{1}{n}\sum_k \alpha_k q_k(t) \right\| \to 0$, $i = 1, 2, \cdots, n$，

等价地，$\lim\limits_{t \to T_0} \hat{q}_i(t) - \frac{\sigma(q)}{n} = 0$。

此外，T_0 的上界为 $\gamma_1(1 - \rho)2^{\rho-1}\left[\lambda_2(\mathcal{L}_{\mathcal{A}_\rho})\right]^{\frac{1+\rho}{2}}$，这里，$\mathcal{L}_{\mathcal{A}_\rho}$ 表示与元素为 $a_{ij}^{\frac{2}{\rho+1}}$ $(i, j = 1, 2, \cdots, n)$ 的邻接矩阵 $\mathcal{A}_\rho$ 相对应的拉普拉斯矩阵，$\lambda_2(\mathcal{L}_{\mathcal{A}_\rho})$ 表示拉普拉斯矩阵 $\mathcal{L}_{\mathcal{A}_\rho}$ 最小的非零特征值。

证明 考虑 $\text{sig}(x)^\rho$ 为奇函数，由式 (5.16) 可得

$$\sum_{i=1}^n \dot{w}_i(t) = 0 \tag{5.18}$$

因为中间变量 $w_i(t)$ 的初始值满足 $\sum\limits_{i=1}^n w_i(0) = 0$，容易得知 $\sum\limits_{i=1}^n w_i(t) \equiv 0$。进而，由式 (5.15) 可知

$$\sum_{i=1}^n \hat{q}_i(t) = \sum_{i=1}^n \alpha_i q_i(t) \tag{5.19}$$

选取如下李雅普诺夫函数：

$$V_1 = \frac{1}{2}\sum_{i=1}^n \left\| \hat{q}_i - \frac{1}{n}\sum_{k=1}^n \alpha_k q_k(t) \right\|^2 \tag{5.20}$$

李雅普诺夫函数沿式 (5.15) 关于时间的导数为

$$\dot{V}_1 = \sum_{i=1}^n \left(\hat{q}_i - \frac{1}{n}\sum_{k=1}^n \alpha_k q_k(t) \right)^{\mathrm{T}} \left(\dot{w}_i + \alpha_i \dot{q}_i - \frac{1}{n}\sum_{k=1}^n \alpha_k \dot{q}_k \right) \tag{5.21}$$

考虑到 $\sum\limits_{k=1}^n \alpha_k \dot{q}_k(t)$ 在时刻 t 为常值，有

$$\begin{aligned}
&\sum_{i=1}^n \left(\hat{q}_i - \frac{1}{n}\sum_{k=1}^n \alpha_k q_k(t) \right)^{\mathrm{T}} \left(\frac{1}{n}\sum_{k=1}^n \alpha_k \dot{q}_k(t) \right) \\
&= \left(\sum_{i=1}^n \hat{q}_i - \frac{1}{n}\sum_{i=1}^n\sum_{k=1}^n \alpha_k q_k(t) \right)^{\mathrm{T}} \left(\frac{1}{n}\sum_{k=1}^n \alpha_k \dot{q}_k(t) \right) \\
&= \left(\sum_{i=1}^n \hat{q}_i - \sum_{k=1}^n \alpha_k q_k(t) \right)^{\mathrm{T}} \left(\frac{1}{n}\sum_{k=1}^n \alpha_k \dot{q}_k(t) \right)
\end{aligned} \tag{5.22}$$

结合式 (5.19)，有

$$\sum_{i=1}^{n}\left(\hat{q}_i - \frac{1}{n}\sum_{k=1}^{n}\alpha_k q_k(t)\right)^{\mathrm{T}}\left(\frac{1}{n}\sum_{k=1}^{n}\alpha_k \dot{q}_k(t)\right) = 0 \tag{5.23}$$

令 $\tilde{q}_i \stackrel{\text{def}}{=} \hat{q}_i - \dfrac{1}{n}\sum_k \alpha_k q_k$，将式 (5.16)、式 (5.23) 代入式 (5.21)，可得

$$\begin{aligned}
\dot{V}_1 = &- \gamma_1 \sum_{i=1}^{n}\tilde{q}_i^{\mathrm{T}}\left(\sum_{j\in\mathcal{N}_i} a_{ij}\mathrm{sig}(\hat{q}_i - \hat{q}_j)^{\rho}\right)\\
&- \gamma_2 \sum_{i=1}^{n}\tilde{q}_i^{\mathrm{T}}\left(\sum_{j\in\mathcal{N}_i} a_{ij}\frac{\hat{q}_i - \hat{q}_j}{\epsilon_1 e^{-\epsilon_2 t} + \|\hat{p}_i - \hat{p}_j\|}\right) + \sum_{i=1}^{n}\alpha_i\tilde{q}_i^{\mathrm{T}}\dot{q}_i
\end{aligned} \tag{5.24}$$

注意到 $\tilde{q}_i - \tilde{q}_j = \hat{q}_i - \hat{q}_j$，且在无向图条件下，当函数 $f(x_i - x_j)$ 为奇函数时，有 $\sum\limits_{i,j} a_{ij}x_i f(x_i - x_j) = \dfrac{1}{2}\sum\limits_{i,j} a_{ij}(x_i - x_j)f(x_i - x_j)$。因此，式 (5.24)满足

$$\begin{aligned}
\dot{V}_1 \leqslant &- \frac{\gamma_1}{2}\sum_{i=1}^{n}\sum_{j\in\mathcal{N}_i} a_{ij}\left(\sum_{k=1}^{p}|\tilde{q}_{ik} - \tilde{q}_{jk}|^{\rho+1}\right)\\
&- \frac{\gamma_2}{2}\sum_{i=1}^{n}\sum_{j\in\mathcal{N}_i} a_{ij}\frac{(\tilde{q}_i - \tilde{q}_j)^{\mathrm{T}}(\tilde{q}_i - \tilde{q}_j)}{\epsilon_1 e^{-\epsilon_2 t} + \|\tilde{q}_i - \tilde{q}_j\|}\\
&+ \max\{\alpha_i\}\bar{q}_v\|\tilde{q}\|
\end{aligned} \tag{5.25}$$

式中，$\tilde{q}_{ik}$ 表示向量 $\tilde{q}_i$ 的第 k 个分量，下同。

当 $\|\tilde{q}_i - \tilde{q}_j\| \geqslant (\epsilon_1 e^{-\epsilon_2 t})^2/(1 - \epsilon_1 e^{-\epsilon_2 t})$ 时，有式 (5.26) 成立：

$$\frac{(\tilde{q}_i - \tilde{q}_j)^{\mathrm{T}}(\tilde{q}_i - \tilde{q}_j)}{\epsilon_1 e^{-\epsilon_2 t} + \|\tilde{q}_i - \tilde{q}_j\|} \geqslant \epsilon_1 e^{-\epsilon_2 t}\|\tilde{q}_i - \tilde{q}_j\| \tag{5.26}$$

考虑到对于小的正常数 ϵ_1 和较大的正数 ϵ_2，$\epsilon_1 e^{-\epsilon_2 t}$ 以指数收敛速度趋向于零。同时注意到

$$\lim_{t\to\infty}\frac{(\epsilon_1 e^{-\epsilon_2 t})^2}{(1 - \epsilon_1 e^{-\epsilon_2 t})} = 0$$

结合以上两式，可以近似认为对于任意 $\|\tilde{q}_i - \tilde{q}_j\|$，式 (5.26) 总是成立的。

将式 (5.26) 代入式 (5.25)，可得

$$\dot{V}_1 \leqslant -\frac{\gamma_1}{2}\sum_{i=1}^{n}\sum_{j\in\mathcal{N}_i} a_{ij}\left(\sum_{k=1}^{p}|\tilde{q}_{ik} - \tilde{q}_{jk}|^{\rho+1}\right)$$

$$-\frac{\gamma_2}{2}\epsilon_1\sum_{i=1}^{n}\sum_{j\in\mathcal{N}_i}a_{ij}\|\tilde{q}_i-\tilde{q}_j\|$$

$$+\max\{\alpha_i\}\bar{q}_v\|\tilde{q}\| \tag{5.27}$$

由于

$$\sum_{i=1}^{n}\sum_{j\in\mathcal{N}_i}a_{ij}\|\tilde{q}_i-\tilde{q}_j\|=\sum_{i=1}^{n}\sum_{j\in\mathcal{N}_i}\left(a_{ij}^2\|\tilde{q}_i-\tilde{q}_j\|^2\right)^{\frac{1}{2}}$$

考虑引理 5.2，有

$$\sum_{i=1}^{n}\sum_{j\in\mathcal{N}_i}\left(a_{ij}^2\|\tilde{q}_i-\tilde{q}_j\|^2\right)^{\frac{1}{2}}\geqslant\left(\sum_{i=1}^{n}\sum_{j\in\mathcal{N}_i}a_{ij}^2\|\tilde{q}_i-\tilde{q}_j\|^2\right)^{\frac{1}{2}} \tag{5.28}$$

进而，由引理 5.3 可知

$$\left(\sum_{i,j}a_{ij}^2\|\tilde{q}_i-\tilde{q}_j\|^2\right)^{\frac{1}{2}}=\left(2\tilde{q}^{\mathrm{T}}\mathcal{L}_{\mathcal{A}_s}\tilde{q}\right)^{\frac{1}{2}}\geqslant\sqrt{2\lambda_2(\mathcal{L}_{\mathcal{A}_s})}\|\tilde{q}\| \tag{5.29}$$

式中，矩阵 $\mathcal{A}_s=[a_{ij}^2]\in\mathbb{R}^{n\times n}$ 为邻接矩阵；$\tilde{q}=[q_1^{\mathrm{T}},\cdots,q_n^{\mathrm{T}}]^{\mathrm{T}}$。

由文献 [164] 可知，$\lambda_2(\mathcal{L}_{\mathcal{A}_s})\geqslant 2e(\mathcal{G})\left(1-\cos\frac{\pi}{n}\right)$，这里 $e(\mathcal{G})$ 表示图 $\mathcal{G}$ 的边连通性（edge connectivity），定义为使图 $\mathcal{G}$ 变为不连通时移除边的最小数目。对于无向图，显然有 $e(\mathcal{G})>1$。由式 (5.28) 和式 (5.29)，可得

$$-\frac{\gamma_2}{2}\epsilon_1\sum_{i=1}^{n}\sum_{j\in\mathcal{N}_i}a_{ij}\|\tilde{q}_i-\tilde{q}_j\|+\max\{\alpha_i\}\bar{q}_v\|\tilde{q}\|$$

$$\leqslant-\gamma_2\epsilon_1\sqrt{1-\cos\frac{\pi}{n}}\|\tilde{q}\|+\max\{\alpha_i\}\bar{q}_v\|\tilde{q}\|$$

考虑控制参数满足的条件 (5.17)，可知

$$-\frac{\gamma_2}{2}\epsilon_1\sum_{i=1}^{n}\sum_{j\in\mathcal{N}_i}a_{ij}\|\tilde{q}_i-\tilde{q}_j\|+\max\{\alpha_i\}\bar{q}_v\|\tilde{q}\|\leqslant 0 \tag{5.30}$$

将式 (5.30) 代入式 (5.27)，可得

$$\dot{V}_1\leqslant-\frac{\gamma_1}{2}\sum_{i=1}^{n}\sum_{j\in\mathcal{N}_i}a_{ij}\left(\sum_{k=1}^{p}|\tilde{q}_{ik}-\tilde{q}_{jk}|^{\rho+1}\right) \tag{5.31}$$

因为

$$\sum_{k=1}^{p} |\tilde{q}_{ik} - \tilde{q}_{jk}|^{\rho+1} = \sum_{k=1}^{p} \left[(\tilde{q}_{ik} - \tilde{q}_{jk})^2 \right]^{\frac{\rho+1}{2}}$$

且 $\rho \in (0,1]$，则 $0 < (\rho+1)/2 \leqslant 1$，由引理 5.2 可得

$$\sum_{k=1}^{p} \left[(\tilde{q}_{ik} - \tilde{q}_{jk})^2 \right]^{\frac{\rho+1}{2}} \geqslant \left[\sum_{k=1}^{p} (\tilde{q}_{ik} - \tilde{q}_{jk})^2 \right]^{\frac{\rho+1}{2}} = \left(\|\tilde{q}_i - \tilde{q}_j\|^2 \right)^{\frac{\rho+1}{2}} \tag{5.32}$$

所以结合式 (5.31) 和式 (5.32)，有

$$\dot{V}_1 \leqslant -\frac{\gamma_1}{2} \sum_{i=1}^{n} \sum_{j \in \mathcal{N}_i} a_{ij} \left(\|\tilde{q}_i - \tilde{q}_j\|^2 \right)^{\frac{\rho+1}{2}} = -\frac{\gamma_1}{2} \sum_{i=1}^{n} \sum_{j \in \mathcal{N}_i} \left[a_{ij}^{\frac{2}{\rho+1}} \left(\|\tilde{q}_i - \tilde{q}_j\|^2 \right) \right]^{\frac{\rho+1}{2}} \tag{5.33}$$

由引理 5.3，可得

$$\dot{V}_1(t) \leqslant -\frac{\gamma_1}{2} \left(2\lambda_2(\mathcal{L}_{\mathcal{A}_\rho}) \right)^{\frac{1+\rho}{2}} \left(\|\tilde{q}\|^2 \right)^{\frac{1+\rho}{2}}$$

$$\leqslant -\gamma_1 2^\rho (\lambda_2(\mathcal{L}_{\mathcal{A}_\rho}))^{\frac{1+\rho}{2}} V_1(t)^{\frac{1+\rho}{2}} \tag{5.34}$$

式中，$\mathcal{A}_\rho = [a_{ij}^{\frac{2}{\rho+1}}] \in \mathbb{R}^{n \times n}$ 为邻接矩阵；$\mathcal{L}_{\mathcal{A}_\rho}$ 为对应的拉普拉斯矩阵。

注意到 $\gamma_1 2^\rho (\lambda_2(\mathcal{L}_{\mathcal{A}_\rho}))^{\frac{1+\rho}{2}}$ 为正常数，由引理 5.4 可得

$$\lim_{t \geqslant T_0} \left(\hat{q}_i(t) - \frac{1}{n} \sum_{k=1}^{n} \alpha_k q_k(t) \right) = 0 \tag{5.35}$$

式中，$T_0 \leqslant V_1(0) \Big/ \left[\gamma_1 (1-\rho) 2^{\rho-1} \left(\lambda_2(\mathcal{L}_{\mathcal{A}_\rho}) \right)^{\frac{1+\rho}{2}} \right]$。　　　　　□

注 5.2　为了实现对多个时变参考信号的有限时间估计，文献 [165] 提出了一种基于符号函数 $\mathrm{sgn}(x)$ 的不连续平均估计器。本节所设计的有限时间连续估计器有效地避免了符号函数带来的一些弊端，且稳定性分析采用了传统的李雅普诺夫稳定性分析方法，与非光滑分析相比，如 Fillippove 解，更易操作。

注 5.3　在实际中，由于系统的物理约束和输入的有界性，任何实际物理系统的速度都是有界的。因此，假设 5.1 是合理的。在工程应用中，假设 5.1 可以通过引入饱和函数代替。将本节提出的有限时间估计器中的式 (5.15) 写成

$$\hat{q}_i(t) = w_i(t) + \alpha_i \mathrm{sat}\left(\frac{q_i(t)}{k} \right), \quad i = 1, 2, \cdots, n \tag{5.36}$$

式中，$\mathrm{sat}(x)$ 为饱和函数，当 x 为向量时，$\mathrm{sat}(x)$ 为 x 的每一个分量的饱和函数构成的向量；k 为可选取的饱和值。由饱和函数定义可知，当 $q_i(t)$ 在饱和值范围

内变化时，有 $\mathrm{sat}(x) = x$，即式 (5.36) 与式 (5.15) 等价。因此，可以通过选取较大的 k 值，在原点的邻域内，使式 (5.36) 与式 (5.15) 等价。通过引入饱和函数，使得 $\mathrm{sat}\left(\dfrac{\dot{q}_i(t)}{k}\right)$ 也是有界的，则书中的理论分析依然成立。

5.4 编队跟踪控制器设计

本节将设计分布式控制律使得机器人运动过程中形成期望的队形，同时，所有机器人的加权中心跟踪上时变的参考信号 $\sigma_d(t)$。对该参考信号，有以下假设。

假设 5.2 参考信号 $\sigma_d(t)$ 二阶可导，且其速度有界，即

$$\sup_{t \geqslant 0} \|\dot{\sigma}_d(t)\| \leqslant \bar{\sigma}_d$$

定义与编队控制相关的势函数为

$$P(z) = \frac{1}{4} \sum_{k=1}^{m} (\|z_k\|^2 - d_k^2)^2 \tag{5.37}$$

式中，$m = |\mathcal{E}|$ 为边的条数；$z_k = q_j - q_i$ 定义见式 (5.1)；d_k 为第 k 条边的期望长度。

定义辅助变量为

$$\dot{q}_{ri} = \dot{\sigma}_d - k_d(n\hat{q}_i - \sigma_d) - k_r \nabla_{q_i} P(z) \tag{5.38}$$

式中，k_d 和 k_r 为正常数；$\nabla_{q_i} P(z)$ 表示势函数 $P(z)$ 关于 q_i 的梯度，即

$$\nabla_{q_i} P(z) = \sum_{j \in \mathcal{N}_i} (\|z_k\|^2 - d_k^2)(q_i - q_j) \tag{5.39}$$

定义新的滑模变量为

$$s_i = \alpha_i(\dot{q}_i - \dot{q}_{ri}) = \alpha_i[\dot{q}_i - \dot{\sigma}_d + k_d(n\hat{q}_i - \sigma_d) + k_r \nabla_{q_i} P(z)] \tag{5.40}$$

则 s_i 的向量形式为

$$s = \left(\mathrm{diag}(\alpha) \otimes I_p\right)(\dot{q} - \dot{q}_r) \tag{5.41}$$

式中，$\mathrm{diag}(\alpha) = \mathrm{diag}(\alpha_1, \cdots, \alpha_n)$；$\dot{q}_r$ 有如下形式：

$$\dot{q}_r = (\dot{\sigma}_d + k_d\sigma_d) \otimes 1_n - k_d n\hat{q} - k_r R^{\mathrm{T}}(q)\phi(z) \tag{5.42}$$

这里，$R(q)$ 为刚性矩阵，在式 (5.5) 中定义；向量 $\phi(z)$ 定义为

$$\phi(z) = \left[\cdots, \|z_k\|^2 - d_k^2, \cdots\right]^{\mathrm{T}} \in \mathbb{R}^m \tag{5.43}$$

结合模型 (5.8) 和式 (5.40)，有

$$
\begin{aligned}
M_i \dot{s}_i + C_i s_i &= \alpha_i \left(M_i \ddot{q}_i + C_i \dot{q}_i - M_i \ddot{q}_{ri} - C_i \dot{q}_{ri} \right) \\
&= \alpha_i \left(\tau_i - Y_i(q_i, \dot{q}_i, \ddot{q}_{ri}, \dot{q}_{ri}) \Theta_i \right)
\end{aligned}
\tag{5.44}
$$

对系统中任意个体 i，提出如下控制算法：

$$\tau_i = -k_p s_i + Y_i(q_i, \dot{q}_i, \ddot{q}_{ri}, \dot{q}_{ri}) \hat{\Theta}_i - \frac{1}{\alpha_i^2} \nabla_{q_i} P(z), \quad i = 1, 2, \cdots, n \tag{5.45}$$

式中，k_p 为正常数；$\hat{\Theta}_i$ 为 Θ_i 的估计值，其更新律如下：

$$\dot{\hat{\Theta}}_i = -\alpha_i \Gamma_i Y_i(q_i, \dot{q}_i, \ddot{q}_{ri}, \dot{q}_{ri})^{\mathrm{T}} s_i \tag{5.46}$$

这里，Γ_i 为具有相应匹配维数的正定矩阵。

下面给出本节的主要结论。

定理 5.2　假设个体间交互的无向拓扑图是刚性的，在假设 5.1 和假设 5.2 的条件下，对于一组由欧拉-拉格朗日方程表示的系统 (5.8)，应用本章提出的估计器 (5.15)、(5.16) 和控制器 (5.45)，以及自适应律 (5.46)，则加权中心跟踪问题得以解决。

证明　首先证明对于有界的初始值 $q_i(0)$ 和 $\dot{q}_i(0)$，以及有界的估计器初始值 $\hat{q}_i(0)$，应用本章提出的估计器和控制器，能够保证在有限时间内，$q_i(t)$ 和 $\dot{q}_i(t)$ 是有界的。由估计器 (5.15)、(5.16) 的形式可知，对于有界的 $q_i(0)$ 和 $\hat{q}_i(0)$，$\hat{q}_i(t)$ 在有限时间内有界；并且，当 $\dot{q}_i(0)$ 有界时，$\dot{\hat{q}}_i(t)$ 在有限时间内也有界。因此，由假设 5.2 可知，$\dot{q}_{ri}$ 和 $\ddot{q}_{ri}$ 是有界的；进而由 s_i 的定义 (5.40)可知，s_i 也是有界的；同时，矩阵 $Y_i(q_i, \dot{q}_i, \ddot{q}_{ri}, \dot{q}_{ri})$ 有界。由自适应更新律 (5.46) 可知，$\dot{\hat{\Theta}}_i$ 有界，因此如果初始值 $\hat{\Theta}_i(0)$ 有界，则 $\hat{\Theta}_i(t)$ 将在有限时间内保持有界。由以上讨论可知，控制算法 (5.45) 是有界的。考虑欧拉-拉格朗日方程 (5.8)，可得 $\ddot{q}_i$ 是有界的，进而 $\dot{s}_i$ 也是有界的。另外，$\ddot{q}_i$ 的有界性也能保证 $\dot{q}_i(t)$ 在有限时间内是有界的，这也说明了在选取初始值有界的情况下，能够保证系统速度在有限时间内是有界的，即假设 5.1 的合理性。$q_i(t)$ 的有界性也能说明 $\phi_i(z)$ 在有限时间内是有界的。

接下来，证明本节提出的控制算法 (5.45) 及自适应算法 (5.46) 能够使得跟踪误差 $\sigma(q) - \sigma_d(t)$ 趋于零。由定理 5.1可知，当时间 $t \geqslant T_0$ 时，$\hat{q}_i(t) = \sigma(q)/n$，因此 q_{ri} 可以写成

$$\dot{q}_{ri} = \dot{\sigma}_d - k_d(\sigma(q) - \sigma_d) - k_r \nabla_{q_i} P(z)$$

则相应地 s_i 变为

$$s_i = \alpha_i \left[\dot{q}_i - \dot{\sigma}_d + k_d \left(\sigma(q) - \sigma_d \right) + k_r \nabla_{q_i} P(z) \right] \tag{5.47}$$

当 $t \geqslant T_0$ 时，李雅普诺夫函数选为

$$V = \frac{1}{2} \sum_{i=1}^{n} s_i^{\mathrm{T}} M_i(q_i) s_i + \frac{1}{2} \sum_{i=1}^{n} \tilde{\Theta}_i^{\mathrm{T}} \Gamma_i^{-1} \tilde{\Theta}_i + P(z) \tag{5.48}$$

式中，$\tilde{\Theta}_i = \hat{\Theta}_i - \Theta_i$ 为估计误差，则 V 关于时间的导数为

$$\dot{V} = \frac{1}{2} \sum_{i=1}^{n} s_i^{\mathrm{T}} \dot{M}_i(q_i) s_i + \sum_{i=1}^{n} s_i^{\mathrm{T}} M_i(q_i) \dot{s}_i + \sum_{i=1}^{n} \tilde{\Theta}_i^{\mathrm{T}} \Gamma_i^{-1} \dot{\tilde{\Theta}}_i$$
$$+ \sum_{k=1}^{m} (\|e_k\|^2 - d_k^2)(q_i - q_j)^{\mathrm{T}} (\dot{q}_i - \dot{q}_j) \tag{5.49}$$

将 $\dot{V}$ 写成矩阵形式：

$$\dot{V} = s^{\mathrm{T}} M(q) \dot{s} + \frac{1}{2} s^{\mathrm{T}} \dot{M}(q) s + \phi(z)^{\mathrm{T}} R(q) \dot{q} + \tilde{\Theta}^{\mathrm{T}} \mathrm{blockdiag}(\Gamma^{-1}) \dot{\tilde{\Theta}} \tag{5.50}$$

由式 (5.44) 和式 (5.45)，可得

$$M(q) \dot{s} + C(q, \dot{q}) s = -k_p \, \mathrm{diag}(\alpha) s + \mathrm{diag}(\alpha) Y \tilde{\Theta}$$
$$- \mathrm{diag}(\alpha^{-1}) R^{\mathrm{T}}(q) \phi(z) \tag{5.51}$$

式中，$\mathrm{diag}(\alpha^{-1}) = \mathrm{diag}(1/\alpha_1, \cdots, 1/\alpha_n)$。

当 $t > T_0$ 时，由式 (5.41) 和式 (5.42) 可得

$$\dot{q} = \mathrm{diag}(\alpha^{-1}) s + 1_n \otimes [\dot{\sigma}_d + k_d(\sigma_d - \sigma(q))] - k_r R^{\mathrm{T}}(q) \phi(z) \tag{5.52}$$

注意到 Θ 为常值，则由式 (5.46) 有

$$\dot{\tilde{\Theta}} = \dot{\hat{\Theta}} = -\mathrm{diag}(\alpha) \mathrm{blockdiag}(\Gamma) Y(q, \dot{q}, q_r, \dot{q}_r)^{\mathrm{T}} s \tag{5.53}$$

将式 (5.51) ~ 式 (5.53) 代入式 (5.50)，得到

$$\dot{V} = -k_p s^{\mathrm{T}} \mathrm{diag}(\alpha) s - k_r \phi^{\mathrm{T}}(z) R(q) R^{\mathrm{T}}(q) \phi(z)$$
$$+ \phi^{\mathrm{T}}(z) R(q) \left[1_n \otimes (\dot{\sigma}_d + k_d(\sigma_d - \sigma(q))) \right] \tag{5.54}$$

注意到，对于无向图，有如下等式：

$$\phi^{\mathrm{T}}(z)R(q)\{1_n \otimes [\dot{\sigma}_d + k_d(\sigma_d - \sigma(q))]\} = 0 \tag{5.55}$$

因此，结合式 (5.54) 和式 (5.55)，有

$$\dot{V} = -k_p s^{\mathrm{T}} \operatorname{diag}(\alpha)s - k_r \phi^{\mathrm{T}}(z)R(q)R^{\mathrm{T}}(q)\phi(z) \leqslant 0 \tag{5.56}$$

由式 (5.48) 和式 (5.56) 可知，当 $t \geqslant T_0$ 时，s_i、$\phi_i(z)$ 和 $\tilde{\Theta}_i$ 依然是有界的。考虑到如果选取初始值 $q_i(0)$、$\dot{q}_i(0)$、$\hat{q}_i(0)$ 和 $\hat{\Theta}_i(0)$ 有界，则有 $s_i(t)$、$\phi_i(z)$ 和 $\hat{\Theta}_i(t)$ 在有限时间内有界。因此，$s_i(t)$、$\phi_i(z)$ 和 $\tilde{\Theta}_i(t)$ 对于任意 $t > 0$ 有界，所以由式 (5.43) 中 d_i 的有界性可得 q_i 是有界的。考虑假设 5.2，且由式 (5.15) 和式 (5.16) 得到的有界 $\hat{q}_i$ 可知，$\dot{q}_{ri}$ 是有界的，进而由式 (5.40) 中 s_i 的定义得到 $\dot{q}_i$ 也是有界的。再次考虑估计器 (5.15)、(5.16)，可知 $\dot{\hat{q}}_i$ 是有界的。由此可得，对于任意 $t > 0$，$\ddot{q}_{ri}$、$Y_i(q_i, \dot{q}_i, \dot{q}_{ri}, \ddot{q}_{ri})$ 和 τ_i 均是有界的。因此，通过式 (5.44) 可知，$\dot{s}_i$ 是有界的。对式 (5.56) 关于时间 t 求导数，可知 $\ddot{V}$ 是有界的。进而，由 Babalat's 引理可知，$\lim\limits_{t \to \infty} \dot{V} = 0$，即当 $t \to \infty$ 时，$s_i \to 0$ 和 $R^{\mathrm{T}}(q)\phi(z) \to 0$。

将式 (5.47) 两端分别累加，可得

$$\sum_{i=1}^{n} s_i = \sum_{i=1}^{n} \alpha_i(\dot{q}_i - \dot{\sigma}_d + k_d(\sigma(q) - \sigma_d)) + \sum_{i=1}^{n} \sum_{j \in \mathcal{N}_i} \phi_i(z)(q_i - q_j) \tag{5.57}$$

注意到当 $t \to \infty$ 时，$s_i \to 0$，且有

$$\sum_{i=1}^{n} \sum_{j \in \mathcal{N}_i} \phi_i(e)(q_i - q_j) = 0$$

观察式 (5.57)，则有

$$\lim_{t \to \infty} \frac{\mathrm{d}(\sigma(q) - \sigma_d(t))}{\mathrm{d}t} = -k_d(\sigma(q) - \sigma_d(t)) \tag{5.58}$$

因此，容易得到 $\lim\limits_{t \to \infty}(\sigma(q) - \sigma_d(t)) = 0$，这就说明队形的加权中心跟踪上了参考信号。

下面证明应用本节提出的控制算法能够驱动所有的机器人至目标集合 (5.9)。考虑到只有当拓扑图是最小刚性时，刚性矩阵 $R(q)$ 才是行满秩的。本章考虑更一般的刚性图，不具备最小刚性的条件，因此不能够从 $R^{\mathrm{T}}(q)\phi(z) \to 0$ 直接得到 $\phi(z) \to 0$。为此，假设系统初始值选取在原点附近小的邻域，定义为

$$D_0 = \{\dot{q}, \hat{\Theta}, z \in \operatorname{Im}(B \otimes I_p) \mid \|s\|^2 + \|\tilde{\Theta}\|^2 + \|\phi(z)\|^2 \leqslant \varrho\} \tag{5.59}$$

式中，ϱ 是一个小的正数。

如文献 [166] 中分析，集合 D_0 是紧的，由于本章提出的势函数是解析的 [167]，则应用 Lojasiewiczs 不等式 [168]，能够证明紧集

$$\mathcal{T}_z \overset{\text{def}}{=} \{z \in \text{Im}(B \otimes I_p) \,|\, \|z\| = d, d \in \mathbb{R}^m\} \tag{5.60}$$

是局部渐近稳定的。其中，向量 d 的第 i 个分量为第 i 条边的期望长度。由拓扑图刚性定义可知，集合 $\mathcal{T}_d$ 也是局部渐近稳定的。所以，实现了期望的队形。 $\quad\square$

5.5 仿 真 验 证

本节将通过选取五个轮式移动机器人，来验证本章提出的有限时间加权中心估计器和跟踪控制器的有效性。其中，每个机器人的动力学方程为 [40]

$$M_i \ddot{q}_i + \beta_i \dot{q}_i = \tau_i, \quad i = 1, 2, \cdots, 5 \tag{5.61}$$

式中，$q_i \in \mathbb{R}^2$ 为机器人 i 的坐标；M_i 和 β_i 分别为机器人 i 的质量和阻尼系数。

为了简便起见，假设所有机器人的动力学模型相同，且质量 M_i 和阻尼系数 β_i 的值分别选为 1 和 0.5。图 5.1 给出了五个轮式移动机器人要形成的期望队形。

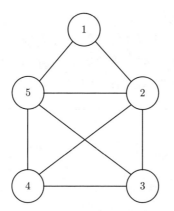

图 5.1　五个轮式移动机器人的期望队形

因此，可知边集 $\mathcal{E} = \{(1,2), (1,5), (2,3), (2,4), (2,5), (3,4), (3,5), (4,5)\}$。各条边期望的长度（即机器人间期望的距离）为：$d_{12} = d_{15} = \sqrt{2}/2\text{m}$，$d_{23} = d_{25} = d_{34} = d_{45} = 1\text{m}$，$d_{24} = d_{35} = \sqrt{2}\text{m}$。五个机器人的初始位置分别为：$[0.4, 1.9]^{\text{T}}\text{m}$，$[1.1, 1.5]^{\text{T}}\text{m}$，$[1.3, 0.6]^{\text{T}}\text{m}$，$[0.5, 0.7]^{\text{T}}\text{m}$，$[0.7, 1.8]^{\text{T}}\text{m}$。所有机器人的初始速度都设定为 $[0,0]^{\text{T}}$。式 (5.10) 中定义的权重 α 为 $\alpha_i = 1/5$，$i = 1, 2, \cdots, 5$。参考信号

为 $\sigma_d(t) = [3t, 4\cos(t)]^{\mathrm{T}}\mathrm{m}$。估计器的初始值选为 $\hat{q}_i(0) = [10i, 2i - 4]^{\mathrm{T}}\mathrm{m}$, $i = 1, 2, \cdots, 5$。控制参数分别为：$\rho = 1/4$, $\gamma_1 = 0.5$, $\gamma_2 = 3$, $k_p = 60$, $k_d = 4.5$。图 5.2 给出了机器人在行进过程中在时间 $t = \{0, 0.4, 1, 2, 3, 4\}\mathrm{s}$ 时形成的队形及位置变化。图中，黑实线代表参考轨迹，黑十字代表所有机器人的几何中心。

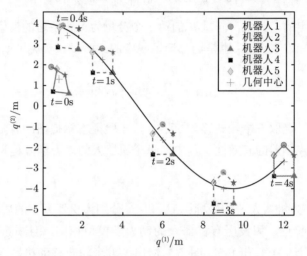

图 5.2　机器人沿参考信号的运动轨迹及队形变化

从图 5.3 ~ 图 5.5 可以看出，估计误差比其他误差都收敛得快，这也说明了在某一时刻 T_0 后，用 $\sigma(q)/5$ 替换估计值 $\hat{q}_i$ 是合理的。图 5.4 描述了加权中心的跟踪误差，用 $[\sigma(q) - \sigma_d(t)]^{(k)}$ 表示误差向量 $\sigma(q) - \sigma_d(t)$ 的第 k 个分量, $k = 1, 2$。由图 5.5 能够看出各条边均收敛至各自的期望长度。

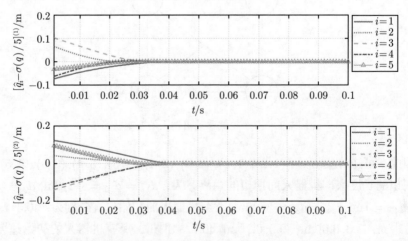

图 5.3　应用估计器 (5.15)和(5.16)得到的估计误差变化

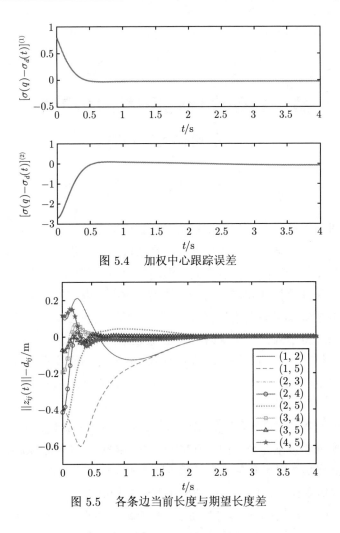

图 5.4　加权中心跟踪误差

图 5.5　各条边当前长度与期望长度差

5.6　本章小结

本章研究了以欧拉-拉格朗日方程建模的移动机器人的加权中心跟踪控制问题。为了解决各个机器人均无法获取加权中心这个全局量的瓶颈问题，设计了有限时间估计器。该估计器巧妙地利用了 $\text{sig}(\cdot)$ 函数和连续近似，保证了估计算法的连续性和有限时间收敛。进而，对于非线性欧拉-拉格朗日系统，利用图刚性性质，提出基于距离的控制算法，实现了所有系统的加权中心跟踪到参考信号，同时所有系统在行进过程中保持期望的队形。对于本章所提出的估计器和控制器，用包含五个轮式移动机器人的多运动体系统进行了数值仿真，结果验证了本章所提算法的有效性。

第 6 章　操作度优化条件下的移动机械臂协同搬运控制

6.1　引　　言

多移动机械臂的协同操作近年来由于其高效性和灵活性在国内外得到了广泛关注，被视为工业领域未来的重要技术。移动机械臂的优点为移动基座与机械手臂的结合，使得机械臂的工作能力大幅提高，但与此同时也带来了高冗余度的控制难题。为了保证鲁棒性和抓取物体时的刚性约束，现有针对多移动机械臂协同操作的控制方法多采用集中式控制。然而，为了处理如仓库分拣运输、工厂装配等大规模复杂任务，人们对传统的工业任务提出了新的要求，灵活性和可重组性成为重要的指标。对于这类任务，传统的集中式方法不能胜任，而分布式的协同操作不要求固定的机器人数量，可以任意编组以完成不同任务，提高了此任务的完成效率。

在过去的几年里，不少学者提出了分布式的多移动机械臂的协同操作方法，目前的研究主要分为以下几个方向。① 规划与控制结合。其中路径规划部分由集中式规划器离线完成，得到参考轨迹之后，再通过分布式控制完成最终的协同操作。② 领航者-跟随者模式。由一个移动机械臂作为领航者，通过它规划路径并计算控制量（或者由人直接控制给出参考量），其他跟随者通过互相交互使得控制量与领航者一致，从而达到协同搬运等目的。③ 基于观测器的分布式控制。通过设计观测器得到全局信息，从而进行分布式的协同控制。前两个方向都依赖于某个特定的中心节点，无法做到完全分布式，而第三个方向需要设计观测器，这对于分布式系统是一个比较大的计算负担。

另外，鉴于多移动机械臂的高冗余性，不少学者将操作度优化作为协同操作过程中的次任务，在协同操作的同时保持机械臂远离奇异位置。这方面，目前的主流方法是由单个固定机械臂推广过来的零空间方法，该方法在任务空间完成协同操作，而在任务空间的零空间内对机械臂姿态进行优化。这种方法简单且便于实现，但是任务空间里的工作具有绝对的优先度，无法与次任务进行折中，同时也可能浪费一些本可以分配给次任务的自由度。

本章将具体研究多移动机械臂的协同搬运任务，并在考虑操作度优化的条件下，设计集中式和分布式的优化控制算法。不同于前述的控制算法，本章提出的分布式算法不依赖任何中心节点，也无须设计全状态观测器，减轻了计算负担；同时通过扩展移动机械臂状态变量，使得工作空间变量和必要的关节空间变量能在同一个优化问题中予以考虑，合理分配必要的自由度。此外，还证明了该分布式算法能够应用在非强凸的操作度优化问题上，放松了传统分布式优化问题常用的强凸假设。

6.2 问 题 描 述

6.2.1 移动机械臂模型

考虑 N 个移动机械臂的分布式多运动体系统，其中移动机械臂之间的通信以无向图 $\mathcal{G} = (\mathcal{V}, \mathcal{E})$ 表示。考虑每个移动机械臂由一个单积分器模型的移动基座和一个带有 m 个回转关节的平面机械臂组成，如图 6.1 所示。因此，移动机械臂 i 的正运动学可以写成一个非线性映射：

$$x_i = \rho_i(\theta_i) + r_i \tag{6.1}$$

式中，$\theta_i \in \mathbb{R}^m$ 表示关节角向量，m 是机械臂的关节空间维度；$r_i \in \mathbb{R}^2$ 表示移动基座坐标；$x_i \in \mathbb{R}^2$ 表示末端执行器坐标；$\rho_i : \mathbb{R}^m \to \mathbb{R}^2$ 是机械臂关节空间向工作空间的映射，即

$$\rho_i(\theta_i) = \begin{bmatrix} \sum_{j=1}^{m} l_{ij} \cos\left(\sum_{k=1}^{j} \theta_{ik} \right) \\ \sum_{j=1}^{m} l_{ij} \sin\left(\sum_{k=1}^{j} \theta_{ik} \right) \end{bmatrix} \tag{6.2}$$

注意到，由于机械臂的臂长限制，$\rho_i(\theta_i)$ 始终是有界的。

定义 $v_i = \dot{r}_i$ 为移动基座在工作空间的速度，$\omega_i = \dot{\theta}_i$ 为机械臂在关节空间的角速度。对式 (6.1) 的两边求导数，得到移动机械臂的模型如下：

$$\begin{bmatrix} \dot{x}_i \\ \dot{\theta}_i \end{bmatrix} = \begin{bmatrix} I_2 & J_i(\theta_i) \\ 0_{m \times 2} & I_m \end{bmatrix} \begin{bmatrix} v_i \\ \omega_i \end{bmatrix}, \quad i \in \mathcal{V} \tag{6.3}$$

式中，$J_i = \dfrac{\partial \rho_i}{\partial \theta_i}$ 是维度为 $2 \times m$ 的雅可比矩阵；(x_i, θ_i) 是系统状态变量。

注 6.1   与现有工作不同的是，在该移动机械臂模型中，将关节角向量扩展到移动机械臂状态变量里。这样做有两个好处：① 由于后面操作度只与机械臂的关节角有关，将关节角向量扩展进状态变量有利于后面优化工作的实现；② 通过扩展状态变量，矩阵 $\begin{bmatrix} I_2 & J_i(\theta_i) \\ 0_{m\times 2} & I_m \end{bmatrix}$ 成为一个主对角元全为 1 的上三角阵，其逆矩阵一定存在，便于进行逆运动学控制。

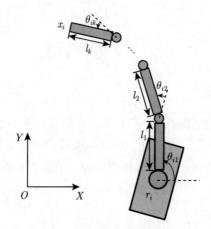

图 6.1   本章考虑的移动机械臂模型示意图

6.2.2   协同搬运的优化问题描述

在介绍协同搬运任务之前，引入加权中心和操作度的定义。

定义 6.1 (操作度)[169]   机械臂的操作度 $u_i(\theta_i)$ 定义如下：

$$\mu_i(\theta_i) = \sqrt{\det(J_i(\theta_i)J_i^{\mathrm{T}}(\theta_i))} \tag{6.4}$$

式中，$J_i(\theta_i)$ 是机械臂的雅可比矩阵。μ_i 越大，机械臂离奇异位置越远。

定义 6.2 (加权中心)[170]   机械臂末端执行器的加权中心定义如下：

$$\sigma(x) = \sum_{i\in\mathcal{V}} \gamma_i x_i = \gamma^{\mathrm{T}} x \tag{6.5}$$

式中，$x = [x_1^{\mathrm{T}}, \cdots, x_N^{\mathrm{T}}]^{\mathrm{T}}$；$\gamma = [\gamma_1^{\mathrm{T}}, \cdots, \gamma_N^{\mathrm{T}}]^{\mathrm{T}}$，且 $\gamma_i \in (0,1)$，同时满足 $\sum\limits_{i\in\mathcal{V}} \gamma_i = 1$。

假设机械臂末端执行器在初始时刻已经固定在被搬运物体的表面，其坐标为 $x_i(0), i\in\mathcal{V}$，它们的加权中心初始位置即参考轨迹的初始点，即 $\sigma(x(0)) = \sigma_d(0)$。考虑到移动机械臂模型 (6.3) 中的状态变量仅包含末端执行器坐标和关节角向量，可以根据正运动学约束 (6.1) 将移动基座坐标用末端执行器坐标和关节角向量表示，则协同搬运任务可描述如下：

(1) 机械臂末端保持物体形状在允许的误差上界 $\zeta \geqslant 0$ 内，即 $\|x_i(t) - x_j(t) - (x_i(0) - x_j(0))\| \leqslant \zeta, j \in \mathcal{N}_i, i \in \mathcal{V}, t \geqslant 0$，同时控制机械臂末端执行器移动被搬运物体，使得其加权中心跟踪一个给定轨迹，即 $\lim_{t \to \infty} \sigma(x(t)) = \sigma_d(t)$；

(2) 移动基座坐标 $r_i = x_i - \rho(\theta_i)(i \in \mathcal{V})$ 形成一定形状的编队，即 $\lim_{t \to \infty} L(x(t) - \rho(\theta(t)) - h) = 0$，式中 $L = \mathcal{L} \otimes I_2$，$h = [h_1^{\mathrm{T}}, \cdots, h_N^{\mathrm{T}}]^{\mathrm{T}}$ 为编队偏移向量，$\rho(\theta) = [\rho_1^{\mathrm{T}}(\theta_1), \cdots, \rho_N^{\mathrm{T}}(\theta_N)]^{\mathrm{T}}$ 为所有机械臂正向映射组成的向量。

对于上述任务，可以看作控制每一个移动机械臂的末端执行器坐标 x_i，使其在任意 $t \geqslant 0$ 时刻都处于一个与参考轨迹相关的约束集合内，即 $x_i(t) \in \mathcal{X}_i(\sigma_d(t))$，$t \geqslant 0$，最终所有移动机械臂的末端执行器收敛到一组期望坐标值，即 $\lim_{t \to \infty} x_i(t) = x_i^*(t)(i \in \mathcal{V})$，使得 $\sigma(x^*(t)) = \sigma_d(t)$。在此基础上考虑机械臂避免奇异的实际需求，同样希望每一个移动机械臂的关节角向量 θ_i 在任意 $t \geqslant 0$ 时刻也处于一个约束集合 Θ_i 内，使得操作度大于一个正阈值 d，即 $\mu_i(\theta_i) \geqslant d > 0, i \in \mathcal{V}$，并且最终收敛于一组期望的关节角向量，即 $\lim_{t \to \infty} \theta_i(t) = \theta_i^*, i \in \mathcal{V}$。

考虑协同搬运中的操作度最大化，将上述期望末端执行器坐标和关节角向量 $(x_i^*(t), \theta_i^*)$ 表示为一个带有耦合时变等式约束和非线性等式约束的非凸优化问题的解，该优化问题如下：

$$
\begin{aligned}
\min_{x_i, \theta_i} \quad & \frac{c_1}{2} \sum_{i \in \mathcal{V}} \|\mu_i(\theta_i) - \mu_{mi}\|^2 \\
\text{s.t.} \quad & L(x - \rho(\theta) - h) = 0 \\
& \sigma(x) = \sigma_d(t) \\
& x_i \in \mathcal{X}_i(\sigma_d(t)), \quad \theta_i \in \Theta_i, \quad \forall i \in \mathcal{V}
\end{aligned}
\tag{6.6}
$$

式中，μ_{mi} 是 $\mu_i(\theta_i)$ 在集合 Θ_i 上的最大值，即 $\mu_{mi} \overset{\text{def}}{=} \max_{\theta_i \in \Theta_i} \mu_i(\theta_i)$，$\forall i \in \mathcal{V}$，且 $\theta = [\theta_1^{\mathrm{T}}, \cdots, \theta_N^{\mathrm{T}}]^{\mathrm{T}}$。

6.3 协同搬运过程中的移动机械臂优化控制

6.3.1 操作度优化问题的凸性分析

对于优化问题 (6.6)，由于末端执行器坐标需要满足约束 $\|x_i(t) - x_j(t) - (x_i(0) - x_j(0))\| \leqslant \zeta, j \in \mathcal{N}_i, i \in \mathcal{V}, t \geqslant 0$，所以可以将其约束集合 $\mathcal{X}_i(\sigma_d(t))$ 设计为

$$
\mathcal{X}_i(\sigma_d(t)) = \mathcal{B}(x_i(0) - \sigma_d(0), \zeta/2) + \sigma_d(t)
\tag{6.7}
$$

式中，$\mathcal{B}_i(x_i(0) - \sigma_d(0), \zeta/2)$ 表示以 $x_i(0) - \sigma_d(0)$ 为球心、半径为 $\zeta/2$ 的集合。

令新变量 $\tilde{x}_i \overset{\text{def}}{=} x_i - \sigma_d$，定义约束集合 $\tilde{\mathcal{X}}_i = \mathcal{B}_i(x_i(0) - \sigma_d(0), \zeta/2)$，使得 $\tilde{x}_i \in \tilde{\mathcal{X}}_i$，易知

$$\max_{x_i \in \mathcal{X}_i(\sigma_d(t)), x_j \in \mathcal{X}_j(\sigma_d(t))} \|x_i - x_j - (x_i(0) - x_j(0))\|$$

$$= \max_{\tilde{x}_i \in \tilde{\mathcal{X}}_i, \tilde{x}_j \in \tilde{\mathcal{X}}_j} \|\tilde{x}_i - \tilde{x}_j - (x_i(0) - x_j(0))\|$$

$$= \max_{y \in \mathcal{B}(0, \zeta/2), z \in \mathcal{B}(0, \zeta/2)} \|y - z\| \leqslant \zeta \tag{6.8}$$

同时注意到优化问题 (6.6) 中的等式约束满足如下性质：

$$\begin{aligned} 0 &= \sigma(x) - \sigma_d = \sigma(x - 1_N \otimes \sigma_d) = \sigma(\tilde{x}) \\ 0 &= L(x - \rho(\theta) - h) = L(x - 1_N \otimes \sigma_d - \rho(\theta) - h) = L(\tilde{x} - \rho(\theta) - h) \end{aligned} \tag{6.9}$$

可以在式 (6.6) 中以 $\tilde{x}_i$ 代替 x_i，由此定义辅助变量 $\tilde{r}_i \in \tilde{\mathcal{R}}_i$ 代替非线性等式约束中的非线性部分 $\tilde{x}_i - \rho_i(\theta_i)$，并在代价函数中增加一项 $\frac{c_2}{2} \sum_{i \in \mathcal{V}} \|\tilde{r}_i - \tilde{x}_i + \rho_i(\theta_i)\|^2$，则原优化问题可近似为

$$\begin{aligned} \min_{\tilde{x}, \theta, \tilde{r}} \quad & \frac{c_1}{2} \sum_{i \in \mathcal{V}} \|\mu_i(\theta_i) - \mu_{mi}\|^2 + \frac{c_2}{2} \sum_{i \in \mathcal{V}} \|\tilde{r}_i - \tilde{x}_i + \rho_i(\theta_i)\|^2 \\ \text{s.t.} \quad & L(\tilde{r} - h) = 0 \\ & \sigma(\tilde{x}) = 0 \\ & \tilde{x} \in \tilde{\mathcal{X}}, \quad \theta \in \Theta, \quad \tilde{r} \in \tilde{\mathcal{R}} \end{aligned} \tag{6.10}$$

式中，$\tilde{x} = [\tilde{x}_1^{\mathrm{T}}, \cdots, \tilde{x}_N^{\mathrm{T}}]^{\mathrm{T}}$；$\tilde{r} = [\tilde{r}_1^{\mathrm{T}}, \cdots, \tilde{r}_N^{\mathrm{T}}]^{\mathrm{T}}$；$\tilde{\mathcal{X}} = \prod_{i \in \mathcal{V}} \tilde{\mathcal{X}}_i$；$\Theta = \prod_{i \in \mathcal{V}} \Theta_i$；$\tilde{\mathcal{R}} = \prod_{i \in \mathcal{V}} \tilde{\mathcal{R}}_i$。

此处提出相关文献（如文献 [171] 和 [172]）中常用的一个假设以保证优化问题 (6.10) 有解，该假设在实际情况下也很容易通过调整约束集合 $\tilde{\mathcal{X}}$、Θ、$\tilde{\mathcal{R}}$ 来实现。

假设 6.1 (斯莱特条件)　存在至少一组 $(\tilde{x}, \theta, \tilde{r}) \in \tilde{\mathcal{X}} \times \Theta \times \tilde{\mathcal{R}}$，使得优化问题 (6.10) 中的所有等式约束成立。

注 6.2　注意到新的优化问题 (6.10) 与原优化问题 (6.6) 并不完全等价，这是因为在将原非凸优化问题转化为凸优化问题的过程中，为了不影响最关键的搬运任务 (见 6.2.2节)，而在移动基座编队与操作度最大化之间做了折中。

根据式 (6.2) 和定义 6.1，提出第二个假设，并在此基础上给出使代价函数 (6.10) 为凸函数的一个充分条件。

假设 6.2 对于任意 $i \in \mathcal{V}$, 约束集合 $\tilde{\mathcal{X}}_i$、Θ_i、$\tilde{\mathcal{R}}_i$ 都是紧凸的, 且能够选取合适的约束集合 Θ_i, 使得 $\mu_i(\theta_i)$ 和 $\rho_i(\theta_i)$ 在 Θ_i 上为凹函数。

引理 6.1 在假设 6.2 下, 若选取约束集合 $\tilde{\mathcal{R}}_i$, 使得对于任意 $\tilde{x}_i \in \tilde{\mathcal{X}}_i, \theta_i \in \Theta_i, \tilde{r}_i \in \tilde{\mathcal{R}}_i$, 均有式 (6.11) 成立:

$$\tilde{r}_i - \tilde{x}_i + \rho_i(\theta_i) \leqslant 0, \quad \forall \tilde{x}_i \in \tilde{\mathcal{X}}_i, \theta_i \in \Theta_i, \tilde{r}_i \in \tilde{\mathcal{R}}_i \tag{6.11}$$

则优化问题 (6.10) 的代价函数在约束集合 $\tilde{\mathcal{X}}_i \times \Theta_i \times \tilde{\mathcal{R}}_i$ 上为关于 $[\tilde{x}_i^{\mathrm{T}}, \theta_i^{\mathrm{T}}, \tilde{r}_i^{\mathrm{T}}]^{\mathrm{T}}$ 的凸函数。

证明 由假设 6.2可知, $\mu_i(\theta_i)$ 和 $\rho_i(\theta_i)$ 在集合 Θ_i 上为凹函数。定义 $h(y) = \|y\|^2$, 则 $h(y)$ 是凸函数, 且在 $y \leqslant 0$ 上单调减。由文献 [173] 中的式 (3.15) 可知, 对于 $h(g(z)) = \|g(z)\|^2$, 当 $g(z)$ 是凹函数且 $g(z) \leqslant 0$ 时, $h(g(z))$ 是关于 z 的凸函数。于是, 取 $z_i = [\tilde{x}_i^{\mathrm{T}}, \theta_i^{\mathrm{T}}, \tilde{r}_i^{\mathrm{T}}]^{\mathrm{T}}$, $\mathcal{Z}_i = \tilde{\mathcal{X}}_i \times \Theta_i \times \tilde{\mathcal{R}}_i$, $g_i(z_i) = \tilde{r}_i - \tilde{x}_i + \rho_i(\theta_i)$, 由式 (6.11) 易知 $g_i(z_i)$ 在 $\mathcal{Z}$ 上恒小于等于 0, 则 $\frac{c_2}{2}\|\tilde{r}_i - \tilde{x}_i + \rho_i(\theta_i)\|^2$ 在集合 $\mathcal{Z}_i$ 上为关于 z_i 的凸函数。类似地, 可以得到 $\frac{c_1}{2}\|\mu_i(\theta_i) - \mu_{mi}\|^2$ 在集合 $\mathcal{Z}_i$ 上也是关于 z_i 的凸函数。因此, 整个优化问题 (6.10) 的代价函数在约束集合 $\tilde{\mathcal{X}}_i \times \Theta_i \times \tilde{\mathcal{R}}_i$ 上为关于 $[\tilde{x}_i^{\mathrm{T}}, \theta_i^{\mathrm{T}}, \tilde{r}_i^{\mathrm{T}}]^{\mathrm{T}}$ 的凸函数。 $\square$

假设已知一个移动机械臂的时变参考轨迹 σ_d、变化率 $\dot{\sigma}_d$, 以及其他所有移动机械臂的系统状态 x、θ 及辅助变量 $\tilde{r}$。下面设计集中式的优化控制算法完成协同搬运任务, 同时使得最终的期望状态为优化问题 (6.10) 的解。

由移动机械臂模型 (6.3), 可以得到集中式逆运动学控制律:

$$\begin{bmatrix} v \\ \omega \end{bmatrix} = \begin{bmatrix} I_{2N} & J(\theta) \\ 0_{mN \times 2N} & I_{mN} \end{bmatrix}^{-1} \begin{bmatrix} \dot{x} \\ \dot{\theta} \end{bmatrix} = \begin{bmatrix} I_{2N} & -J(\theta) \\ 0_{mN \times 2N} & I_{mN} \end{bmatrix} \begin{bmatrix} 1_N \otimes \dot{\sigma}_d + \dot{\tilde{x}} \\ \dot{\theta} \end{bmatrix} \tag{6.12}$$

式中, $v = [v_1^{\mathrm{T}}, \cdots, v_N^{\mathrm{T}}]^{\mathrm{T}}$; $\omega = [\omega_1^{\mathrm{T}}, \cdots, \omega_N^{\mathrm{T}}]^{\mathrm{T}}$; $J(\theta) = \mathrm{diag}(J_1(\theta_1), \cdots, J_N(\theta_N))$。

由于 $\dot{\sigma}_d$ 已知, 只需得到 $\dot{\tilde{x}}$、$\dot{\theta}$。为了设计 $\dot{\tilde{x}}$、$\dot{\theta}$, 写出优化问题 (6.10) 对应的拉格朗日函数:

$$\mathcal{H}(\tilde{x}, \theta, \tilde{r}, \lambda, \nu) = f(\tilde{x}, \theta, \tilde{r}) + \lambda^{\mathrm{T}} \sigma(\tilde{x}) + \nu^{\mathrm{T}} L(\tilde{r} - h) \tag{6.13}$$

式中, $f(\tilde{x}, \theta, \tilde{r}) \stackrel{\mathrm{def}}{=} \frac{c_1}{2} \sum_{i \in \mathcal{V}} \|\mu_i(\theta_i) - \mu_{mi}\|^2 + \frac{c_2}{2} \sum_{i \in \mathcal{V}} \|\tilde{r}_i - \tilde{x}_i + \rho_i(\theta_i)\|^2$; $\lambda \in \mathbb{R}^2$; $\nu = [\nu_1^{\mathrm{T}}, \cdots, \nu_N^{\mathrm{T}}]^{\mathrm{T}} \in \mathbb{R}^{2N}$。

在假设 6.1 下, 由文献 [174] 易知, 拉格朗日函数 (6.13) 的鞍点就是优化问题 (6.10) 的原始-对偶最优解。为了获得鞍点的具体形式, 下面给出一些基本定义和定理。

对于凸集 $\Omega \subseteq \mathbb{R}^n$，$P_\Omega(x) = \arg\min\limits_{y \in \Omega} \|y - x\|$ 是点 $x \in \mathbb{R}^n$ 在集合 Ω 上的投影算子，$N_\Omega(x)$ 表示集合 Ω 在点 x 上的法锥，定义为 $N_\Omega(x) = \{z \in \mathbb{R}^n | (y - x)^{\mathrm{T}} z \leqslant 0, \forall y \in \Omega\}$。如果 $f(\theta x + (1 - \theta)y) \leqslant f(x) + (1 - \theta)f(y)$ 对任意 x、$y \in \mathrm{dom} f$，$x \neq y$ 且 $\theta \in [0, 1]$ 成立，则函数 $f : \mathbb{R}^n \to \mathbb{R}$ 称为凸函数。

定理6.1　在假设 6.1 和 6.2 下，若选取 $\tilde{\mathcal{R}}$ 满足式 (6.11)，则 $(\tilde{x}^*, \theta^*, \tilde{r}^*, \lambda^*, \nu^*) \in \tilde{\mathcal{X}} \times \Theta \times \tilde{\mathcal{R}} \times \mathbb{R}^2 \times \mathbb{R}^{2N}$ 是拉格朗日函数 (6.13) 的鞍点，当且仅当 $(\tilde{x}^*, \theta^*, \tilde{r}^*, \lambda^*, \nu^*)$ 满足如下性质：

$$
\begin{aligned}
0 &= P_{\tilde{\mathcal{X}}}(\tilde{x}^* - \partial_{\tilde{x}} f(\tilde{x}^*, \theta^*, \tilde{r}^*) - \Gamma(1_N \otimes \lambda^*)) - \tilde{x}^* \\
0 &= P_\Theta(\theta^* - \partial_\theta f(\tilde{x}^*, \theta^*, \tilde{r}^*)) - \theta^* \\
0 &= P_{\tilde{\mathcal{R}}}(\tilde{r}^* - \partial_{\tilde{r}} f(\tilde{x}^*, \theta^*, \tilde{r}^*) - L\nu^*) - \tilde{r}^* \\
0 &= \sigma(\tilde{x}^*) \\
0 &= L(\tilde{r}^* - h)
\end{aligned}
\tag{6.14}
$$

式中，$\Gamma = \mathrm{diag}(\gamma) \otimes I_2$；$1_N$ 是一个全部元素为 1 的 $N \times 1$ 维向量。

证明　令 $z \overset{\text{def}}{=} [\tilde{x}^{\mathrm{T}}, \theta^{\mathrm{T}}, \tilde{r}^{\mathrm{T}}]^{\mathrm{T}}$，$\mathcal{Z} \overset{\text{def}}{=} \tilde{\mathcal{X}} \times \Theta \times \tilde{\mathcal{R}}$，$\eta \overset{\text{def}}{=} [\lambda^{\mathrm{T}}, \nu^{\mathrm{T}}]^{\mathrm{T}}$，则拉格朗日函数 (6.13) 可重写为 $\mathcal{H}_z(z, \eta)$。那么由式 (6.14) 和法锥 $N_{\mathcal{Z}}(\cdot)$ 的性质可知

$$
\begin{aligned}
0 &\in -\partial_z \mathcal{H}_z(z^*, \eta^*) - N_{\mathcal{Z}}(z^*) \\
0 &= -\partial_\eta(-\mathcal{H}_z)(z^*, \eta^*)
\end{aligned}
\tag{6.15}
$$

由引理 6.1 可知，$\mathcal{H}_z(z, \eta)$ 关于 z 在 $\mathcal{Z}$ 上为凸函数，关于 η 为凹函数。而根据文献 [175] 中凸函数的性质，$z^* \in \arg\min\limits_{z \in \mathcal{Z}} \mathcal{H}_z(z^*, \eta^*)$ 且 $\eta^* = \arg\min\limits_\eta -\mathcal{H}_z(z^*, \eta^*)$，当且仅当式 (6.15) 成立。因此，由鞍点的定义可知，$(\tilde{x}^*, \theta^*, \tilde{r}^*, \lambda, \nu) \in \tilde{\mathcal{X}} \times \Theta \times \tilde{\mathcal{R}} \times \mathbb{R}^2 \times \mathbb{R}^{2N}$ 是拉格朗日函数 (6.13) 的鞍点，当且仅当式 (6.14) 成立。　　□

通过对文献 [176] 中的算法增加阻尼项，可以采用带阻尼的原始-对偶投影算法，根据拉格朗日函数 (6.13)，设计集中式控制律 (6.12) 中的 $\dot{\tilde{x}}$、$\dot{\theta}$：

$$
\begin{aligned}
\dot{\tilde{x}} &= P_{\tilde{\mathcal{X}}}(\tilde{x} - \partial_{\tilde{x}} f(\tilde{x}, \theta, \tilde{r}) - \Gamma(1_N \otimes \lambda)) - \tilde{x} \\
\dot{\theta} &= P_\Theta(\theta - \partial_\theta f(\tilde{x}, \theta, \tilde{r})) - \theta \\
\dot{\tilde{r}} &= P_{\tilde{\mathcal{R}}}(\tilde{r} - \partial_{\tilde{r}} f(\tilde{x}, \theta, \tilde{r}) - L\nu) - \tilde{r} \\
\dot{\lambda} &= \sigma(\tilde{x} + \dot{\tilde{x}}) \\
\dot{\nu} &= L(\tilde{r} + \dot{\tilde{r}} - h)
\end{aligned}
\tag{6.16}
$$

可以看出耦合等式约束对应的拉格朗日乘子 λ 必须获得其他全部移动机械臂的末端执行器坐标才能进行更新，因此该算法是集中式的。

注 6.3 注意到文献 [176] 中的算法只适用于代价函数为强凸且带有不等式约束的情况,而本节通过增加阻尼项 $\dot{\tilde{x}}$、$\dot{\tilde{r}}$,使得改进后的算法 (6.16) 同样适用于代价函数为一般凸且带有等式约束的情况。

6.3.2 分布式优化算法设计

考虑对逆运动学控制律 (6.12) 和带有阻尼项的原始-对偶投影算法 (6.16) 的分布化。只有部分移动机械臂能够获得时变参考轨迹的速度和位置信息,同时每一个移动机械臂仅能获得邻居的系统状态和辅助变量,在此种条件下针对通信拓扑图 $\mathcal{G}$ 提出以下假设。

假设 6.3 移动机械臂之间的通信拓扑图 $\mathcal{G}$ 是无向连通图,且至少有一个移动机械臂能获得时变参考轨迹的信息。

对于逆运动学控制律 (6.12),需要所有移动机械臂能够估计参考轨迹信息。为此,重新定义 $x_i = \sigma_i + \tilde{x}_i$,提出分布式的逆运动学控制律为

$$\begin{bmatrix} v_i \\ \omega_i \end{bmatrix} = \begin{bmatrix} I_2 & -J_i(\theta_i) \\ 0_{m \times 2} & I_m \end{bmatrix} \begin{bmatrix} \dot{\sigma}_i + \dot{\tilde{x}}_i \\ \dot{\theta}_i \end{bmatrix} \tag{6.17}$$

式中,σ_i 是第 i 个移动机械臂对参考轨迹的估计。

为了设计一致性估计器,在假设 6.3 下,可参考文献 [124] 中的式 (3.4) 将一致性估计器设计为

$$\dot{\sigma}_i = \frac{1}{\tau_i} b_i [\dot{\sigma}_d - \beta(\sigma_i - \sigma_d)] + \frac{1}{\tau_i} \sum_{j \in \mathcal{N}_i} a_{ij} [\dot{\sigma}_j - \beta(\sigma_i - \sigma_j)] \tag{6.18}$$

式中,$\beta > 0$ 为正实数;$\tau_i = b_i + \sum_{j \in \mathcal{N}_i} a_{ij}$,若第 i 个移动机械臂能获得时变参考轨迹的速度和位置信息,则 $b_i = 1$,否则 $b_i = 0$。

对于集中式带阻尼的原始-对偶投影算法 (6.16),为每一个移动机械臂 i 定义一个局部拉格朗日乘子 λ_i,并构建改进的拉格朗日函数:

$$\tilde{\mathcal{H}}(\tilde{x}, \theta, \tilde{r}, \lambda, \nu) = f(\tilde{x}, \theta, \tilde{r}) + \lambda^{\mathrm{T}} \Gamma \tilde{x} + \nu^{\mathrm{T}} L(\tilde{r} - h) + K\Phi(\lambda) \tag{6.19}$$

式中,$\Phi(\lambda) \stackrel{\text{def}}{=} \frac{1}{2} \sum_{i \in \mathcal{V}} \sum_{j \in \mathcal{N}_i} |\lambda_i - \lambda_j|$ 为一个非光滑的惩罚函数项;$\lambda = [\lambda_1^{\mathrm{T}}, \cdots, \lambda_N^{\mathrm{T}}]^{\mathrm{T}} \in \mathbb{R}^{2N}$。

令 $\mathcal{C} \stackrel{\text{def}}{=} \{\lambda \in \mathbb{R}^{2N} | \lambda_1 = \cdots = \lambda_N\}$ 为局部拉格朗日乘子的一致集,给出如下引理,其证明可参考文献 [172] 中的引理 4.2。

引理 6.2　在假设 6.1~6.3 成立且 $\tilde{\mathcal{R}}$ 满足式 (6.11) 的条件下，若

$$K > \sqrt{N} \max_{\tilde{x} \in \tilde{\mathcal{X}}} \|\Gamma \tilde{x}\| \tag{6.20}$$

则等式

$$\arg \max_{\lambda \in \mathbb{R}^{2N}} \tilde{\mathcal{H}}(\tilde{x}, \theta, \tilde{r}, \lambda, \nu) = \arg \max_{\lambda \in \mathcal{C}} \tilde{\mathcal{H}}(\tilde{x}, \theta, \tilde{r}, \lambda, \nu) \tag{6.21}$$

成立。

由此可以得到定理 6.2，该定理给出了改进拉格朗日函数 $\tilde{\mathcal{H}}(\tilde{x}, \theta, \tilde{r}, \lambda, \nu)$ 与原拉格朗日函数 $\mathcal{H}(\tilde{x}, \theta, \tilde{r}, \lambda, \nu)$ 两者鞍点的关系。

定理 6.2　在假设 6.1~6.3 成立且 $\tilde{\mathcal{R}}$ 和 K 分别满足式 (6.11) 和式 (6.20) 的条件下，下列陈述等价。

(1) $(\tilde{x}^*, \theta^*, \tilde{r}^*, \lambda^*, \nu^*)$ 满足

$$\begin{aligned}
0 &= P_{\tilde{\mathcal{X}}}(\tilde{x}^* - \partial_{\tilde{x}} f(\tilde{x}^*, \theta^*, \tilde{r}^*) - \Gamma \lambda^*) - \tilde{x}^* \\
0 &= P_{\Theta}(\theta^* - \partial_{\theta} f(\tilde{x}^*, \theta^*, \tilde{r}^*)) - \theta^* \\
0 &= P_{\tilde{\mathcal{R}}}(\tilde{r}^* - \partial_{\tilde{r}} f(\tilde{x}^*, \theta^*, \tilde{r}^*) - L\nu^*) - \tilde{r}^* \\
0 &\in \Gamma \tilde{x}^* - K s(\lambda^*) \\
0 &= L(\tilde{r}^* - h)
\end{aligned} \tag{6.22}$$

(2) $(\tilde{x}^*, \theta^*, \tilde{r}^*, \lambda^*, \nu^*)$ 是改进拉格朗日函数 $\tilde{\mathcal{H}}(\tilde{x}, \theta, \tilde{r}, \lambda, \nu)$ 的鞍点。

(3) $\lambda^* = [\lambda^{*T}, \cdots, \lambda^{*T}]^T$，同时 $(\tilde{x}^*, \theta^*, \tilde{r}^*, \lambda^*, \nu^*)$ 是原拉格朗日函数 $\mathcal{H}(\tilde{x}, \theta, \tilde{r}, \lambda, \nu)$ 的鞍点。

式 (6.22) 中，$s(\lambda) \stackrel{\text{def}}{=} [s_1^T(\lambda), \cdots, s_N^T(\lambda)]^T$，$s_i(\lambda) \stackrel{\text{def}}{=} \sum_{j \in \mathcal{N}_i} \text{sgn}(\lambda_i - \lambda_j)$，$\text{sgn}(\cdot)$ 是符号函数，即对于任意 $y \in \mathbb{R}^n$，有

$$\text{sgn}(y) \stackrel{\text{def}}{=} \begin{bmatrix} \mathcal{Y}_1 \\ \vdots \\ \mathcal{Y}_n \end{bmatrix}, \quad \mathcal{Y}_i = \begin{cases} \{1\}, & y_i > 0 \\ \{-1\}, & y_i < 0 \\ [-1, 1], & y_i = 0 \end{cases}, \quad \forall i = 1, 2, \cdots, n \tag{6.23}$$

证明　如定理 6.1 中定义 z、η 和 $\mathcal{Z}$，再定义 $\tilde{\eta} = [\lambda^T, \nu^T]^T$，则改进拉格朗日函数 (6.19) 可重写为 $\tilde{\mathcal{H}}_z(z, \tilde{\eta})$。

(1) $\Rightarrow$ (2)：令 $(z^*, \tilde{\eta}^*)$ 满足式 (6.14)。由法锥 $N_{\mathcal{Z}}(\cdot)$ 的性质可知

$$\begin{aligned}
0 &\in -\partial_z \tilde{\mathcal{H}}_z(z^*, \tilde{\eta}^*) - N_{\mathcal{Z}}(z^*) \\
0 &\in -\partial_{\eta}(-\tilde{\mathcal{H}}_z)(z^*, \tilde{\eta}^*)
\end{aligned} \tag{6.24}$$

根据引理 6.1 和文献 [175] 可知 z^* 是 $\tilde{\mathcal{H}}_z(z, \tilde{\eta})$ 在 $\mathcal{Z}$ 上的最小值，$\tilde{\eta}^*$ 是 $\tilde{\mathcal{H}}_z(z, \tilde{\eta})$ 的最大值，故是 $\tilde{\mathcal{H}}_z(z, \tilde{\eta})$ 的鞍点，定理 6.2 成立。

(2) $\Rightarrow$ (3)：令 $(z^*, \tilde{\eta}^*)$ 为 $\tilde{\mathcal{H}}_z(z, \tilde{\eta})$ 的鞍点。由于当 $\lambda \in \mathcal{C}$ 时，$\tilde{\mathcal{H}}_z(z^*, \tilde{\eta}) = \mathcal{H}_z(z^*, \eta)$，所以 $\mathcal{H}_z(z^*, \eta) \leqslant \tilde{\mathcal{H}}_z(z^*, \tilde{\eta}^*)$。由引理 6.2 可知，当 K 满足式 (6.20) 时，$\lambda^* = [\lambda^{*\mathrm{T}}, \cdots, \lambda^{*\mathrm{T}}]^{\mathrm{T}}$，故 $\tilde{\mathcal{H}}_z(\cdot, \tilde{\eta}^*) = \mathcal{H}_z(\cdot, \eta^*)$。代入鞍点不等式 $\tilde{\mathcal{H}}_z(z^*, \tilde{\eta}^*) \leqslant \tilde{\mathcal{H}}_z(z, \tilde{\eta}^*)$ 中可得 $\mathcal{H}_z(z^*, \eta^*) \leqslant \mathcal{H}_z(z, \eta^*)$。因此，有 $\mathcal{H}_z(z^*, \eta) \leqslant \mathcal{H}_z(z^*, \eta^*) \leqslant \mathcal{H}_z(z, \eta^*)$，定理 6.2 成立。

(3) $\Rightarrow$ (1)：令 $\lambda^* = [\lambda^{*\mathrm{T}}, \cdots, \lambda^{*\mathrm{T}}]^{\mathrm{T}}$，且 (z^*, η^*) 为 $\mathcal{H}_z(z, \eta)$ 的鞍点，则有式 (6.15) 成立，将 $\lambda^* = [\lambda^{*\mathrm{T}}, \cdots, \lambda^{*\mathrm{T}}]^{\mathrm{T}}$ 代入，即式 (6.24)，定理 6.2 成立。 $\square$

由定理 6.2 可知，改进拉格朗日函数的鞍点同样满足优化问题 (6.10) 的最优性。类似于式 (6.16)，根据改进拉格朗日函数 (6.19) 给出分布式的带阻尼项的原始-对偶投影算法：

$$
\begin{aligned}
\dot{\tilde{x}}_i &= P_{\tilde{\mathcal{X}}_i}(\tilde{x}_i - \partial_{\tilde{x}_i} f_i(\tilde{x}_i, \theta_i, \tilde{r}_i) - \gamma_i \lambda_i) - \tilde{x}_i \\
\dot{\theta}_i &= P_{\Theta_i}(\theta_i - \partial_{\theta_i} f_i(\tilde{x}_i, \theta_i, \tilde{r}_i)) - \theta_i \\
\dot{\tilde{r}}_i &= P_{\tilde{\mathcal{R}}_i}(\tilde{r}_i - \partial_{\tilde{r}_i} f_i(\tilde{x}_i, \theta_i, \tilde{r}_i) - \sum_{j \in \mathcal{N}_i} a_{ij}(\nu_i - \nu_j)) - \tilde{r}_i \\
\dot{\lambda}_i &\in \gamma_i(\tilde{x}_i + \dot{\tilde{x}}_i) - K\,\mathrm{sgn}(\lambda_i - \lambda_j) \\
\dot{\nu}_i &= \sum_{j \in \mathcal{N}_i} a_{ij}(\tilde{r}_i - \tilde{r}_j + (\dot{\tilde{r}}_i - \dot{\tilde{r}}_j) - (h_i - h_j))
\end{aligned}
\tag{6.25}
$$

6.3.3 收敛性分析

为了分析集中式带阻尼项的原始-对偶算法 (6.16) 的收敛性，先介绍一个引理。

引理 6.3 若集合 $\Omega \in \mathbb{R}^n$ 是闭凸的，则

$$
(w-u+v)^{\mathrm{T}}(w - P_\Omega(w-v)) \geqslant \|w - P_\Omega(w-v)\|^2 + (w-u)^{\mathrm{T}} z, \quad \forall w, v \in \mathbb{R}^n, \forall u \in \Omega
\tag{6.26}
$$

证明 根据凸集的性质，有

$$
\begin{aligned}
0 &\geqslant (w - v - P_\Omega(w-v))^{\mathrm{T}}(u - P_\Omega(w-v)) \\
&= [(w - P_\Omega(w-v)) - v]^{\mathrm{T}}[u - w + (w - P_\Omega(w-v))] \\
&= -[w - P_\Omega(w-v)]^{\mathrm{T}}(w - u + v) + v^{\mathrm{T}}(w-u) + \|w - P_\Omega(w-v)\|^2
\end{aligned}
\tag{6.27}
$$

两边同时加上 $[w - P_\Omega(w-v)]^{\mathrm{T}}(w-u+v)$，即得到式 (6.26)。 $\square$

根据式 (6.7) 令 $\mathcal{X}(\sigma_d) \overset{\text{def}}{=} \prod\limits_{i \in \mathcal{V}} \mathcal{X}_i(\sigma_d)$，$\sigma_d \overset{\text{def}}{=} 1_N \otimes \sigma_d$。有如下定理证明集中式逆运动学控制律 (6.12) 和集中式带阻尼的原始-对偶投影算法 (6.16) 的收敛性。

定理 6.3　在假设 6.1 和 6.2 成立且 $\tilde{\mathcal{R}}$ 满足式 (6.11) 的条件下，若系统 (6.3) 采用集中式逆运动学控制律 (6.12) 和集中式带阻尼的原始-对偶投影算法 (6.16)，则对任意初始系统状态 $x(0) \in \mathcal{X}(\sigma_d(0))$、$\theta(0) \in \Theta$，以及任意初始辅助变量和拉格朗日乘子 $\tilde{r}(0) \in \tilde{\mathcal{R}}$，$\lambda(0) \in \mathbb{R}^2$，$\nu(0) \in \mathbb{R}^{2N}$，都存在一个原拉格朗日函数 $\mathcal{H}(\tilde{x}, \theta, \tilde{r}, \lambda, \nu)$ 的鞍点，即 $(\bar{\tilde{x}}^*, \bar{\theta}^*, \bar{\tilde{r}}^*, \bar{\lambda}^*, \bar{\nu}^*)$，使得 $(x, \theta, \tilde{r}, \lambda, \nu)$ 渐近收敛于 $(\bar{\tilde{x}}^* + \sigma_d, \bar{\theta}^*, \bar{\tilde{r}}^*, \bar{\lambda}^*, \bar{\nu}^*)$，即

$$\lim_{t \to \infty} (x(t), \theta(t), \tilde{r}(t), \lambda(t), \nu(t)) = (\bar{\tilde{x}}^* + \sigma_d, \bar{\theta}^*, \bar{\tilde{r}}^*, \bar{\lambda}^*, \bar{\nu}^*) \tag{6.28}$$

证明　为了简洁起见，继续如定理 6.1 定义变量 z、η 和 $\mathcal{Z}$，则集中式带阻尼项的原始-对偶算法 (6.16) 可重写为微分方程，即

$$\begin{aligned} \dot{z} &= P_{\mathcal{Z}}(z - \partial_z \mathcal{H}_z(z, \eta)) - z \\ \dot{\eta} &= A^{\mathrm{T}}(z + \dot{z}) \end{aligned} \tag{6.29}$$

式中，$A = [\gamma, L] \otimes I_2$；$A^{\mathrm{T}} z = -\partial_\eta(-\mathcal{H}_z)(z, \eta)$。

由此，可以看出微分方程 (6.29) 的平衡点满足 $\mathcal{H}_z(z, \eta)$ 的鞍点条件 (6.14)，由此令 (z^*, η^*) 为 $\mathcal{H}_z(z, \eta)$ 鞍点集合中的一个鞍点，定义李雅普诺夫函数：

$$V_1 = \frac{1}{2}\|z - z^*\|^2 + \frac{1}{2}\|\eta - \eta^*\|^2 + \mathcal{H}_z(z, \eta^*) - \mathcal{H}_z(z^*, \eta^*) \tag{6.30}$$

根据鞍点不等式

$$\mathcal{H}_z(z^*, \eta) \leqslant \mathcal{H}_z(z^*, \eta^*) \leqslant \mathcal{H}_z(z, \eta^*) \tag{6.31}$$

可知 $V_1 \geqslant 0$。

令式 (6.26) 中的 $w = z$，$u = z^*$，$v = \partial_z \mathcal{H}_z(z, \eta)$，由引理 6.3 有

$$\begin{aligned} \dot{z}^{\mathrm{T}}(z - z^*) &\leqslant -\|\dot{z}\|^2 - (z - z^*)^{\mathrm{T}} \partial_z \mathcal{H}_z(z, \eta) - \dot{z}^{\mathrm{T}} \partial_z \mathcal{H}_z(z, \eta) \\ &\leqslant -\|\dot{z}\|^2 + (\mathcal{H}_z(z^*, \eta) - \mathcal{H}_z(z, \eta)) - \dot{z}^{\mathrm{T}} \partial_z \mathcal{H}_z(z, \eta) \end{aligned} \tag{6.32}$$

而

$$\begin{aligned} &\dot{\eta}^{\mathrm{T}}(\eta - \eta^*) + \mathcal{H}_z(z, \eta^*) - \mathcal{H}_z(z^*, \eta^*) \\ &= -(\eta - \eta^*)^{\mathrm{T}} \partial_\eta(-\mathcal{H}_z)(z, \eta) + (\eta - \eta^*)^{\mathrm{T}} A\dot{z} + \partial_z \mathcal{H}_z(z, \eta^*)^{\mathrm{T}} \dot{z} \end{aligned}$$

$$\leqslant -(\mathcal{H}_z(z, \eta^*) - \mathcal{H}_z(z, \eta)) + \partial_z \mathcal{H}_z(z, \eta)^{\mathrm{T}} \dot{z} \tag{6.33}$$

于是，结合式 (6.32) 和式 (6.33)，有

$$\dot{V}_1 \leqslant -\|\dot{z}\|^2 + (\mathcal{H}_z(z^*, \eta) - \mathcal{H}_z(z, \eta^*)) \tag{6.34}$$

根据鞍点不等式，$\mathcal{H}_z(z^*, \eta) - \mathcal{H}_z(z, \eta^*) \leqslant 0$，则 $\dot{V}_1 \leqslant -\|\dot{z}\|^2 \leqslant 0$，可知所有的鞍点都是李雅普诺夫稳定的平衡点。

再分析不变集是否为其中一个鞍点。具体而言，根据不变集原理，(z, η) 收敛于集合 $\{z \in \mathcal{Z}, \eta \in \mathbb{R}^{2N+2} | -\|\dot{z}\|^2 + (\mathcal{H}_z(z^*, \eta) - \mathcal{H}_z(z, \eta^*)) = 0\}$ 中的最大不变集。因为 $\mathcal{H}_z(z^*, \eta) - \mathcal{H}_z(z, \eta^*) \equiv 0$，所以不变集中的点满足鞍点条件。又由于 $\dot{z} \equiv 0$，$z \equiv \bar{z}^*$，所以 $\dot{\eta} = g(\bar{z}^*) = 0$，否则 $\dot{\eta}$ 会趋向无穷，这与前面的李雅普诺夫稳定矛盾，故有 $\eta \equiv \bar{\eta}^*$。因此，最大不变集为某一个满足鞍点条件 (6.14) 的平衡点 $(\bar{z}^*, \bar{\eta}^*)$，使得 $\dot{z} = 0, \dot{\eta} = 0$，于是微分方程的解 $(z(t), \eta(t))$ 渐近收敛于该平衡点 $(\bar{z}^*, \bar{\eta}^*)$。

综上所述，存在一个原拉格朗日函数 $\mathcal{H}(\tilde{x}, \theta, \tilde{r}, \lambda, \nu)$ 的鞍点 $(\bar{\tilde{x}}^*, \bar{\theta}^*, \bar{\tilde{r}}^*, \bar{\lambda}^*, \bar{\nu}^*)$，使得 $(\tilde{x}, \theta, \tilde{r}, \lambda, \nu)$ 渐近收敛于 $(\bar{\tilde{x}}^*, \bar{\theta}^*, \bar{\tilde{r}}^*, \bar{\lambda}^*, \bar{\nu}^*)$。又由于 $x = \tilde{x} + \sigma_d$，所以 $(x, \theta, \tilde{r}, \lambda, \nu)$ 渐近收敛于 $(\bar{\tilde{x}}^* + \sigma_d, \bar{\theta}^*, \bar{\tilde{r}}^*, \bar{\lambda}^*, \bar{\nu}^*)$。 $\qquad\square$

下面将介绍非光滑函数的不变集引理和收敛性引理，并给出定理，证明分布式一致性估计器 (6.18)、分布式逆运动学控制律 (6.17) 和分布式带阻尼的原始-对偶投影算法 (6.25) 的收敛性。

引理 6.4 [177] 考虑微分包含 $\dot{x}(t) \in \mathcal{F}(x(t))$，其中，$\mathcal{F}$ 上半连续局部有界，$\mathcal{F}(x)$ 取值为非空紧凸集合。假设 $V : \mathbb{R}^n \to \mathbb{R}$ 是局部 Lipschitz 的常规函数，$\mathcal{S} \subset \mathbb{R}^n$ 是该微分包含的一个强不变紧集，$\varphi(\cdot)$ 是该微分包含的一个解，令 $\mathcal{R} \stackrel{\mathrm{def}}{=} \{x \in \mathbb{R}^n | 0 \in L_{\mathcal{F}} V(x)\}$，$\mathcal{M}$ 是 $\mathcal{R} \cap \mathcal{S}$ 中的最大弱不变集。如果 $\max L_{\mathcal{F}} V(x) \leqslant 0$ 对任意 $x \in \mathcal{S}$ 成立，则当 $t \to \infty$ 时，$\mathrm{dist}(\varphi(t), \mathcal{M}) \to 0$ 成立。

引理 6.5 [178] 考虑如引理 6.4 所述微分包含，令 $\bar{\mathcal{M}} \subseteq \mathbb{R}^n$ 是该微分包含的一个强不变开集，$\varphi(t)$ 是该微分包含的一个解，其初始状态满足 $\varphi(0) \in \bar{\mathcal{M}}$。若 $z \in \mathcal{D}(\varphi) \cap \bar{\mathcal{M}}$ 是该微分包含的一个李雅普诺夫稳定的平衡点，则 $z = \lim\limits_{t \to \infty} \varphi(t)$ 且 $\mathcal{D}(\varphi) = \{z\}$，其中 $\mathcal{D}(\varphi)$ 是 $\varphi(t)$ 的一个正极限集。

定理 6.4 在假设 6.1~6.3 成立且 $\tilde{\mathcal{R}}$ 和 K 分别满足式 (6.11) 和式 (6.20) 的条件下，一致性估计器 (6.18) 使得每个移动机械臂对参考轨迹的估计量 σ_i 指数收敛于 σ_d。同时，若系统 (6.3) 采用分布式逆运动学控制律 (6.17) 和分布式带阻尼的原始-对偶投影算法 (6.25)，则对任意初始系统状态 $x(0) \in \mathcal{X}(\sigma_d(0))$，$\theta(0) \in \Theta$，

以及任意初始辅助变量和拉格朗日乘子 $\tilde{r}(0) \in \tilde{\mathcal{R}}$，$\lambda(0) \in \mathbb{R}^{2N}$，$\nu(0) \in \mathbb{R}^{2N}$，都存在一个改进拉格朗日函数 $\tilde{\mathcal{H}}(\tilde{x}, \theta, \tilde{r}, \lambda, \nu)$ 的鞍点，即 $(\underline{\tilde{x}}^*, \theta^*, \tilde{r}^*, \lambda^*, \nu^*)$，使得 $(x, \theta, \tilde{r}, \lambda, \nu)$ 渐近收敛于 $(\tilde{x}^* + \sigma_d, \theta^*, \tilde{r}^*, \lambda^*, \nu^*)$，即

$$\lim_{t \to \infty} (\tilde{x}(t), \theta(t), \tilde{r}(t), \lambda(t), \nu(t)) = (\tilde{x}^* + \sigma_d, \theta^*, \tilde{r}^*, \lambda^*, \nu^*) \tag{6.35}$$

证明　首先，考虑一致性估计器 (6.18) 的收敛性。将参考轨迹作为 0 节点，根据移动机械臂是否能获得参考轨迹，将通信拓扑图 $\mathcal{G}$ 扩展为一个有向图 $\bar{\mathcal{G}} = (\bar{\mathcal{V}}, \bar{\mathcal{E}})$，其中 $\bar{\mathcal{V}} = \{0, 1, 2, \cdots, N\}$，$\bar{\mathcal{E}} = \bar{\mathcal{V}} \times \bar{\mathcal{V}}$。邻接矩阵和拉普拉斯矩阵分别为

$$\bar{\mathcal{A}} = \begin{bmatrix} 0 & 0_N \\ b & \mathcal{A} \end{bmatrix}, \quad \bar{\mathcal{L}} = \begin{bmatrix} 0 & 0_N \\ -b & \mathcal{L} + \mathrm{diag}(b) \end{bmatrix}$$

式中，$b = [b_1, \cdots, b_N]^{\mathrm{T}}$。

根据假设 6.3，图 $\mathcal{G}$ 是无向连通图，且至少一个节点 $i \in \mathcal{V}$ 能够获得节点 0 的信息，则从节点 0 出发到任意节点 $i \in \mathcal{V}$ 至少存在一条路径，故图 $\bar{\mathcal{V}}$ 有至少一个生成树。根据文献 [124] 中的定理 3.8，可得

$$\dot{\sigma} - \dot{\sigma}_d = -\beta(\sigma - \sigma_d) \tag{6.36}$$

因此，当 $t \to \infty$ 时，$\sigma - \sigma_d$ 指数收敛到 0，即 $\sigma_i \in \mathcal{V}$ 指数收敛于 σ_d。

然后，考虑分布式逆运动学控制律 (6.17) 和分布式带阻尼的原始-对偶投影算法 (6.25) 的收敛性。同样为简洁起见，继续使用定理 6.2 中定义的 $s(\lambda)$ 和证明部分中定义的 z、$\mathcal{Z}$、$\tilde{\eta}$ 和 $\tilde{\mathcal{H}}_z(z, \tilde{\eta})$。再定义 $C = [I_N, 0_{N \times N}]^{\mathrm{T}} \otimes I_2$，则 $s(\lambda) = s(C^{\mathrm{T}}z)$，故分布式带阻尼的原始-对偶投影算法 (6.25) 可重写为微分包含：

$$\begin{aligned} \dot{z} &= P_{\mathcal{Z}}(z - \partial_z \tilde{\mathcal{H}}_z(z, \tilde{\eta})) - z \\ \dot{\tilde{\eta}} &\in \tilde{A}^{\mathrm{T}}(z + \dot{z}) - Ks(C^{\mathrm{T}}z) \end{aligned} \tag{6.37}$$

式中，$\tilde{A} = [\mathrm{diag}(\gamma), \mathcal{L}] \otimes I_2$。

由此可知微分包含 (6.37) 的平衡点满足 $\tilde{\mathcal{H}}_z(z, \tilde{\eta})$ 的鞍点条件 (6.22)，故令 $(z^*, \tilde{\eta}^*)$ 为 $\tilde{\mathcal{H}}_z(z, \tilde{\eta})$ 鞍点集中的一个鞍点，定义如下李雅普诺夫函数：

$$V_2 = \frac{1}{2} \|z - z^*\|^2 + \frac{1}{2} \|\tilde{\eta} - \tilde{\eta}^*\|^2 + \tilde{\mathcal{H}}_z(z, \tilde{\eta}^*) - \tilde{\mathcal{H}}_z(z^*, \tilde{\eta}^*) \tag{6.38}$$

类似定理 6.3 的证明，可以得到 $V_2 \geqslant 0$，同时有

$$\dot{V}_2 \leqslant -\|\dot{z}\|^2 + (\tilde{\mathcal{H}}_z(z^*, \tilde{\eta}) - \tilde{\mathcal{H}}_z(z, \tilde{\eta}^*)) \leqslant 0 \tag{6.39}$$

故所有鞍点都是李雅普诺夫稳定的平衡点。

根据引理 6.4, $(z, \tilde{\eta})$ 收敛于集合

$$\mathcal{R} = \{z \in \mathcal{Z}, \tilde{\eta} \in \mathbb{R}^{4N} | -\|\dot{z}\|^2 + (\tilde{\mathcal{H}}_z(z^*, \tilde{\eta}) - \tilde{\mathcal{H}}_z(z, \tilde{\eta}^*)) = 0\} \quad (6.40)$$

中的最大弱不变集 $\mathcal{M}$。因为 $\mathcal{H}_z(z^*, \eta) - \mathcal{H}_z(z, \eta^*) \equiv 0$，所以 $\mathcal{M}$ 中的点满足鞍点条件。又由于 $\dot{z} \equiv 0$, $z \equiv \bar{z}^*$，所以在 K 取值满足式 (6.20) 的条件下，对于任意 $A\bar{z}^*$ 存在一个 $\bar{s}^* \in s(C^{\mathrm{T}}\bar{z}^*)^{①}$，使得 $\dot{\tilde{\eta}} = A\bar{z}^* - K\bar{s}^* \equiv 0$，故 $\tilde{\eta} \equiv \bar{\tilde{\eta}}^*$，即 $\mathcal{M}$ 中存在一点 $(\bar{z}^*, \bar{\tilde{\eta}}^*)$ 也在正极限集 $\mathcal{D}$ 中。因此，根据引理 6.5, $\mathcal{D} \cap \mathcal{M}$ 中存在一个满足鞍点条件 (6.14) 的平衡点 $(\bar{z}^*, \bar{\tilde{\eta}}^*)$，使得 $0 \in [\dot{z}^{\mathrm{T}}, \dot{\tilde{\eta}}^{\mathrm{T}}]^{\mathrm{T}}$，于是微分包含的解 $(z(t), \tilde{\eta}(t))$ 渐近收敛于该平衡点 $(\bar{z}^*, \bar{\tilde{\eta}}^*)$。

综上所述，σ 指数收敛于 σ_d, $(\tilde{x}, \theta, \tilde{r}, \lambda, \nu)$ 渐近收敛于 $(\tilde{x}^*, \theta^*, \tilde{r}^*, \lambda^*, \nu^*)$。又由于 $x = \sigma_i + \tilde{x}$，所以 $(x, \theta, \tilde{r}, \lambda, \nu)$ 渐近收敛于 $(\tilde{x}^* + \sigma_d, \theta^*, \tilde{r}^*, \lambda^*, \nu^*)$。 □

6.4 仿真验证

为了验证前面所述的理论结果，考虑四个移动机械臂，其中每一个模型都如式 (6.3) 所示。为简洁起见，考虑机械臂有两个关节角，即 $m = 2$，同时臂长 $l_1 = l_2 = 1\mathrm{m}$。

下面进行数值仿真验证。验证中采用的拓扑图如图 6.2 所示，时变参考轨迹 (单位：m) 为

$$\sigma_d(t) = \begin{bmatrix} t + 1/3 \\ 2\sin(t/2) - 1/3 \end{bmatrix} \quad (6.41)$$

其初始位置 $\sigma_d(0) = \begin{bmatrix} \frac{1}{3}, -\frac{1}{3} \end{bmatrix}^{\mathrm{T}}$ m。仿真中考虑保持物体形状允许的误差上界为 $\zeta = 0.2$，机械臂末端初始位置 (单位：m) 如下：

$$x_1(0) = [-1, 1]^{\mathrm{T}}, \quad x_2(0) = [1, 1]^{\mathrm{T}}$$
$$x_3(0) = [1, -1]^{\mathrm{T}}, \quad x_4(0) = [-1, -1]^{\mathrm{T}}$$

再根据定义 6.1，仿真中采用的机械臂操作度为 $\mu_i = l_1 l_2 \|\sin(\theta_{i2})\|$，给定允许的操作度下界阈值为 $d = 0.5$，则优化问题 (6.10) 中变量 $\tilde{x}_i$、θ_i 和 $\tilde{r}_i$ 的约束集分别为

$$\tilde{\mathcal{X}}_i = \mathcal{B}(x_i(0) - \sigma_d(0), 0.1)$$

① $s(\cdot)$ 为符号函数的向量形式，定义见式(6.23)。

$$\Theta_i = \{\theta_i | \theta_{i1} \geqslant 0, \theta_{i2} \geqslant \pi/6, \theta_{i1} + \theta_{i2} \leqslant \pi/2\}$$
$$\tilde{\mathcal{R}}_i = \{\tilde{r}_i | \tilde{r}_i \leqslant \tilde{x}_i - \rho_i(\theta_i), \forall \tilde{x}_i \in \tilde{\mathcal{X}}_i, \theta_i \in \Theta_i\}$$

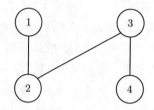

图 6.2   实验中采用的拓扑图

给定加权中心权重 $\gamma = \left[\dfrac{1}{6}, \dfrac{1}{6}, \dfrac{1}{2}, \dfrac{1}{6}\right]^{\mathrm{T}}$，给定编队偏移向量 $h = [h_1^{\mathrm{T}}, \cdots, h_4^{\mathrm{T}}]^{\mathrm{T}}$（单位：m）如下：

$$h_1 = [0,0]^{\mathrm{T}}, \quad h_2 = [2,0]^{\mathrm{T}}$$
$$h_3 = [2,-2]^{\mathrm{T}}, \quad h_4 = [0,-2]^{\mathrm{T}}$$

集中式逆运动学控制律 (6.12) 和集中式带阻尼的原始-对偶投影算法 (6.16) 的仿真实验如图 6.3 所示。图 6.4 和图 6.5 分别表示集中式方法中 $\tilde{x}_i$ 和 θ_i 的约束集（外部曲线）和运动轨迹（内部），其中起始位置用圆形表示，终点位置用方形表示。由图可以看出，$\tilde{x}_i$ 和 θ_i 始终满足约束集。图 6.6 表示加权中心轨迹跟踪误差和各个移动机械臂的操作度值，可以看出加权中心跟踪误差 $\sigma(x) - \sigma_d$ 收敛到零，各个移动机械臂的操作度值 μ_1、μ_2、μ_3、μ_4 均趋向最大值。

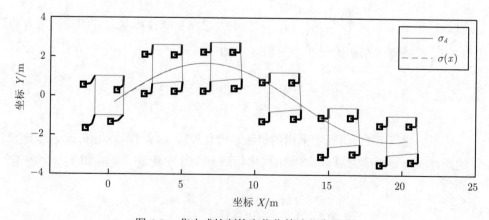

图 6.3   集中式控制律和优化算法仿真实验

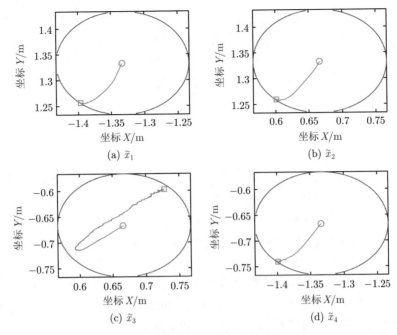

图 6.4　集中式方法中 $\tilde{x}$ 的轨迹

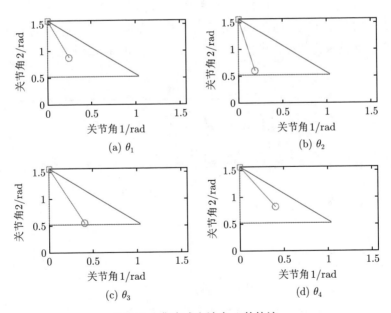

图 6.5　集中式方法中 θ 的轨迹

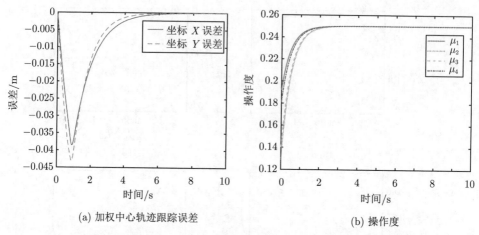

(a) 加权中心轨迹跟踪误差　　　　　　　　　　　(b) 操作度

图 6.6　集中式方法中加权中心轨迹跟踪误差和各个移动机械臂的操作度值

类似地，分布式逆运动学控制律 (6.17) 与分布式带阻尼的原始-对偶投影算法 (6.25) 的仿真实验如图 6.7 所示。图 6.8 和图 6.9 分别为分布式方法中的 $\tilde{x}_i$ 和 θ_i 的轨迹。从图中可以看到，和集中式的仿真一样，变量 $\tilde{x}_i$ 和 θ_i 始终满足约束集。

由于分布式控制律无须事先知道参考轨迹初始位置，在仿真中重新设置 $\sigma_d(0) = [0, 0]^{\mathrm{T}} \neq \sigma(x(0))$，可以看到图 6.10 中加权中心跟踪误差 $\sigma(x) - \sigma_d$ 依然收敛到零，各个移动机械臂的操作度值 μ_1、μ_2、μ_3、μ_4 也趋向最大值。

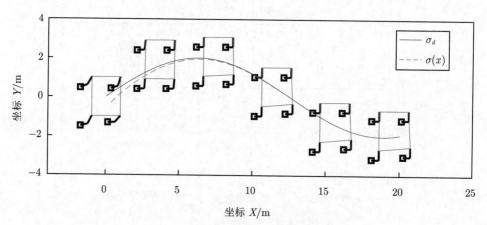

图 6.7　分布式控制律和优化算法仿真实验

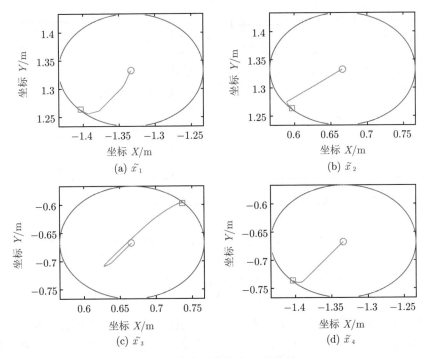

图 6.8 分布式方法中 $\tilde{x}$ 的轨迹

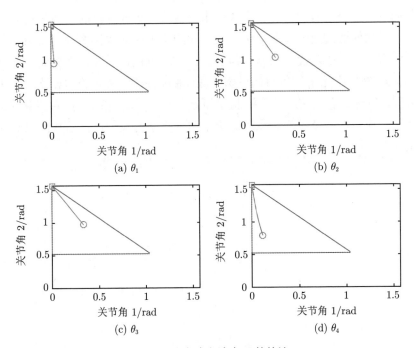

图 6.9 分布式方法中 θ 的轨迹

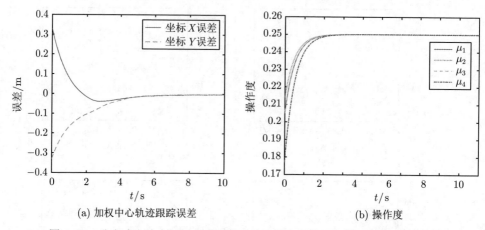

(a) 加权中心轨迹跟踪误差

(b) 操作度

图 6.10　分布式方法中加权中心轨迹跟踪误差和各个移动机械臂的操作度值

6.5　本 章 小 结

　　本章对多移动机械臂系统在执行协同搬运任务时的操作度优化以及集中式和分布式控制问题进行了研究。首先，建立了移动机械臂的模型，介绍了移动机械臂运动学约束以及协同搬运任务，并考虑到搬运过程中的操作度优化，将协同搬运任务描述为一个带有耦合时变等式约束和非线性等式约束的非凸优化问题。然后，讨论了如何通过处理时变参考轨迹项和约束中的非线性部分，将原非凸优化问题近似为一个新的凸优化问题。最后，在移动机械臂逆运动学控制律基础上提出了集中式带阻尼项的原始-对偶投影算法；通过设计参考轨迹估计器和改进拉格朗日方程，得到分布式逆运动学控制律和分布式带阻尼项的原始-对偶算法；应用李雅普诺夫稳定性以及不变集原理分析了两种算法的收敛性，仿真结果验证了所提算法的有效性。

第 7 章　带有操作度及能量优化的分布式 协同搬运控制

7.1　引　　言

本章提出一种多移动机械臂分布式协同搬运控制算法，该算法可利用冗余的自由度来优化系统能量及机械臂的操作度。为此，建立一种新的多移动机械臂分布式优化框架，来实现以下控制目标：① 多移动机械臂能够抓取并搬运一个目标物体并使其跟踪给定的轨迹；② 在搬运过程中，优化机械臂的能量和操作度来节约能量以及避免出现机械臂奇异位形。本章的主要工作是将一个多移动机械臂协同搬运控制任务转化为一个优化问题，并给出一种分布式的控制方式来优化系统的整体能量以及各机械臂的操作度。相对于传统的控制器设计，本章给出一个新颖的多移动机械臂协同控制设计思路。同时，本章提出一种分布式连续时间邻近算法（distributed continuous-time proximal algorithm），该算法能够处理非光滑、有约束的分布式优化问题。

7.2　问 题 描 述

本章主要考虑图 7.1 中的多移动机械臂协同搬运控制，并在搬运过程中优化系统能量和各个机械臂的操作度。假定共有 $n+1$ 个移动机械臂，其拓扑图为 $\mathcal{G}_{n+1}$。

定义标签为 $i=0$ 的移动机械臂为领航者，领航者知道期望的轨迹信息。领航者的初始状态满足 $v_0=v_d$、$x_0=x_d$ 和 $d_0=d_d$。图 $\mathcal{G}_{n+1}$ 是由领航者 $i=0$ 与跟随者组成的无向图 $\mathcal{G}_n$ 组成的，跟随者的标签为 $i=1,2,\cdots,n$。本章主要考虑设计一个分布式控制算法，实现以下控制目标。

(1) 控制目标物体的中心跟随一条期望的轨迹，各个机械臂末端维持一个队形。

(2) 利用移动机械臂的冗余度优化系统能量和操作度。

重新定义 $v(t)=\dot{x}(t)$ 是机械臂末端在工作空间的线速度，$\omega(t)=\dot{\theta}(t)$ 是机

械臂在关节空间的角速度，可得

$$v(t) = \dot{r}(t) + J(\theta(t))\omega(t) \tag{7.1}$$

式中，$J(\theta(t)) = \partial f/\partial \rho \in \mathbb{R}^{k \times m}$（后文中缩写为 J）是非线性映射 $\rho(\cdot)$ 的雅可比矩阵。

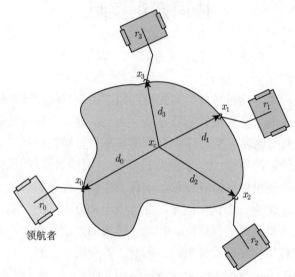

图 7.1　多移动机械臂协同搬运

为了实现上述的控制目标，将多移动机械臂的控制问题建模为一个分布式优化问题，即

$$\min_{\omega_i \in \mathcal{K}_i, v_i \in V_i} \sum_{i=0}^{n} \frac{1}{2} c_{i1} \|\omega_i\|^2 + \frac{1}{2} c_{i2} \|(v_i - J_i \omega_i)\|^2 - c_{i3} \omega_i^{\mathrm{T}} U_i \tag{7.2a}$$

$$\text{s.t. } v_i = \frac{1}{\sum_{j \in N_i} a_{ij}} \sum_{j \in N_i} a_{ij} [v_j - ((x_i - d_i) - (x_j - d_j))], \quad i \in \{1, 2, \cdots, n\} \tag{7.2b}$$

$$v_0 = v_d \tag{7.2c}$$

式中，$c_{i1} > 0$、$c_{i2} > 0$ 和 $c_{i3} > 0$ 是一个常量系数；v_i 和 ω_i 分别是机械臂末端的线速度和机械臂关节角速度；$v_i - J_i \omega_i$ 是移动平台的线速度；x_i 是机械臂末端的笛卡儿坐标；$U_i = \dfrac{\nabla_{\theta_i} \mu_i}{|\nabla_{\theta_i} \mu_i|}$ 是操作度的单位梯度向量：

$$U_i = \frac{\sqrt{\det(J_i J_i^{\mathrm{T}})}(J_i \diamondsuit \{H_{i1}, H_{i2}, \cdots, H_{im}\}) \mathrm{vec}((J_i J_i^{\mathrm{T}})^{-1})}{|\sqrt{\det(J_i J_i^{\mathrm{T}})}(J_i \diamondsuit \{H_{i1}, H_{i2}, \cdots, H_{im}\}) \mathrm{vec}((J_i J_i^{\mathrm{T}})^{-1})|},$$

式中 $H_{im} = \dfrac{\partial J_i}{\partial \theta_i^m}$，并且 $J_i \lozenge \{H_{i1}, H_{i2}, \cdots, H_{im}\} = [\mathrm{vec}(J_i H_{i1}), \mathrm{vec}(J_i H_{i2}), \cdots,$ $\mathrm{vec}(J_i H_{im})]$（详见文献 [68]）。定义 d_i 为目标物体中心到第 i 个机械臂末端接触点的向量，N_i 为第 i 个移动机械臂的邻居集合。a_{ij} 是邻接矩阵 $A_{n+1} \in \mathbb{R}^{(n+1) \times (n+1)}$ 的 (i, j) 元素。若 $j \in N_i$，则 $a_{ij} > 0$，否则 $a_{ij} = 0$。定义 $\mathcal{K}_i$ 为机械臂允许的角速度范围，V_i 为机械臂末端线速度范围。

引理 7.1 若领航者与跟随者组成的图 $\mathcal{G}_n$ 连通，则约束 (7.2b) 意味着对于任意 $i \in \{1, 2, \cdots, n\}$，有 $v_i + (x_i - d_i) = v_d + (x_d - d_d)$。

证明 令 $\mathcal{L}_n$ 为跟随者 $i(i = 1, 2, \cdots, n)$ 组成的图 $\mathcal{G}_n$ 的拉普拉斯矩阵。$\mathcal{L}_n$ 的第 i 行第 j 列元素 l_{ij} 表示为

$$l_{ij} = \begin{cases} \displaystyle\sum_{k \in N_i, k \neq 0} a_{ik}, & i = j \\ -a_{ij}, & i \neq j \end{cases}, \quad i, j \in \{1, 2, \cdots, n\}$$

定义

$$v = \begin{bmatrix} v_0 \\ v_1 \\ \vdots \\ v_n \end{bmatrix}, \quad x = \begin{bmatrix} x_0 \\ x_1 \\ \vdots \\ x_n \end{bmatrix}, \quad d = \begin{bmatrix} d_0 \\ d_1 \\ \vdots \\ d_n \end{bmatrix}, \quad \overline{\mathcal{L}}_n = \begin{bmatrix} -b & \mathcal{L}_n + \mathrm{diag}(b) \end{bmatrix}$$

式中，$b = [b_1, b_2, \cdots, b_n]^{\mathrm{T}}$。对于 $i = 1, 2, \cdots, n$，若 $0 \in N_i$，则 $b_i = 1$，否则 $b_i = 0$。

约束 (7.2b) 利用 Kronecker 积可以写为紧凑形式：

$$(\overline{\mathcal{L}}_n \otimes I_k)[v + (x - d)] = 0 \tag{7.3}$$

式中，$\otimes$ 表示 Kronecker 积；I_k 是一个 $k \times k$ 的单位矩阵；v、x、d 是所有 v_i、x_i、d_i 的向量形式。

通信拓扑图 $\mathcal{G}_n$ 是连通的，拉普拉斯矩阵 $\overline{\mathcal{L}}_n$ 的秩为 n。其中，0 是 $\overline{\mathcal{L}}_n$ 的一个特征值，其对应的特征向量为 $\mathbf{1}_{n+1}$。由于约束(7.2b)，存在 v'、x' 和 d'，所以对于 $i = 0, 1, \cdots, n$，有 $v_i + (x_i - d_i) = v' + (x' - d')$。

如上所示，$v_0 + (x_0 - d_0) = v_d + (x_d - d_d)$，由约束 (7.2b) 可以推出对于 $i = 1, 2, \cdots, n$，有 $v_i + (x_i - d_i) = v_d + (x_d - d_d)$。 $\square$

定理 7.1 若领航者与跟随者组成的图 $\mathcal{G}_n$ 连通，则优化问题 (7.2) 的解能够使多移动机械臂系统实现协同并跟随期望轨迹。

证明　向量 d_i 是一个常量，因此 $\dot{d}_i = 0$。第 i 个移动机械臂的跟踪误差为

$$e_i = (x_i - d_i) - (x_d - d_d), \quad i \in \{0, 1, \cdots, n\} \tag{7.4}$$

式(7.4)两边对时间求导，可得

$$\dot{e}_i = \dot{x}_i - \dot{x}_d = v_i - v_d, \quad i \in \{0, 1, \cdots, n\} \tag{7.5}$$

根据 Karush-Kuhn-Tucker (KKT) [173] 条件，优化问题 (7.2) 的解满足约束 (7.2b)。基于引理 7.1，由约束 (7.2b)可推出 $v_i + (x_i - d_i) = v_d + (x_d - d_d)$，因此可得

$$v_i - v_d = -[(x_i - d_i) - (x_d - d_d)], \quad i \in \{0, 1, \cdots, n\} \tag{7.6}$$

将式 (7.4)~式 (7.6) 整合，可得

$$\dot{e}_i(t) = -e_i(t), \quad i \in \{0, 1, \cdots, n\} \tag{7.7}$$

求解式 (7.7)，可得

$$e_i(t) = e_i(0)\mathrm{e}^{-t}, \quad i \in \{0, 1, \cdots, n\} \tag{7.8}$$

式中，$e_i(0)$ 为初始误差，当 $t \to \infty$ 时，$e_i(t) \to 0_k$。因此，跟踪误差将会指数收敛到零。　　　　　　　　　　　　　　　　　　　　　　　　　　　　　□

注 7.1　在代价函数 (7.2a) 中，第一项 $(c_{i1}/2)\|\omega_i\|^2$ 表示机械臂关节的动能，第二项 $(c_{i2}/2)\|(v_i - J_i\omega_i)\|^2$ 表示移动平台的动能，第三项 $-c_{i3}\omega_i^{\mathrm{T}}U_i$ 用来优化各个机械臂的操作度。这三项优化目标通过系数 c_{i1}、c_{i2} 和 c_{i3} 来权衡。

注 7.2　在速度层面，操作度优化被建模为一个凸优化问题，相较于文献 [179] 中的非凸问题能够更方便地求解。

注 7.3　代价函数可写为一个二次式 $\min\limits_{\omega_i \in \mathcal{K}_i, v_i \in V_i} \sum\limits_{i=0}^{n} \dfrac{1}{2}c_{i1}\left\|\omega_i - \dfrac{c_{i3}}{c_{i1}}U_i\right\|^2 + \dfrac{1}{2}c_{i2}\|v_i - J_i\omega_i\|^2 - \dfrac{1}{2}\dfrac{c_{i3}^2}{c_{i1}}\|U_i\|^2$，其下界为 $-\dfrac{1}{2}\dfrac{c_{i3}^2}{c_{i1}}\|U_i\|^2$。因此，优化问题(7.2)有解。

7.3　分布式优化算法设计及稳定性分析

7.3.1　分布式优化算法设计

本节将基于邻近算法求解优化问题 (7.2)。这个优化问题可以重写为

$$\min_{\omega_i, v_i} \sum_{i=0}^{n} \frac{1}{2}c_{i1}\|\omega_i\|^2 + \frac{1}{2}c_{i2}\|v_i - J_i\omega_i\|^2 - c_{i3}\omega_i^{\mathrm{T}}U_i + g_{i1}(\omega_i) + g_{i2}(v_i)$$

$$\text{s.t. } v_i = \frac{1}{\sum\limits_{j \in N_i} a_{ij}} \sum_{j \in N_i} a_{ij}\{v_j - [(x_i - d_i) - (x_j - d_j)]\}, \quad i = 1, 2, \cdots, n \quad (7.9)$$

$$v_0 = v_d$$

在本章中, $g_{i1}(\omega_i)$ 和 $g_{i2}(v_i)$ 分别为闭凸集 $\mathcal{K}_i$ 和 V_i 的示性函数。因此, $g_{i1}(\omega_i)$ 和 $g_{i2}(v_i)$ 等价于集合约束 $\omega_i \in \mathcal{K}_i$ 和 $v_i \in V_i$。事实上, 本节所设计的算法能够解决所有 $g_{i1} : \mathbb{R}^m \to \mathbb{R}$ 和 $g_{i2} : \mathbb{R}^k \to \mathbb{R}$ 为闭凸函数的情况, 并能够拓展到更加一般性的问题中。

为了方便分析, 将式 (7.9) 写为紧凑形式:

$$\min_{\omega, v} f_1(\omega) + f_2(\omega, v) + f_3(\omega) + g_1(\omega) + g_2(v) \quad (7.10\text{a})$$

$$\text{s.t. } \mathcal{L}[v + (x - d)] = k \quad (7.10\text{b})$$

式中,

$$f_1(\omega) = \sum_{i=0}^{n} \frac{1}{2} c_{i1} ||\omega_i||^2, \quad f_2(\omega, v) = \sum_{i=0}^{n} \frac{1}{2} c_{i2} ||v_i - J_i \omega_i||^2, \quad f_3(\omega) = \sum_{i=0}^{n} -c_{i3} \omega_i^{\mathrm{T}} U_i$$

$$g_1(\omega) = \sum_{i=0}^{n} g_{i1}(\omega_i), \quad g_2(v) = \sum_{i=0}^{n} g_{i2}(v_i)$$

$$\omega = \begin{bmatrix} \omega_0 \\ \omega_1 \\ \vdots \\ \omega_n \end{bmatrix}, \quad \lambda = \begin{bmatrix} \lambda_0 \\ \lambda_1 \\ \vdots \\ \lambda_n \end{bmatrix}, \quad \overline{C}_j = \begin{bmatrix} c_{0j} & 0 & 0 & 0 \\ 0 & c_{1j} & 0 & 0 \\ 0 & 0 & \ddots & 0 \\ 0 & 0 & 0 & c_{nj} \end{bmatrix},$$

$$J = \begin{bmatrix} J_0 & 0 & 0 & 0 \\ 0 & J_1 & 0 & 0 \\ 0 & 0 & \ddots & 0 \\ 0 & 0 & 0 & J_n \end{bmatrix}, \quad U = \begin{bmatrix} U_0 \\ U_1 \\ \vdots \\ U_n \end{bmatrix}, \quad k = \begin{bmatrix} v_d + (x_d - d_d) \\ 0 \\ \vdots \\ 0 \end{bmatrix},$$

$$\overline{\mathcal{L}} = \begin{bmatrix} 1 & 0_{1 \times n} \\ -b & \mathcal{L}_n + \mathrm{diag}(b) \end{bmatrix}$$

这里, $b = [b_1, b_2, \cdots, b_n]^{\mathrm{T}}$。对于 $i = 1, 2, \cdots, n$, 若 $0 \in N_i$, 则 $b_i = 1$, 否则 $b_i = 0$。 $C_1 = \overline{C}_1 \otimes I_m$, $C_2 = \overline{C}_2 \otimes I_k$, $C_3 = \overline{C}_3 \otimes I_k$, $\mathcal{L} = \overline{\mathcal{L}} \otimes I_k$。

优化问题 (7.10) 的拉格朗日函数可以定义为

$$\mathcal{H}(\omega, v, \lambda) = \frac{1}{2}\omega^{\mathrm{T}}C_1\omega + \frac{1}{2}(v - J\omega)^{\mathrm{T}}C_2(v - J\omega) + \omega^{\mathrm{T}}C_3 U$$
$$+ \lambda^{\mathrm{T}}\{\mathcal{L}[v + (x - d)] - k\} + g_1(\omega) + g_2(v)$$

式中, $\lambda = [\lambda_0^{\mathrm{T}}, \lambda_1^{\mathrm{T}}, \cdots, \lambda_n^{\mathrm{T}}]^{\mathrm{T}}$ 是拉格朗日乘子。

假设 7.1

(1) 图 $\mathcal{G}_{n+1}$ 是连通的, 并且图 $\mathcal{G}_n$ 是一个无向图。

(2) 优化问题 (7.10) 满足拉塞尔条件。

在满足假设 7.1 情况下, 由 KKT 条件（详见文献 [173]）可得, 存在 λ^* 使得优化问题 (7.10) 满足

$$0_{mn} \in -C_1\omega^* + C_2 J^{\mathrm{T}}(v^* - J\omega^*) + C_3 U - \partial g_1(\omega^*)$$
$$0_{kn} \in -C_2(v^* - J\omega^*) - \mathcal{L}^{\mathrm{T}}\lambda^* - \partial g_2(v^*) \tag{7.11}$$
$$k = \mathcal{L}[v^* + (x - d)]$$

式中, 对于 $i = 0, 1, \cdots, n$, ω_i^*、v_i^* 是优化问题 (7.10)的最优解。

令 $\mathcal{K} \subseteq \mathbb{R}^n$ 表示一个闭凸集。$P_{\mathcal{K}}(u) = \arg\min\{\|v - u\| \,|\, v \in \mathcal{K}\}$ 表示将点 $u \in \mathbb{R}^n$ 投影到集合 $\mathcal{K}$ 中。根据文献 [173], 有 $(u - P_{\mathcal{K}}(u))^{\mathrm{T}}(v - P_{\mathcal{K}}(u)) \leqslant 0$, $\forall v \in \mathcal{K}$, $u \in \mathbb{R}^n$。假定 $f(\cdot)$ 为一个半连续凸函数, 则函数 $f(\cdot)$ 的邻近算子[180]（proximal operator）可以写为 $\mathrm{prox}_f(v) = \arg\min_x f(x) + \frac{1}{2}\|x - v\|^2$。

令 $\partial f(x)$ 为凸函数 $f(\cdot)$ 在点 x 处的次梯度。若 $\partial f(x)$ 是单调的, 则对于任意 x, y, $p_x \in \partial f(x)$ 和 $p_y \in \partial f(y)$, 可得 $(p_x - p_y)^{\mathrm{T}}(x - y) \geqslant 0$。并且, 邻近算子 $x = \mathrm{prox}_f(v)$ 等价于

$$v - x \in \partial f(x) \tag{7.12}$$

因此, 式 (7.11) 能够等价地重写为如式 (7.13) 所示的邻近算子的形式, 可得如下引理。

引理7.2　在满足假设 7.1 的情况下, 一个可行点 (ω^*, v^*) 是优化问题 (7.10) 的最优解, 当且仅当 λ^* 满足如下等式:

$$0_{mn} = \mathrm{prox}_{g_1}[(1 - C_1)\omega^* + C_2 J^{\mathrm{T}}(v^* - J\omega^*) + C_3 U] - \omega^*$$
$$0_{kn} = \mathrm{prox}_{g_2}[(1 - C_2)v^* + C_2 J\omega^* - \mathcal{L}^{\mathrm{T}}\lambda^*] - v^* \tag{7.13}$$
$$k = \mathcal{L}[v^* + (x - d)]$$

引理 7.2 的证明可以通过 KKT 条件以及邻近算子特性 (7.12) 直接得到。
基于邻近算子的分布式算法可以写为

$$\dot{\omega} = \text{prox}_{g_1}[(1 - C_1)\omega + C_2 J^{\text{T}}(v - J\omega) + C_3 U] - \omega \tag{7.14a}$$

$$\dot{v} = \text{prox}_{g_2}[(1 - C_2)v + C_2 J\omega - \mathcal{L}^{\text{T}}\lambda] - v \tag{7.14b}$$

$$\dot{\lambda} = \mathcal{L}[v + \dot{v} + (x - d)] \tag{7.14c}$$

算法(7.14)利用了邻近算子以及微分反馈,用原始-对偶算法求解拉格朗日函
数 $\mathcal{H}(\omega, v, \lambda)$ 的鞍点。

注 7.4 在算法(7.14)中,领航者与跟随者之间的通信内容不同。跟随者从
领航者处获取速度、位置和拉格朗日乘子信息,而领航者只从跟随者处获取拉格
朗日乘子信息。

注 7.5 与文献 [69] 和 [181] 中的结构相同,算法递归调用上一次求得的解
作为本次优化问题的初始值。通过利用上一次优化的信息,能够加快算法收敛到
平衡点。

7.3.2 算法收敛性分析

定理 7.2 在假设 7.1 成立的条件下,$(\omega^*, v^*, \lambda^*)$ 是算法 (7.14) 的平衡点,
当且仅当 (ω^*, v^*) 是优化问题 (7.10) 的解。

证明 分布式算法 (7.14) 的一个平衡点 $(\omega^*, v^*, \lambda^*)$ 满足式 (7.13)。基于
引理 7.2,$(\omega^*, v^*, \lambda^*)$ 是算法 (7.14) 的一个平衡点,当且仅当 (ω^*, v^*) 是优化问
题 (7.10) 的解。 □

定义如下非线性系统:

$$\dot{x}(t) = \phi(x(t)), \quad x(0) = x_0, \quad t \geqslant 0 \tag{7.15}$$

式中,$x(t) \in \mathcal{D} \subset \mathbb{R}^n$ 为系统状态向量,$\mathcal{D}$ 是一个开集,$\phi(\cdot) : \mathcal{D} \to \mathbb{R}^n$ 在 $\mathcal{D}$ 中
是 Lipschitz 连续的。

引理 7.3[182] 非线性系统 (7.15) 的解 $x(t)$ 在 $t \geqslant 0$ 时有界,$x(t)(t \geqslant 0)$ 的
正极限集 $\omega(x_0)$ 是一个非空紧不变连通集,则当 $t \to \infty$ 时,$x(t) \to \omega(x_0)$。

引理 7.4[182] 对于非线性系统 (7.15),令 $\mathcal{Q}$ 是 $\phi^{-1}(0)$ 的一个开邻域。如
果式 (7.15) 的轨迹 $\mathcal{O}_x$ 对于所有 $x \in \mathcal{Q}$ 是有界的,并且存在一个连续可微函数
$V : \mathcal{Q} \to \mathbb{R}$ 满足

$$\nabla V^{\text{T}}(x)\phi(x) \leqslant 0, \quad x \in \mathcal{Q}$$

令 $\mathcal{M}$ 为 $\{x \in \mathcal{Q} : \nabla V^{\mathrm{T}}(x)\phi(x) = 0\}$ 的最大不变集，若 $\mathcal{M}$ 中的每一个点都是李雅普诺夫稳定的，则式 (7.15) 收敛到李雅普诺夫稳定的平衡点。

定理 7.3　如果假设 7.1 成立，则有以下结论。

(1) 式 (7.14) 的任意平衡点是李雅普诺夫稳定的，并且解 $(\omega(t), v(t))$ 是有界的。

(2) 轨迹 $(\omega(t), v(t), \lambda(t))$ 收敛，并且 $\lim\limits_{t\to\infty}(\omega(t), v(t))$ 是优化问题 (7.10) 的解。

证明　(1) 算法 (7.14a) 和 (7.14b) 能够重写为

$$\dot{\omega} + \omega = \mathrm{prox}_{g_1}[(1 - C_1)\omega + C_2 J^{\mathrm{T}}(v - J\omega) + C_3 U] \tag{7.16}$$

$$\dot{v} + v = \mathrm{prox}_{g_2}[(1 - C_2)v + C_2 J\omega - \mathcal{L}^{\mathrm{T}}\lambda] \tag{7.17}$$

根据式 (7.12)，可得

$$(1 - C_1)\omega + C_2 J^{\mathrm{T}}(v - J\omega) + C_3 U - (\dot{\omega} + \omega) \in \partial g_1(\dot{\omega} + \omega) \tag{7.18}$$

$$(1 - C_2)v + C_2 J\omega - \mathcal{L}^{\mathrm{T}}\lambda - (\dot{v} + v) \in \partial g_2(\dot{v} + v) \tag{7.19}$$

令 $(\omega^*, v^*, \lambda^*)$ 为算法 (7.14) 的一个平衡点，则可得

$$-C_1\omega^* + C_2 J^{\mathrm{T}}(v^* - J\omega^*) + C_3 U \in \partial g_1(\omega^*) \tag{7.20}$$

$$-C_2(v^* - J\omega^*) - \mathcal{L}^{\mathrm{T}}\lambda^* \in \partial g_2(v^*) \tag{7.21}$$

由于 $g_1(\cdot)$、$g_2(\cdot)$ 是凸函数，所以 $\partial g_1(\cdot)$ 和 $\partial g_2(\cdot)$ 是单调的。通过整合式 (7.18)~式 (7.21)，可得

$$[-C_1\omega + C_2 J^{\mathrm{T}}(v - J\omega) - \dot{\omega} + C_1\omega^* - C_2 J^{\mathrm{T}}(v^* - J\omega^*)]^{\mathrm{T}}(\dot{\omega} + \omega - \omega^*) \geqslant 0 \tag{7.22}$$

$$[-C_2(v - J\omega) - \mathcal{L}^{\mathrm{T}}\lambda - \dot{v} + C_2(v^* - J\omega^*) + \mathcal{L}^{\mathrm{T}}\lambda^*]^{\mathrm{T}}(\dot{v} + v - v^*) \geqslant 0 \tag{7.23}$$

根据式 (7.22)，可推导出

$$(C_1\omega^* - C_1\omega)^{\mathrm{T}}(\omega - \omega^*) + [C_2 J^{\mathrm{T}}(v - J\omega) - C_2 J^{\mathrm{T}}(v^* - J\omega^*)]^{\mathrm{T}}(\omega - \omega^*) - \dot{\omega}^{\mathrm{T}}\dot{\omega}$$
$$\geqslant \dot{\omega}^{\mathrm{T}}(\omega - \omega^*) + (C_1\omega - C_1\omega^*)^{\mathrm{T}}\dot{\omega} + [C_2 J^{\mathrm{T}}(v^* - J\omega^*) - C_2 J^{\mathrm{T}}(v - J\omega)]^{\mathrm{T}}\dot{\omega} \tag{7.24}$$

式 (7.24) 重写为

$$-(\omega - \omega^*)^{\mathrm{T}}(\nabla f_1(\omega) - \nabla f_1(\omega^*)) - (\omega - \omega^*)^{\mathrm{T}}(\nabla_\omega f_2(\omega, v) - \nabla_\omega f_2(\omega^*, v^*)) - \dot{\omega}^{\mathrm{T}}\dot{\omega}$$
$$\geqslant \dot{\omega}^{\mathrm{T}}(\omega - \omega^*) + \dot{\omega}^{\mathrm{T}}(\nabla f_1(\omega) - \nabla f_1(\omega^*)) + \dot{\omega}^{\mathrm{T}}(\nabla_\omega f_2(\omega, v) - \nabla_\omega f_2(\omega^*, v^*))$$

根据式 (7.23)，可得

$$- [C_2J^{\mathrm{T}}(v^* - J\omega^*) - C_2J^{\mathrm{T}}(v - J\omega)]^{\mathrm{T}}(v^* - v) + (\lambda^* - \lambda)^{\mathrm{T}}\mathcal{L}[v + \dot{v} + (x - d)] - \dot{v}^{\mathrm{T}}\dot{v}$$
$$\geqslant \dot{v}^{\mathrm{T}}(v - v^*) + [C_2J^{\mathrm{T}}(v - J\omega) - C_2J^{\mathrm{T}}(v^* - J\omega^*)]^{\mathrm{T}}\dot{v}$$

$$(7.25)$$

式 (7.25) 可重写为

$$- (v - v^*)^{\mathrm{T}}(\nabla_v f_2(\omega, v) - \nabla_u f_2(\omega^*, v^*)) + (\lambda^* - \lambda)^{\mathrm{T}}\mathcal{L}[v + \dot{v} + (x - d)] - \dot{v}^{\mathrm{T}}\dot{v}$$
$$\geqslant \dot{v}^{\mathrm{T}}(v - v^*) + \dot{v}^{\mathrm{T}}(\nabla_v f_2(\omega, v) - \nabla_v f_2(\omega^*, v^*))$$

$V_1(\omega, u)$ 构造如下：

$$V_1 = \frac{1}{2}(\omega - \omega^*)^2 + \frac{1}{2}(v - v^*)^2 + [f_1(\omega) - f_1(\omega^*) - (\omega - \omega^*)^{\mathrm{T}}\nabla f_1(\omega^*)]$$
$$+ [f_2(\omega, v) - f_2(\omega^*, v^*) - (\omega - \omega^*)^{\mathrm{T}}\nabla_\omega f_2(\omega^*, v^*) - (v - v^*)^{\mathrm{T}}\nabla_v f_2(\omega^*, v^*)]$$

$$(7.26)$$

对式 (7.26) 求导，可得

$$\begin{aligned}
\dot{V}_1 = {}& \dot{\omega}^{\mathrm{T}}(\omega - \omega^*) + \dot{\omega}^{\mathrm{T}}(\nabla f_1(\omega) - \nabla f_1(\omega^*)) \\
& + \dot{\omega}^{\mathrm{T}}(\nabla_\omega f_2(\omega, v) - \nabla_\omega f_2(\omega^*, v^*)) \\
& + \dot{v}^{\mathrm{T}}(v - v^*) + \dot{v}^{\mathrm{T}}(\nabla_v f_2(\omega, v) - \nabla_v f_2(\omega^*, v^*)) \\
\leqslant {}& - (\omega - \omega^*)^{\mathrm{T}}[\nabla f_1(\omega) - \nabla f_1(\omega^*)] \\
& - (\omega - \omega^*)^{\mathrm{T}}[\nabla_\omega f_2(\omega, v) - \nabla_\omega f_2(\omega^*, v^*)] \\
& - (v - v^*)^{\mathrm{T}}[\nabla_v f_2(\omega, v) - \nabla_v f_2(\omega^*, v^*)] \\
& + (\lambda^* - \lambda)^{\mathrm{T}}\mathcal{L}[v + \dot{v} + (x - d)] - \dot{\omega}^{\mathrm{T}}\dot{\omega} - \dot{v}^{\mathrm{T}}\dot{v}
\end{aligned}$$

$$(7.27)$$

基于式 (7.27)，构造 $V_2(\lambda)$ 如下：

$$V_2 = \frac{1}{2}(\lambda - \lambda^*)^2 \tag{7.28}$$

对函数 V_2 求导，$\dot{V}_2$ 为

$$\begin{aligned}
\dot{V}_2 &= \dot{\lambda}^{\mathrm{T}}(\lambda - \lambda^*) \\
&= (\lambda - \lambda^*)^{\mathrm{T}}\mathcal{L}[v + \dot{v} + (x - d)]
\end{aligned} \tag{7.29}$$

由式 (7.27) 与式 (7.29) 可得

$$
\begin{aligned}
\dot{V} =& \dot{V}_1 + \dot{V}_2 \\
\leqslant& -(\omega - \omega^*)^{\mathrm{T}}[\nabla f_1(\omega) - \nabla f_1(\omega^*)] \\
& -(\omega - \omega^*)^{\mathrm{T}}[\nabla_\omega f_2(\omega, v) - \nabla_\omega f_2(\omega^*, v^*)] \\
& -(v - v^*)^{\mathrm{T}}[\nabla_v f_2(\omega, v) - \nabla_v f_2(\omega^*, v^*)] \\
& -\dot{\omega}^{\mathrm{T}}\dot{\omega} - \dot{v}^{\mathrm{T}}\dot{v} \\
\leqslant& -\dot{\omega}^{\mathrm{T}}\dot{\omega} - \dot{v}^{\mathrm{T}}\dot{v} \\
\leqslant& 0
\end{aligned}
$$

则可得 $\{(\omega, v, \lambda) : \dot{V} = 0\} \subset \{(\omega, v, \lambda) : \dot{\omega} = 0, \dot{v} = 0\}$。由于 f_1 和 f_2 是凸函数，所以有

$$
f_1(\omega) - f_1(\omega^*) - (\omega - \omega^*)^{\mathrm{T}}\nabla f_1(\omega^*) \geqslant 0
$$

$$
f_2(\omega, v) - f_2(\omega^*, v^*) - (\omega - \omega^*)^{\mathrm{T}}\nabla_\omega f_2(\omega^*, v^*) - (v - v^*)^{\mathrm{T}}\nabla_v f_2(\omega^*, v^*) \geqslant 0
$$

整合式 (7.26) 与式 (7.28)，可得

$$
\begin{aligned}
V =& V_1 + V_2 \\
=& \frac{1}{2}(\omega - \omega^*)^2 + \frac{1}{2}(v - v^*)^2 + [f_1(\omega) - f_1(\omega^*) - (\omega - \omega^*)^{\mathrm{T}}\nabla f_1(\omega^*)] \\
& + [f_2(\omega, v) - f_2(\omega^*, v^*) - (\omega - \omega^*)^{\mathrm{T}}\nabla_\omega f_2(\omega^*, v^*) - (v - v^*)^{\mathrm{T}}\nabla_v f_2(\omega^*, v^*)] \\
& + \frac{1}{2}(\lambda - \lambda^*)^2 \\
\geqslant& \frac{1}{2}(\omega - \omega^*)^2 + \frac{1}{2}(v - v^*)^2 + \frac{1}{2}(\lambda - \lambda^*)^2 \\
\geqslant& 0
\end{aligned}
$$

$V(\omega, v, \lambda)$ 是正定有下界的，并且 $\dot{V} \leqslant 0$。因此，$(\omega^*, v^*, \lambda^*)$ 是李雅普诺夫稳定的，轨迹 $(\omega(t), v(t), \lambda(t))$ 是有界的。

(2) 定义 $\mathcal{R} = \{(\omega, v, \lambda) : \dot{V} = 0\} \subset \{(\omega, v, \lambda) : \dot{\omega} = 0, \dot{v} = 0\}$，令 $\mathcal{M}$ 是 $\mathcal{R}$ 的最大不变集。根据引理 7.3，当 $t \to \infty$ 时，$(\omega(t), v(t), \lambda(t)) \to \mathcal{M}$，并且 $\mathcal{M}$ 是正不变集。假定 $(\overline{\omega}(t), \overline{v}(t), \overline{\lambda}(t))$ 是式 (7.14) 的一条轨迹，则 $(\overline{\omega}(0), \overline{v}(0), \overline{\lambda}(0)) \in \mathcal{M}$。对于 $t \geqslant 0$，可得 $(\overline{\omega}(t), \overline{v}(t), \overline{\lambda}(t)) \in \mathcal{M}$。因此，$\dot{\overline{\omega}}(t) \equiv 0, \dot{\overline{v}}(t) \equiv 0$，并且

$$
\dot{\overline{\lambda}}(t) \equiv \mathcal{L}[\overline{v}(0) + (x - d)]
$$

假设 $\dot{\overline{\lambda}}(t) \neq 0$，则 $\overline{\lambda}(t)$ 是无界的，这与前述矛盾。因为 $\mathcal{M} \subset \{(\omega, v, \lambda) : \dot{\omega} = 0, \dot{v} = 0, \dot{\lambda} = 0\}$，已经证明 $\mathcal{M}$ 中的任意点是李雅普诺夫稳定的，根据引理 (7.4)，可知 $(\omega(t), v(t), s\lambda(t))$ 将收敛到平衡点。根据引理 7.2，可知 $\lim\limits_{t \to \infty} (\omega(t), v(t))$ 是优化问题 (7.10) 的解。 □

注 7.6 算法 (7.14) 不仅能求解具有集合约束的优化问题，还能解决具有非光滑项的优化问题。更一般化来说，$g_1(\omega)$ 和 $g_2(v)$ 可以是任意半连续非光滑凸函数。

7.4 仿真验证

本节主要通过仿真结果来说明优化模型 (7.2) 以及优化算法 (7.14) 的有效性。

7.4.1 协同搬运实验及结果分析

使用算法 (7.14) 求解优化问题 (7.2)，实现四个移动机械臂协同搬运一个目标物体跟随期望的圆形轨迹，并且验证在搬运过程中能量和操作度的优化效果。

仿真环境中设置机械臂长度为：$l = [1, 1]$m；$i = 1, 2, 3, 4$，$j = 1, 2$，有 $c_{ij} = 1$，$c_{i3} = 0.6$；机械臂初始关节角为：$\theta_i = [0, 0.01]$rad；移动平台初始位置为：$r_1 = [2, 4]$，$r_2 = [-2, 2]$，$r_3 = [-4, -3]$，$r_4 = [4, -2]$；凸集约束为：$\mathcal{K} = [-0.5, 0.5] \times [-0.5, 0.5]$rad/s，$V = [-5, 5] \times [-5, 5]$m/s。观察初始状态可知，四个机械臂末端都没有抓住目标物体且机械臂的操作度非常小。四个移动机械手需要先抓取目标物体，然后跟随期望轨迹。目标物体的期望轨迹是一个圆心在原点、半径为 1m、速度为 1.25rad/s 的圆形轨迹。观察图 7.2，目标物体的中心跟随期望轨迹运动，X、Y 轴的跟随误差接近 0。图 7.3 为四个机械臂的操作度变化，可知经过分布式控制，

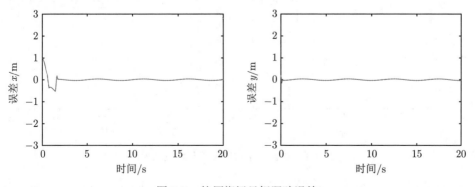

图 7.2 协同搬运目标跟踪误差

四个机械臂的操作度由初始的低操作度逐渐变为高操作度。图 7.4 显示了四个机械臂末端的位置和速度误差，表明四个移动机械臂的位置以及速度实现一致，进一步说明，在搬运过程中机械臂末端的队形始终维持。

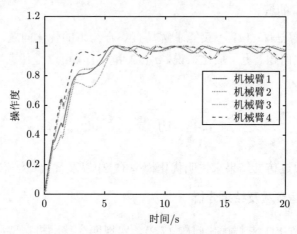

图 7.3　四个机械臂的操作度变化

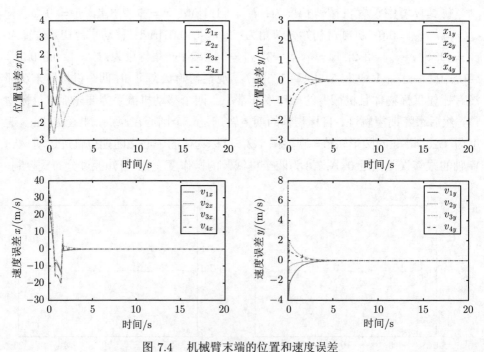

图 7.4　机械臂末端的位置和速度误差

图 7.5 给出了机械臂末端速度约束和关节角速度约束，表明机械臂末端的速

度与机械臂关节的角速度的约束始终得以满足。这意味着控制变量完全符合实际的物理系统限制。

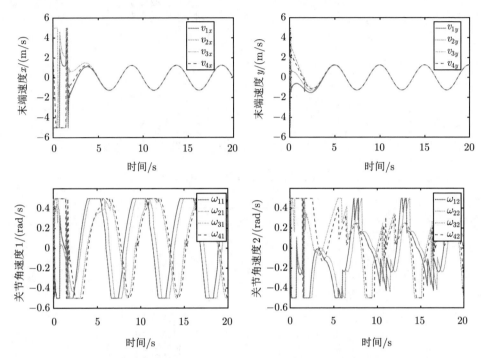

图 7.5　机械臂末端速度约束和机械臂关节角速度约束

7.4.2　对比实验及结果分析

本节通过对比实验来说明操作度优化的有效性以及操作度与能量之间的关系。第一个实验将算法 (7.2) 的参数设置为 $c_{i3} = 0$，表示只有队形控制。第二个实验将算法 (7.2) 的参数设置为 $c_{i3} = 0.6$，$i \in \{1, 2, 3, 4\}$，表示不仅有编队还有操作度优化。第三个实验使用 c_{i3}，即

$$c_{i3} = \begin{cases} 1 - \mu_i, & \mu_i < 0.5 \\ 0, & \mu_i > 0.5 \end{cases}, \quad i \in \{1, 2, 3, 4\}$$

其他参数以及移动机械臂初始状态与 7.4.1 节相同。

图 7.6 为没有优化时的操作度变化，可知四个机械臂的操作度在 $1 \sim 0$ 波动。图 7.7 为 c_{i3} 为恒定值的操作度变化，表明四个机械臂的操作度都逼近最大值。图 7.8 为 c_{i3} 自适应变化的操作度变化，说明四个机械臂的操作度均保持在 0.5 以上。

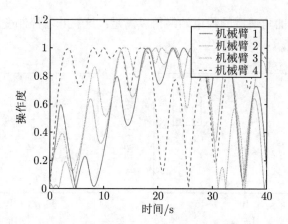

图 7.6　没有优化时的操作度变化

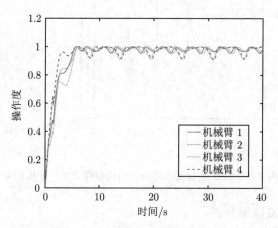

图 7.7　c_{i3} 为恒定值的操作度优化

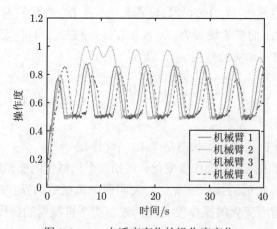

图 7.8　c_{i3} 自适应变化的操作度变化

下面对比三个实验整体的能量和操作度变化情况。图 7.9 显示了不同实验的操作度变化，说明实验 2 的操作度比实验 1 高 41.36%，验证了操作度优化的有效性。图 7.10 则显示了不同实验的能量变化，可知实验 2 的总能量比实验 1 高 37.52%，这是由于消耗了较多的能量用于维持高操作度，而实验 3 很好地平衡了能量与操作度之间的关系。

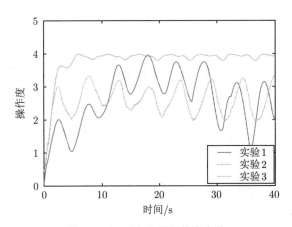

图 7.9　不同实验的操作度变化

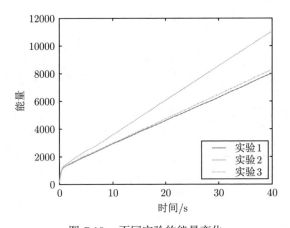

图 7.10　不同实验的能量变化

7.5　本章小结

本章针对多移动机械臂协同搬运问题，提出了一种新的优化框架，使其在确保协同搬运物体的同时能优化系统的能量以及各个机械臂的操作度。将编队控制、速度约束等建模为优化模型的约束，将能量和操作度建模为代价函数，通过设置优化模型的加权参数来平衡能量与操作度之间的关系。另外，也设计了一个分布式的连续时间的邻近梯度算法来求解所建立的优化模型，该算法能够求解代价函数中包含非光滑项的优化问题。最后，通过仿真验证了优化模型和优化算法的有效性。

第 8 章　固定翼飞行器的编队跟踪
与姿态调节一体化控制

8.1　引　言

本章主要研究三维空间中多固定翼飞行器在领航者-跟随者模式下的编队飞行控制问题。针对大机动条件下固定翼飞行器利用传统双环控制结构进行编队控制所产生的控制不协调问题，本章提出一种基于反演控制的一体化编队控制框架，将外环编队控制与内环姿态控制有机地结合起来。受环境的制约以及通信半径的限制，在实际条件下很难保证所有跟随者都能直接与领航者进行通信，所以本章提出分布式编队控制算法，各跟随者在执行编队控制任务过程中仅需获取自身以及相邻飞行器的状态信息。为解决空气动力及力矩的不确定性问题，本章采用 B 样条神经网络（B-spline neural network, BSNN）对各气动系数进行近似化，并通过自适应调节律对神经网络权重系数进行在线学习。同时，通过在控制器中引入指令滤波器，解决由物理约束导致的驱动器饱和问题，以及进行协调转弯导致的姿态受限问题。

8.2　模型介绍及问题描述

8.2.1　固定翼飞行器模型介绍

本章涉及的坐标系有四个：地面坐标系 $F_E(A\text{-}X_EY_EZ_E)$，它是一个惯性坐标系，其 x 轴指向正北方向，z 轴指向正东方向；弹道坐标系 $F_T(O\text{-}X_TY_TZ_T)$，可以由 F_E 旋转 ψ_{V_i} 角和 θ_i 角得到，其中 ψ_{V_i} 和 θ_i 分别为弹道偏角和弹道倾角；速度坐标系 $F_V(O\text{-}X_VY_VZ_V)$，可以由 F_T 旋转 γ_{V_i} 角得到，γ_{V_i} 为速度倾斜角；弹体坐标系 $F_B(O\text{-}X_BY_BZ_B)$，可以由 F_V 旋转 β_i 角和 α_i 角得到，其中 β_i 和 α_i 分别为侧滑角和攻角。上面提到的所有坐标系都展示在图 8.1 中。更多关于坐标系和旋转矩阵的内容可以在文献 [183] 中找到。

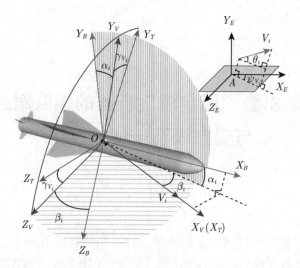

图 8.1　参考坐标系示意图

为了便于之后的推导，假设飞行器是一个独立的刚体结构，忽略结构变形（气动弹性）和控制面相对运动的影响。同时假设地球是平坦的，且忽略飞行器质量的变化以及风对飞行器的影响。此外，假设飞行过程中弹道倾角 θ_i 满足 $|\theta_i| \leqslant \theta_m$ $(\theta_m < \pi/2)$。基于以上假设，第 i 个跟随者的六自由度非线性气动模型可以由以下方程表示[183]。

首先，第 i 个跟随者的运动学模型可以表示为

$$\dot{X}_{i,1} = G_{i,1}(X_{i,2}) \tag{8.1}$$

$$\dot{X}_{i,2} = H_{i,1} + G_{i,2}(X_{i,3}, P_i) \tag{8.2}$$

式中，

$$G_{i,1}(X_{i,2}) = \begin{bmatrix} V_i \cos\theta_i \cos\psi_{V_i} \\ V_i \sin\theta_i \\ -V_i \cos\theta_i \sin\psi_{V_i} \end{bmatrix}, \quad H_{i,1} = \begin{bmatrix} -g\sin\theta_i \\ -g\cos\theta_i/V_i \\ 0 \end{bmatrix}$$

$$G_{i,2}(X_{i,3}, P_i) = \begin{bmatrix} \dfrac{P_i \cos\alpha_i \cos\beta_i - D_i}{m_i} \\ \dfrac{P_i\left(\sin\alpha_i \cos\gamma_{V_i} + \cos\alpha_i \sin\beta_i \sin\gamma_{V_i}\right) + L_i \cos\gamma_{V_i} - Y_i \sin\gamma_{V_i}}{m_i V_i} \\ -\dfrac{P_i\left(\sin\alpha_i \sin\gamma_{V_i} - \cos\alpha_i \sin\beta_i \cos\gamma_{V_i}\right) + L_i \sin\gamma_{V_i} + Y_i \cos\gamma_{V_i}}{m_i V_i \cos\theta_i} \end{bmatrix}$$

$X_{i,1} = [x_i, y_i, z_i]^T$，$X_{i,2} = [V_i, \theta_i, \psi_{V_i}]^T$，$i = 1, 2, \cdots, N$，这里，$x_i$、$y_i$ 和 z_i 是各个飞行器在地面坐标系中的坐标，V_i 表示飞行器的速度，其方向由弹道偏角 ψ_{V_i} 和弹道倾角 θ_i 确定；P_i 表示发动机推力；D_i、Y_i 和 L_i 分别表示阻力、侧向力和升力，其具体形式可以表示如下：

$$\begin{cases} D_i = q_i S_i C_{D_i} \\ Y_i = q_i S_i C_{Y_i} \\ L_i = q_i S_i C_{L_i} \end{cases} \tag{8.3}$$

这里，q_i 表示动压，动压可以由公式 $q_i = \frac{1}{2}\rho_i V_i^2$ 计算，ρ_i 表示大气平均密度；S_i 表示飞行器的气动参考面积；C_{D_i}、C_{Y_i} 和 C_{L_i} 分别表示阻力系数、侧向力系数和升力系数，它们可以写成气动偏导形式：

$$\begin{cases} C_{D_i} = C_{D_{i0}}(V_i) + C_{D_i}^{\alpha_i}(\alpha_i, V_i)|\alpha_i| \\ C_{Y_i} = C_{Y_i}^{\beta_i}(\alpha_i, V_i)\beta_i \\ C_{L_i} = C_{L_{i0}}(V_i) + C_{L_i}^{\alpha_i}(\alpha_i, V_i)\alpha_i \end{cases} \tag{8.4}$$

这里，$C_{D_{i0}} = C_{D_i}|_{\alpha_i=0}$，$C_{L_{i,0}} = C_{L_i}|_{\alpha_i=0}$，$C_{D_i}^{\alpha_i}$ 表示 $C_{D_i}^{\alpha_i} = \partial C_{D_i}/\partial \alpha_i$。其余的气动力系数定义方式类似。这些气动力系数都可以表示为关于某些飞行参数（即 α_i 和 V_i）的函数。

其次，第 i 个跟随者的动力学模型可以表示为

$$\dot{X}_{i,3} = A_{i,2} F_{i,1}(X_i) + H_{i,2} + B_{i,1} X_{i,4} \tag{8.5}$$

$$\dot{X}_{i,4} = A_{i,3} F_{i,2}(X_i) + H_{i,3} + B_{i,2} U_i \tag{8.6}$$

式中，

$$A_{i,2} = \frac{1}{m_i V_i} \begin{bmatrix} 0 & 0 & -1/\cos\beta_i \\ 0 & 1 & 0 \\ 0 & \tan\theta_i \cos\gamma_{V_i} & \tan\beta_i + \tan\theta_i \sin\gamma_{V_i} \end{bmatrix}$$

$$H_{i,2} = \frac{1}{m_i V_i} \begin{bmatrix} (m_i g \cos\theta_i \cos\gamma_{V_i} - P_i \sin\alpha_i)/\cos\beta_i \\ m_i g \cos\theta_i \sin\gamma_{V_i} - P_i \cos\alpha_i \sin\beta_i \\ -m_i g \tan\beta_i \cos\theta_i \cos\gamma_{V_i} + P_i r_i \end{bmatrix}$$

$$B_{i,1} = \begin{bmatrix} -\tan\beta_i \cos\alpha_i & \sin\alpha_i \tan\beta_i & 1 \\ \sin\alpha_i & \cos\alpha_i & 0 \\ \sec\beta_i \cos\alpha_i & -\sec\beta_i \sin\alpha_i & 0 \end{bmatrix}, \quad H_{i,3} = \begin{bmatrix} (J_{yi} - J_{zi})\omega_{zi}\omega_{yi}/J_{xi} \\ (J_{zi} - J_{xi})\omega_{xi}\omega_{zi}/J_{yi} \\ (J_{xi} - J_{yi})\omega_{yi}\omega_{xi}/J_{zi} \end{bmatrix}$$

$$F_{i,2}(X_i) = [M_{xi0}, M_{yi0}, M_{zi0}]^\mathrm{T} = q_i S_i \begin{bmatrix} l_i \left[m_{xi}^{\beta_i}(\alpha_i, V_i)\beta_i + m_{xi}^{\omega_{xi}}(\alpha_i, V_i)\omega_{xi} \right] \\ l_i \left[m_{yi}^{\beta_i}(\alpha_i, V_i)\beta_i + m_{yi}^{\omega_{yi}}(\alpha_i, V_i)\omega_{yi} \right] \\ b_{Ai} \left[m_{zi}^{\alpha_i}(\alpha_i, V_i)\alpha_i + m_{zi}^{\omega_{zi}}(\alpha_i, V_i)\omega_{zi} \right] \end{bmatrix}$$

$F_{i,1}(X_i) = [D_i, Y_i, L_i]^\mathrm{T}$, $A_{i,3} = \mathrm{diag}(J_{xi}, J_{yi}, J_{zi})^{-1}$, $r_i = \tan\beta_i \sin\alpha_i - \tan\theta_i \cos\gamma_{V_i} \cdot \cos\alpha_i \sin\beta_i + \tan\theta_i \sin\alpha_i \sin\gamma_{V_i}$, $B_{i,2} = q_i S_i \mathrm{diag}(m_{xi}^{\delta_{xi}} l_i / J_{xi}, m_{yi}^{\delta_{yi}} l_i / J_{yi}, m_{zi}^{\delta_{zi}} b_{Ai} / J_{zi})$, $X_{i,3} = [\alpha_i, \beta_i, \gamma_{V_i}]^\mathrm{T}$, $X_{i,4} = [\omega_{xi}, \omega_{yi}, \omega_{zi}]^\mathrm{T}$, $X_i = [X_{i,1}^\mathrm{T}, X_{i,2}^\mathrm{T}, X_{i,3}^\mathrm{T}, X_{i,4}^\mathrm{T}]^\mathrm{T}$。

　　这里, ω_{xi}、ω_{yi} 和 ω_{zi} 分别表示在机体坐标系下的滚转、偏航和倾斜角速率; l_i 和 b_{Ai} 分别表示飞行器翼展和机翼平均气动弦长; J_{xi}、J_{yi} 和 J_{zi} 分别表示飞行器对机体坐标系各轴的转动惯量; m_{xi}^*、m_{yi}^* 和 m_{zi}^* 为滚转、偏航和俯仰力矩系数, $m_{xi}^{\beta_i}$ 表示滚转力矩系数 m_{xi} 关于 β_i 的偏导, 其余力矩系数均有类似定义, 与气动力系数类似, 这些力矩系数也可以视为关于某些飞行参数 (即 α_i、β_i 和 V_i) 的函数。$U_i = [\delta_{xi}, \delta_{yi}, \delta_{zi}]^\mathrm{T}$ 表示控制面的偏转角, δ_{xi}、δ_{yi} 和 δ_{zi} 分别表示副翼、方向舵和升降舵的偏转角。

　　在本章中假设式 (8.4) 和式 (8.6) 中代表气动力系数和气动力矩系数的函数在特定紧集中是连续的。

8.2.2　气动参数的近似化

　　由于飞行器模型中的气动力系数和气动力矩系数是不确定的, 所以在设计编队控制器之前需要对这些气动参数进行近似化。由于良好的局部特性[184] 和样条阶数选择的灵活性[185], B 样条神经网络特别适合对气动参数进行在线近似[186]。根据引理 8.1, 本章将通过 B 样条神经网络对气动系数进行近似化。首先将各气动参数表示为以 B 样条函数作为基向量的参数线性化形式, 然后通过参数自适应调节律对各气动参数进行在线估计。

　　引理 8.1[185]　B 样条神经网络可以通过增加样条基的数量 (即增加节点的密度) 的方式来以任意精度逼近紧集上的连续函数。

　　因为气动参数的性质比较类似, 所以以式 (8.4) 中的 $C_{D_i}^{\alpha_i}(\alpha_i, V_i)$ 为例来介绍气动参数的近似化方法。设 $C_{D_i}^{\alpha_i}$ 在紧集 $\Omega_\mathcal{D}$ 中连续, 则它可以近似化为以下形式:

$$\hat{C}_{D_i}^{\alpha_i}(\alpha_i, V_i) = \phi_{D_{\alpha_i}}^\mathrm{T}(\alpha_i, V_i)\hat{\theta}_{D_{\alpha_i}} \tag{8.7}$$

式中, $\hat{\theta}_{D_{\alpha_i}}$ 表示权重向量的估计值; $\phi_{D_{\alpha_i}}(\alpha_i, V_i)$ 表示 B 样条基向量, 它是分别关于 α_i 和 V_i 的两个单变量 B 样条基函数的张量积。当定义域被均分为 q 个子区间时, 每个单变量 B 样条基函数都由 $(q+2)$ 段曲线构成, 每段曲线都可以由标准 B 样条函数 [185] 变换而成。其余的气动系数可以参照式 (8.7) 以相似的方式进行近似化。

函数 $C_{D_i}^{\alpha_i}(\alpha_i, V_i)$ 的真实值可以表示为

$$C_{D_i}^{\alpha_i}(\alpha_i, V_i) = \phi_{D_{\alpha_i}}^{\mathrm{T}} \theta_{D_{\alpha_i}}^* + \varepsilon_{D_{\alpha_i}} \tag{8.8}$$

式中，$\varepsilon_{D_{\alpha_i}}$ 表示近似误差，可以通过增加样条基的分段点数量将误差降低；$\theta_{D_{\alpha_i}}^*$ 表示使近似误差最小的最优权值，其定义为

$$\theta_{D_{\alpha_i}}^* = \arg\min_{\theta_{D_{\alpha_i}}} \left\{ \sup_{\Omega_{\mathcal{D}}} \left| C_{D_i}^{\alpha_i}(\alpha_i, V_i) - \phi_{D_{\alpha_i}}^{\mathrm{T}} \theta_{D_{\alpha_i}} \right| \right\} \tag{8.9}$$

因此，$F_{i,1}$、$F_{i,2}$ 和 $B_{i,2}$ 可以按以下方式进行重构：

$$\hat{F}_{i,1} = \Phi_{F_{i,1}}^{\mathrm{T}} \hat{\Theta}_{F_{i,1}} = \mathrm{diag}(\phi_{D_i}^{\mathrm{T}}, \phi_{Y_i}^{\mathrm{T}}, \phi_{L_i}^{\mathrm{T}})[\hat{\theta}_{D_i}^{\mathrm{T}}, \hat{\theta}_{Y_i}^{\mathrm{T}}, \hat{\theta}_{L_i}^{\mathrm{T}}]^{\mathrm{T}} \tag{8.10}$$

$$\hat{F}_{i,2} = \Phi_{F_{i,2}}^{\mathrm{T}} \hat{\Theta}_{F_{i,2}} = \mathrm{diag}(\phi_{M_{xi0}}^{\mathrm{T}}, \phi_{M_{yi0}}^{\mathrm{T}}, \phi_{M_{zi0}}^{\mathrm{T}})[\hat{\theta}_{M_{xi0}}^{\mathrm{T}}, \hat{\theta}_{M_{yi0}}^{\mathrm{T}}, \hat{\theta}_{M_{zi0}}^{\mathrm{T}}]^{\mathrm{T}} \tag{8.11}$$

$$\hat{B}_{i,2} = \Phi_{B_{i,2}}^{\mathrm{T}} \hat{\Theta}_{B_{i,2}} = \mathrm{diag}\left(\phi_{M_{xi}^{\delta_{xi}}}^{\mathrm{T}}, \phi_{M_{yi}^{\delta_{yi}}}^{\mathrm{T}}, \phi_{M_{zi}^{\delta_{zi}}}^{\mathrm{T}}\right) \mathrm{diag}\left(\hat{\theta}_{M_{xi}^{\delta_{xi}}}, \hat{\theta}_{M_{yi}^{\delta_{yi}}}, \hat{\theta}_{M_{zi}^{\delta_{zi}}}\right) \tag{8.12}$$

式中，$\phi_{D_i}^{\mathrm{T}} = q_i S_i [\phi_{D_{i0}}^{\mathrm{T}}, \phi_{D_{\alpha_i}}^{\mathrm{T}} |\alpha_i|]$；$\hat{\theta}_{D_i} = [\hat{\theta}_{D_{i0}}^{\mathrm{T}}, \hat{\theta}_{D_{\alpha_i}}^{\mathrm{T}}]^{\mathrm{T}}$；其余的 ϕ_* 和 $\hat{\theta}_*$ 定义方式类似。

当以下不等式成立时，最优权重向量 $\Theta_{F_{i,1}}^*$、$\Theta_{F_{i,2}}^*$ 和 $\Theta_{B_{i,2j}}^*$ 存在。

$$\left\| F_{i,1} - \Phi_{F_{i,1}}^{\mathrm{T}} \Theta_{F_{i,1}}^* \right\| = \left\| E_{F_{i,1}} \right\| \leqslant e_{i,1} \tag{8.13}$$

$$\left\| F_{i,2} - \Phi_{F_{i,2}}^{\mathrm{T}} \Theta_{F_{i,2}}^* \right\| = \left\| E_{F_{i,2}} \right\| \leqslant e_{i,2} \tag{8.14}$$

$$\left\| B_{i,2j} - \Phi_{B_{i,2j}}^{\mathrm{T}} \Theta_{B_{i,2j}}^* \right\| = \left\| E_{B_{i,2j}} \right\| \leqslant e_{i,3j}, \quad j = 1, 2, 3 \tag{8.15}$$

式中，$E_{F_{i,1}}$、$E_{F_{i,2}}$ 和 $E_{B_{i,2j}}$ 为重构误差，它们分别在紧集 $\Omega_{F_{i,1}}$、$\Omega_{F_{i,2}}$ 和 $\Omega_{B_{i,2j}}$ 内有界。其上界 $e_{i,1}$、$e_{i,2}$ 和 $e_{i,3j}$ 为正实数。

8.2.3 编队飞行问题描述

对于固定翼飞行器的控制，为了进行协调转弯，需要把侧滑角限制在零值附近的小范围之内。除此之外，在控制过程中，受物理条件的制约，旋转角速率和控制面偏转角都会被限制在一定范围之内。与此同时，为了满足倾斜转弯的要求，姿态角也必须限制在一定范围之内。这就需要在控制器的设计过程中考虑以上限制条件。

　　将 $y_i = X_{i,1}$ 作为第 i 个跟随者的输出，则由一个领航者和 N 个跟随者所构成的飞行器编队的跟踪误差 e_f 可以表示为

$$e_f = y - y^d - (1_N \otimes r) \tag{8.16}$$

式中，$y = [y_1^{\mathrm{T}}, \cdots, y_N^{\mathrm{T}}]^{\mathrm{T}}$；$y^d = [(y_{1r}^d)^{\mathrm{T}}, \cdots, (y_{Nr}^d)^{\mathrm{T}}]^{\mathrm{T}}$，$y_{ir}^d \in \mathbb{R}^3 \ (i = 1, 2, \cdots, N)$ 表示在期望队形中跟随者 i 相对于领航者的相对位置；1_N 表示元素都为 1 的 N 维列向量。若误差 e_f 保持为零，则飞行器编队便可以按预定队形沿期望路径进行飞行。

　　因此，本章的控制目标为设计一种分布式的编队控制算法，使得编队跟踪误差 e_f 收敛到零值附近的小范围之内，同时，姿态角 $X_{i,3}$、角速率 $X_{i,4}$ 和控制面偏转角 U_i 分别保持在紧集 $\Omega_{X_{i,3}}, \Omega_{X_{i,4}}, \Omega_{U_i} \subset \mathbb{R}^3$ 之内。

　　在本章中，假设领航者的轨迹函数 $r(t)$ 及其一阶导数 $\dot{r}(t)$ 连续且有界。同时，飞行器编队的通信拓扑图 $\bar{\mathcal{G}}$ 中包含一个有向生成树。为了便于之后的控制器分析，这里给出如下定义。

　　定义 8.1　　在特定通信拓扑的条件下，对于第 i 个跟随者，如果其状态 $\{x_i(t), t \geqslant 0\}$ 的初值满足 $x_i(t_0) \in \Omega_{i0}$（Ω_{i0} 为包含原点的紧集），且存在实数 $\varepsilon_i > 0$ 和特定时刻 $T_i(x_i(t_0), \varepsilon_i) > 0$，当 $t \geqslant t_0 + T_i$ 时都有 $\|x_i(t)\| \leqslant \varepsilon_i$，那么就称这个状态 $x_i(t)$ 为协同半全局一致最终有界(cooperatively semi-globally uniformly ultimately bounded, CSUUB) 的。

8.3　编队跟踪与姿态控制一体化设计

8.3.1　分布式编队控制器设计流程

　　为了保证大机动条件下飞行器编队控制的协调性，需要将外环飞行器编队控制与内环姿态控制结合起来进行考虑。这就要将运动学模型 (8.1) 和 (8.2) 与动力学模型 (8.5) 和 (8.6) 结合起来，组成一个四阶非线性系统进行一体化控制器设计。在本节中，将提出一种基于反演控制的一体化分布式编队控制方法来解决这个问题。在此方法中，将整个系统划分为四个子系统。针对四个子系统分别设计分布式虚拟控制器，保证期望队形、跟踪速度、期望速度、方向角、期望姿态角和期望角速度都可以达到。在每一步中，为了满足状态和驱动器的限制条件，虚拟控制量都需要采用指令滤波器产生下一步的期望状态或最终控制输入。此外，在本控制方法中还设计补偿量来补偿指令滤波器引入的误差以及大机动条件下内外环控制的不协调。

步骤 1 为了设计分布式编队控制器, 必须将拓扑信息引入编队跟踪误差中, 从而将 e_f 表示为以下形式:

$$Z_1 = [(\mathcal{L} + \mathcal{B}) \otimes I_3][y - y^d - (1_N \otimes r)] \tag{8.17}$$

式中, $Z_1 = [Z_{1,1}^{\mathrm{T}}, \cdots, Z_{N,1}^{\mathrm{T}}]^{\mathrm{T}}$ 表示所有跟随者的编队跟踪误差的分布化形式; I_3 表示三维单位矩阵; $\mathcal{B} = \mathrm{diag}(b_1, \cdots, b_N)$, 如果跟随者 i 能够直接获得领航者的信息, 那么 $b_i = 1(i = 1, 2, \cdots, N)$, 否则, $b_i = 0$。

根据假设, 通信拓扑图 $\bar{\mathcal{G}}$ 中包含有向生成树, 所以由引理 1.4 可知矩阵 $\bar{\mathcal{L}}$ 的秩为 N。由于 $\mathrm{rank}([-b \quad \mathcal{L} + \mathcal{B}]) = N$, 且矩阵 $[-b \quad \mathcal{L} + \mathcal{B}]$ 的所有列向量之和都为零向量, 所以 $\mathcal{L} + \mathcal{B}$ 可逆。进而可知, 可以通过稳定 Z_1 来稳定 e_f, 因为 $e_f = [(\mathcal{L} + \mathcal{B}) \otimes I_3]^{-1} Z_1$。

根据式 (8.17), 跟随者 i 的编队跟踪误差可以表示为

$$Z_{i,1} = \sum_{j \in \mathcal{N}_i} a_{ij}(y_i - y_j - y_{ij}^d) + b_i(y_i - r - y_{ir}^d) \tag{8.18}$$

式中, $y_{ij}^d \in \mathbb{R}^3$ 表示期望队形中跟随者 i 相对于跟随者 j 的位置; $r = [r_x, r_y, r_z]^{\mathrm{T}}$ 表示领航者的位置; $\mathcal{N}_i$ 表示跟随者 i 的相邻飞行器集合; a_{ij} 为图 $\mathcal{G}$ 邻接矩阵中的元素, 若跟随者 i 可以获取到跟随者 j 的信息, 则 $a_{ij} = 1$, 反之, $a_{ij} = 0$。由于有这一项的存在, $Z_{i,1}$ 中仅包含关于跟随者 i 相邻飞行器的编队跟踪误差。

对 $Z_{i,1}$ 求导, 可得

$$\dot{Z}_{i,1} = (b_i + d_{ii})G_{i,1}(X_{i,2}) - \sum_{j \in \mathcal{N}_i} a_{ij}G_{j,1}(X_{j,2}) - b_i\dot{r} \tag{8.19}$$

式中, $d_{ii} = \sum\limits_{j=1}^{N} a_{ij}, i = 1, 2, \cdots, N$。

为了使 $Z_{i,1}$ 稳定在零值, 可以设计如下形式的虚拟控制量 $X_{i,2}^d$:

$$G_{i,1}(X_{i,2}^d) = (g_{i,11}, g_{i,12}, g_{i,13})^{\mathrm{T}} = \frac{-K_{i,1}Z_{i,1} + \sum\limits_{j \in \mathcal{N}_i} a_{ij}G_{j,1}(X_{j,2}) + b_i\dot{r}}{b_i + d_{ii}} \tag{8.20}$$

式中, $K_{i,1}$ 是一个正定对角阵。显然, 这个控制器是分布式的, 因为它只用到了跟随者 i 自身和相邻飞行器的信息。由于弹道倾角和弹道偏角的取值范围分别为 $\theta_i \in (-\pi/2, \pi/2)$ 和 $\psi_{V_i} \in (-\pi, \pi]$, 虚拟控制量 $X_{i,2}^d = (V_i^d, \theta_i^d, \psi_{V_i}^d)^{\mathrm{T}}$ 中的各分量值可以由以下公式来确定:

$$V_i^d = \sqrt{g_{i,11}^2 + g_{i,12}^2 + g_{i,13}^2} \tag{8.21}$$

$$\psi_{V_i}^d = \begin{cases} -\arctan\left(g_{i,13}/g_{i,11}\right), & g_{i,11} > 0 \\ -\pi - \arctan\left(g_{i,13}/g_{i,11}\right), & g_{i,11} < 0, \ g_{i,13} > 0 \\ \pi - \arctan\left(g_{i,13}/g_{i,11}\right), & g_{i,11} < 0, \ g_{i,13} < 0 \end{cases} \tag{8.22}$$

$$\theta_i^d = \arctan\frac{g_{i,12}}{\sqrt{g_{i,11}^2 + g_{i,13}^2}} \tag{8.23}$$

对于本章涉及的这种高阶非线性系统，利用传统反演控制方法设计控制器时，得到的 $\dot{X}_{i,2}^d$ 的解析形式包含大量复杂的偏导项，从而使控制器的复杂度激增，不利于飞控系统的快速验算。为了克服这个问题，采用指令滤波器来直接计算 $\dot{X}_{i,2}^d$ 的值，避免了对 $\dot{X}_{i,2}^d$ 解析形式的推导。在这里，采用一种如下形式的二阶指令滤波器 [187]：

$$\ddot{x}^c = \omega_n^2 \left[S_M(x^o) - x^c \right] - 2\zeta\omega_n\dot{x}^c \tag{8.24}$$

$$S_M(x) = \begin{cases} M_{\max}, & x \geqslant M_{\max} \\ x, & M_{\min} < x < M_{\max} \\ M_{\min}, & x \leqslant M_{\min} \end{cases} \tag{8.25}$$

式中，x^o 是指令滤波器的输入量；$\dot{x}^c$ 和 x^c 是输出量；ζ 和 ω_n 分别表示阻尼系数和频率；$S_M(\cdot)$ 为限幅函数，当状态不受限时，其限幅值 $M_{\max}$ 和 $M_{\min}$ 可以分别设置为无穷大和无穷小。

如果 x^o 有界，则 x^c 和 $\dot{x}^c$ 有界且连续。在 $S_M(\cdot)$ 的线性区间内，指令滤波器从 x^o 到 x^c 的传递函数是一个带有单位增益的二阶线性滤波器，其具体形式如下：

$$\frac{X^c(s)}{X^o(s)} = \frac{\omega_n^2}{s^2 + 2\zeta\omega_n + \omega_n^2} \tag{8.26}$$

因此，当限幅函数不起作用时，选取足够大的 ω_n 可以使差值 $x^c - x^o$ 变得足够小；而当限幅函数的限幅作用启动时，由于 x^c 和 x^o 都有界，所以 $x^c - x^o$ 也有界。

将 $X_{i,2}^d$ 传入指令滤波器可以得到 $X_{i,2}$ 的指令状态 $X_{i,2}^c$ 及其导数 $\dot{X}_{i,2}^c$。为了补偿当指令滤波器中限幅函数起作用时 $X_{i,2}^c$ 与 $X_{i,2}^d$ 之间的偏差，需要引入一个补偿量 $\xi_{i,1}$，其形式如下：

$$\dot{\xi}_{i,1} = -K_1\xi_{i,1} + (b_i + d_{ii})[G_{i,1}(X_{i,2}) - G_{i,1}(X_{i,2}^d)] \tag{8.27}$$

将补偿量融入跟踪误差 $Z_{i,1}$ 得到带补偿量的编队跟踪误差 $\bar{Z}_{i,1} = Z_{i,1} - \xi_{i,1}$。对 $\bar{Z}_{i,1}$ 求导，再将式 (8.20) 和式 (8.27) 代入，可得

$$\dot{\bar{Z}}_{i,1} = -K_{i,1}\bar{Z}_{i,1} \tag{8.28}$$

步骤 2 设计虚拟控制器 $X_{i,3}^d = (\alpha_i^d, \beta_i^d, \gamma_{V_i}^d)^{\mathrm{T}}$ 来消除跟随者 i 速度及速度方向的跟踪误差 $Z_{i,2} = X_{i,2} - X_{i,2}^c$。

对 $Z_{i,2}$ 求导，可得

$$\begin{aligned}
\dot{Z}_{i,2} &= H_{i,1} + G_{i,2}(X_{i,3}, P_i) - \dot{X}_{i,2}^c \\
&= H_{i,1} + \hat{G}_{i,2}(X_{i,3}^d, P_i) + G_{i,2}(X_{i,3}, P_i) - \hat{G}_{i,2}(X_{i,3}^d, P_i) + A_{i,1}\tilde{F}_{i,1} - \dot{X}_{i,2}^c
\end{aligned} \tag{8.29}$$

式中，

$$A_{i,1}\tilde{F}_{i,1} = G_{i,2}(X_{i,3}, P_i) - \hat{G}_{i,2}(X_{i,3}, P_i)$$

$$A_{i,1} = \frac{1}{m_i V_i}\begin{bmatrix} -V_i & 0 & 0 \\ 0 & -\sin\gamma_{V_i} & \cos\gamma_{V_i} \\ 0 & -\dfrac{\cos\gamma_{V_i}}{\cos\theta_i} & -\dfrac{\sin\gamma_{V_i}}{\cos\theta_i} \end{bmatrix} \tag{8.30}$$

$$\tilde{F}_{i,1} = F_{i,1} - \hat{F}_{i,1} = \Phi_{F_{i,1}}^{\mathrm{T}}\Theta_{F_{i,1}}^* + E_{F_{i,1}} - \Phi_{F_{i,1}}^{\mathrm{T}}\hat{\Theta}_{F_{i,1}} = \Phi_{F_{i,1}}^{\mathrm{T}}\tilde{\Theta}_{F_{i,1}} + E_{F_{i,1}} \tag{8.31}$$

设计如下形式的 $\hat{G}_{i,2}(X_{i,3}^d, P_i) = (g_{i,21}, g_{i,22}, g_{i,23})^{\mathrm{T}}$：

$$\begin{aligned}
\hat{G}_{i,2}(X_{i,3}^d, P_i) &= -H_{i,1} + \dot{X}_{i,2}^c - K_{i,2}Z_{i,2} - \frac{1}{2}\bar{Z}_{i,2} \\
&= \begin{bmatrix} \dfrac{P_i\cos\alpha_i^d\cos\beta_i^d - \hat{D}_i}{m_i} \\ \dfrac{P_i(\sin\alpha_i^d\cos\gamma_{V_i}^d + w_i) + \hat{L}_i\cos\gamma_{V_i}^d - \hat{Y}_i\sin\gamma_{V_i}^d}{m_i V_i} \\ -\dfrac{P_i(\sin\alpha_i^d\sin\gamma_{V_i}^d - w_i) + \hat{L}_i\sin\gamma_{V_i}^d + \hat{Y}_i\cos\gamma_{V_i}^d}{m_i V_i\cos\theta_i} \end{bmatrix}
\end{aligned} \tag{8.32}$$

式中，$w_i = \cos\alpha_i^d\sin\beta_i^d\sin\gamma_{V_i}^d$；$K_{i,2}$ 是一个正定对角阵；$\bar{Z}_{i,2} = Z_{i,2} - \xi_{i,2}$ 表示 $X_{i,2}$ 的带补偿量的跟踪误差，它的具体形式将在后面进行定义。

由于 P_i 和 $X_{i,3}^d$ 在 $\hat{G}_{i,2}$ 中是非仿射的，所以根据式 (8.32) 来求解。为了使固定翼飞行器进行协调转弯，期望的侧滑角应该设置为零。因此，令式 (8.32) 中

$\sin \beta_i^d = 0$，进而 $\hat{Y}_i = 0$。同时，根据式 (8.3) 和式 (8.4)，$\hat{D}_i$ 和 $\hat{L}_i$ 可以分解为 $\hat{D}_i = \hat{D}_{i0} + \hat{D}_{\alpha_i}|\alpha_i^d|$ 和 $\hat{L}_i = \hat{L}_{i0} + \hat{L}_{\alpha_i}\alpha_i^d$。由此可得

$$
\begin{cases}
g_{i,21} = \dfrac{1}{m_i}(P_i \cos \alpha_i^d - \hat{D}_{i0} - \hat{D}_{\alpha_i}|\alpha_i^d|) \\[2mm]
g_{i,22} = \dfrac{1}{m_i V_i}(\hat{L}_{i0} + \hat{L}_{\alpha_i}\alpha_i^d + P_i \sin \alpha_i{}^d) \cos \gamma_{V_i}^d \\[2mm]
g_{i,23} = -\dfrac{1}{m_i V_i \cos \theta_i}(\hat{L}_{i0} + \hat{L}_{\alpha_i}\alpha_i^d + P_i \sin \alpha_i^d) \sin \gamma_{V_i}^d
\end{cases}
\tag{8.33}
$$

在本章中所考虑的飞行器为 BTT-90 型，其升力面在转弯过程中最多可以转 $\pm 90°$。基于此，$\gamma_{V_i}^d$、$\alpha_i{}^d$ 和 P_i 的计算公式如下：

$$
\gamma_{V_i}^d =
\begin{cases}
-\pi/2, & g_{i,x} = 0, g_{i,y} < 0 \\[2mm]
\pi/2, & g_{i,x} = 0, g_{i,y} > 0 \\[2mm]
\arctan(g_{i,y}/g_{i,x}), & \text{其他}
\end{cases}
\tag{8.34}
$$

$$
\tan \alpha_i^d \left[m_i g_{i,21} + \hat{D}(\alpha_i^d) \right] + \hat{L}(\alpha_i^d) = \frac{m_i g_{i,22} V_i}{\cos \gamma_{V_i}^d}
\tag{8.35}
$$

$$
P_i = \frac{m_i g_{i,21} + \hat{D}(\alpha_i^d)}{\cos \alpha_i^d}
\tag{8.36}
$$

式中，$g_{i,x} = g_{i,22} m_i V_i$；$g_{i,y} = -g_{i,23} m_i V_i \cos \theta_i$；$\hat{D}(\alpha_i^d) = \hat{D}_{i0} + \hat{D}_{\alpha_i}|\alpha_i^d|$；$\hat{L}(\alpha_i^d) = \hat{L}_{i0} + \hat{L}_{\alpha_i}\alpha_i^d$。$\alpha_i^d$ 的值可以根据式 (8.35) 利用文献 [188] 中的方法进行计算，将 α_i^d 代入式 (8.36) 便可以得到 P_i。

将式 (8.32) 代入式 (8.29)，可得

$$
\dot{Z}_{i,2} = -K_{i,2} Z_{i,2} + A_{i,1} \tilde{F}_{i,1} + \hat{G}_{i,2}(X_{i,3}, P_i) - \hat{G}_{i,2}(X_{i,3}^d, P_i) - 0.5 \bar{Z}_{i,2}
\tag{8.37}
$$

根据式 (8.5)，如果 ω_{xi} 较大，α_i 则需要被限制在一定范围内使得 $\dot{\beta}_i$ 相对较小，从而让 β_i 保持在零值周围的小范围内，由此对飞行器的滚转和俯仰控制通道进行解耦。将 $X_{i,3}^d$ 输入到指令滤波器中，使其输出值符合上面提到的 $X_{i,3}$ 的限制条件，得到 $X_{i,3}^c$ 和 $\dot{X}_{i,3}^c$。构造如下形式的补偿量 $\xi_{i,2}$：

$$
\dot{\xi}_{i,2} = -K_{i,2}\xi_{i,2} + \hat{G}_{i,2}(X_{i,3}, P_i) - \hat{G}_{i,2}(X_{i,3}^d, P_i)
\tag{8.38}
$$

根据式 (8.29) 和式 (8.38)，对 $\bar{Z}_{i,2} = Z_{i,2} - \xi_{i,2}$ 求导，可得

$$
\dot{\bar{Z}}_{i,2} = -(K_{i,2} + 0.5 I_3)\bar{Z}_{i,2} + A_{i,1}\tilde{F}_{i,1}
\tag{8.39}
$$

补偿量 $\xi_{i,2}$ 中实际上也包含了内环姿态控制的反馈量,由此外环编队控制与内环姿态控制被有机地结合起来。

步骤 3 设计虚拟控制器 $X_{i,4}^d = (\omega_{xi}^d, \omega_{yi}^d, \omega_{zi}^d)^{\mathrm{T}}$,使飞行器达到步骤 2 中计算出的期望姿态 $X_{i,3}^c$。姿态角的跟踪误差定义为 $Z_{i,3} = X_{i,3} - X_{i,3}^c$。对 $Z_{i,3}$ 求导,代入式 (8.5) 后得到

$$\dot{Z}_{i,3} = A_{i,2}F_{i,1} + H_{i,2} + B_{i,1}X_{i,4} - \dot{X}_{i,3}^c \tag{8.40}$$

为了使 $Z_{i,3}$ 收敛到零值,虚拟控制器 $X_{i,4}^d$ 可以设计成如下形式:

$$X_{i,4}^d = B_{i,1}^{-1}(-A_{i,2}\hat{F}_{i,1} - H_{i,2} - K_{i,3}Z_{i,3} + \dot{X}_{i,3}^c - \frac{1}{2}\bar{Z}_{i,3}) \tag{8.41}$$

式中,$K_{i,3}$ 是一个正定对角阵;$\bar{Z}_{i,3} = Z_{i,3} - \xi_{i,3}$。因为 $|B_{i,1}| = -\sec\beta_i$,且 β_i 的值处在零值周围的小范围内,所以 $B_{i,1}$ 可逆。

将 $X_{i,4}^d$ 输入到指令滤波器,使其输出值满足角速度的限制条件,得到 $X_{i,4}^c$ 和 $\dot{X}_{i,4}^c$。接着,与前两个步骤类似,构造补偿量 $\xi_{i,3}$ 来补偿指令滤波器所引入的误差:

$$\dot{\xi}_{i,3} = -K_{i,3}\xi_{i,3} + B_{i,1}\xi_{i,4} + B_{i,1}(X_{i,4}^c - X_{i,4}^d) \tag{8.42}$$

对 $\bar{Z}_{i,3}$ 求导,代入式 (8.40)、式 (8.41) 和式 (8.42) 后可得

$$\dot{\bar{Z}}_{i,3} = -(K_{i,3} + 0.5I_3)\bar{Z}_{i,3} + A_{i,2}\tilde{F}_{i,1} + B_{i,1}\bar{Z}_{i,4} \tag{8.43}$$

步骤 4 直接设计合适的飞行器控制面偏转量 (即 δ_{xi}、δ_{yi} 和 δ_{zi}),以此来达到期望的角速度 $X_{i,4}^c$。对角速度的跟踪误差 $Z_{i,4} = X_{i,4} - X_{i,4}^c$ 求导,可得

$$\dot{Z}_{i,4} = A_{i,3}F_{i,2} + H_{i,3} + B_{i,2}U_i - \dot{X}_{i,4}^c \tag{8.44}$$

由于 $\hat{B}_{i,2}$ 可逆,所以控制器可以构造为以下形式:

$$U_i^d = \hat{B}_{i,2}^{-1}(-K_{i,4}Z_{i,4} - A_{i,3}\hat{F}_{i,2} - H_{i,3} + \dot{X}_{i,4}^c - B_{i,1}^{\mathrm{T}}\bar{Z}_{i,3} - 2\bar{Z}_{i,4}) \tag{8.45}$$

式中,$K_{i,4}$ 是一个正定对角阵;$\bar{Z}_{i,4} = Z_{i,4} - \xi_{i,4}$ 是带补偿量的角速度跟踪误差。

受某些物理条件 (如铰链力矩) 的制约,期望的控制量 U_i^d 有可能超出飞行器舵面能提供的最大转角,所以需要再将 U_i^d 输入到指令滤波器得到飞行器可执行的控制量 U_i。随后,构造如下形式的补偿量 $\xi_{i,4}$:

$$\dot{\xi}_{i,4} = -K_{i,4}\xi_{i,4} + \hat{B}_{i,2}(U_i - U_i^d) \tag{8.46}$$

根据式 (8.44)~式 (8.46),$\bar{Z}_{i,4}$ 的导数为

$$\dot{\bar{Z}}_{i,4} = -(K_{i,4} + 2I_3)\bar{Z}_{i,4} + A_{i,3}\tilde{F}_{i,2} + \tilde{B}_{i,2}U_i - B_{i,1}^{\mathrm{T}}\bar{Z}_{i,3} \tag{8.47}$$

8.3.2 稳定性分析

为了证明 8.3.1 节中提出的一体化编队控制器能够保证整个编队控制系统的闭环稳定性，给出如下定理。

定理 8.1   给出一队由一个领航者和 N 个跟随者所构成的飞行器编队，跟随者模型为式 (8.1)、式 (8.2)、式 (8.5) 和式 (8.6)。利用分布式控制器 (8.20)、(8.32)、(8.41) 和 (8.45)，指令滤波器 (8.24)，以及自适应调节律

$$\dot{\hat{\Theta}}_{F_{i,1}} = \Gamma_{F_{i,1}} \left[\Phi_{F_{i,1}} \left(A_{i,1}^{\mathrm{T}} \bar{Z}_{i,2} + A_{i,2}^{\mathrm{T}} \bar{Z}_{i,3} \right) - \mu_{F_{i,1}} \hat{\Theta}_{F_{i,1}} \right] \tag{8.48}$$

$$\dot{\hat{\Theta}}_{F_{i,2}} = \Gamma_{F_{i,2}} \left(\Phi_{F_{i,2}} A_{i,3}^{\mathrm{T}} \bar{Z}_{i,4} - \mu_{F_{i,2}} \hat{\Theta}_{F_{i,2}} \right) \tag{8.49}$$

$$\dot{\hat{\Theta}}_{B_{i,2j}} = \Gamma_{B_{i,2j}} \left(\Phi_{B_{i,2j}} \bar{Z}_{i,4} u_{i,j} - \mu_{B_{i,2j}} \hat{\Theta}_{B_{i,2j}} \right) \tag{8.50}$$

可以使得权重估计误差 $\tilde{\Theta}_{F_{i,1}}$、$\tilde{\Theta}_{F_{i,2}}$、$\tilde{\Theta}_{B_{i,2j}}$ 和跟随者 i 的各跟踪误差 $Z_{i,l}(l = 1,2,3,4)$ 达到协同半全局一致最终有界。式中，$\mu_{F_{i,1}}$、$\mu_{F_{i,2}}$、$\mu_{B_{i,2j}}(i = 1,2,\cdots,N,j = 1,2,3)$ 为较小的正实数。同时，通过选择合适的控制参数可以使得总体的编队跟踪误差收敛到零值周围的小区域内。

证明   选取以下函数作为跟随者 i 的李雅普诺夫函数：

$$V_i = \frac{1}{2} \left(\sum_{k=1}^{4} \bar{Z}_{i,k}^{\mathrm{T}} \bar{Z}_{i,k} + \sum_{j=1}^{3} \tilde{\Theta}_{B_{i,2j}}^{\mathrm{T}} \Gamma_{B_{i,2j}}^{-1} \tilde{\Theta}_{B_{i,2j}} + \sum_{l=1}^{2} \tilde{\Theta}_{F_{i,l}}^{\mathrm{T}} \Gamma_{F_{i,l}}^{-1} \tilde{\Theta}_{F_{i,l}} \right) \tag{8.51}$$

对 V_i 求导，并代入式 (8.28)、式 (8.39)、式 (8.43)式 (8.47)，可得

$$\begin{aligned}
\dot{V}_i = &- \sum_{k=1}^{4} \bar{Z}_{i,k}^{\mathrm{T}} K_{i,k} \bar{Z}_{i,k} + (\bar{Z}_{i,2}^{\mathrm{T}} A_{i,1} + \bar{Z}_{i,3}^{\mathrm{T}} A_{i,2}) E_{F_{i,1}} \\
&+ \tilde{\Theta}_{F_{i,1}}^{\mathrm{T}} \left[\Phi_{F_{i,1}} \left(A_{i,1}^{\mathrm{T}} \bar{Z}_{i,2} + A_{i,2}^{\mathrm{T}} \bar{Z}_{i,3} \right) - \Gamma_{F_{i,1}}^{-1} \dot{\hat{\Theta}}_{F_{i,1}} \right] \\
&+ \tilde{\Theta}_{F_{i,2}}^{\mathrm{T}} \left(\Phi_{F_{i,2}} A_{i,3}^{\mathrm{T}} \bar{Z}_{i,4} - \Gamma_{F_{i,2}}^{-1} \dot{\hat{\Theta}}_{F_{i,2}} \right) + \bar{Z}_{i,4}^{\mathrm{T}} A_{i,3} E_{F_{i,2}} \\
&+ \bar{Z}_{i,4}^{\mathrm{T}} \sum_{j=1}^{3} E_{B_{i,2j}} u_{i,j} - 0.5(\|\bar{Z}_{i,2}\|^2 + \|\bar{Z}_{i,3}\|^2) - 2\|\bar{Z}_{i,4}\|^2 \\
&+ \sum_{j=1}^{3} \tilde{\Theta}_{B_{i,2j}}^{\mathrm{T}} \left(\Phi_{B_{i,2j}} \bar{Z}_{i,4} u_{i,j} - \Gamma_{B_{i,2j}}^{-1} \dot{\hat{\Theta}}_{B_{i,2j}} \right)
\end{aligned} \tag{8.52}$$

将自适应调节律 (8.48)~(8.50) 代入式 (8.52)，可得

$$\dot{V}_i = - \sum_{k=1}^{4} \bar{Z}_{i,k}^{\mathrm{T}} K_{i,k} \bar{Z}_{i,k} + (\bar{Z}_{i,2}^{\mathrm{T}} A_{i,1} + \bar{Z}_{i,3}^{\mathrm{T}} A_{i,2}) E_{F_{i,1}}$$

$$+ \bar{Z}_{i,4}^{\mathrm{T}} \sum_{j=1}^{3} E_{B_{i,2j}} u_{i,j} - 0.5(\|\bar{Z}_{i,2}\|^2 + \|\bar{Z}_{i,3}\|^2) - 2\|\bar{Z}_{i,4}\|^2$$

$$+ \bar{Z}_{i,4}^{\mathrm{T}} A_{i,3} E_{F_{i,2}} + \mu_{F_{i,1}} \tilde{\Theta}_{F_{i,1}}^{\mathrm{T}} \hat{\Theta}_{F_{i,1}} + \mu_{F_{i,2}} \tilde{\Theta}_{F_{i,2}}^{\mathrm{T}} \hat{\Theta}_{F_{i,2}}$$

$$+ \sum_{j=1}^{3} \mu_{B_{i,2j}} \tilde{\Theta}_{B_{i,2j}}^{\mathrm{T}} \hat{\Theta}_{B_{i,2j}} \tag{8.53}$$

根据 Young 不等式，有

$$(\bar{Z}_{i,2}^{\mathrm{T}} A_{i,1} + \bar{Z}_{i,3}^{\mathrm{T}} A_{i,2}) E_{F_{i,1}} \leqslant 0.5(\|\bar{Z}_{i,2}\|^2 + \|\bar{Z}_{i,3}\|^2 + \|A_{i,1} E_{F_{i,1}}\|^2 + \|A_{i,2} E_{F_{i,1}}\|^2) \tag{8.54}$$

$$\bar{Z}_{i,4}^{\mathrm{T}} \left(\sum_{j=1}^{3} E_{B_{i,2j}} u_{i,j} + A_{i,3} E_{F_{i,2}} \right) \leqslant 2\|\bar{Z}_{i,4}\|^2 + 1.5 \sum_{j=1}^{3} \|E_{B_{i,2j}} u_{i,j}\|^2$$

$$+ 0.5\|A_{i,3} E_{F_{i,2}}\|^2 \tag{8.55}$$

根据 Cauchy-Schwarz 不等式，可得

$$\mu_{F_{i,1}} \tilde{\Theta}_{F_{i,1}}^{\mathrm{T}} \hat{\Theta}_{F_{i,1}} \leqslant \mu_{F_{i,1}} \left(\|\tilde{\Theta}_{F_{i,1}}\| \|\Theta_{F_{i,1}}^*\| - \|\tilde{\Theta}_{F_{i,1}}\|^2 \right)$$

$$\leqslant \frac{\mu_{F_{i,1}}}{2} \left(\|\Theta_{F_{i,1}}^*\|^2 - \|\tilde{\Theta}_{F_{i,1}}\|^2 \right) \tag{8.56}$$

$$\mu_{F_{i,2}} \tilde{\Theta}_{F_{i,2}}^{\mathrm{T}} \hat{\Theta}_{F_{i,2}} \leqslant \frac{\mu_{F_{i,2}}}{2} \left(\|\Theta_{F_{i,2}}^*\|^2 - \|\tilde{\Theta}_{F_{i,2}}\|^2 \right) \tag{8.57}$$

$$\mu_{B_{i,2j}} \tilde{\Theta}_{B_{i,2j}}^{\mathrm{T}} \hat{\Theta}_{B_{i,2j}} \leqslant \frac{\mu_{B_{i,2j}} \left(\|\Theta_{B_{i,2j}}^*\|^2 - \|\tilde{\Theta}_{B_{i,2j}}\|^2 \right)}{2} \tag{8.58}$$

将式 (8.54)~式 (8.58) 代入式 (8.53)，得到

$$\dot{V}_i \leqslant - \sum_{l=1}^{4} \bar{Z}_{i,l}^{\mathrm{T}} K_{i,l} \bar{Z}_{i,l} - \frac{\mu_{F_{i,1}}}{2} \|\tilde{\Theta}_{F_{i,1}}\|^2 - \frac{\mu_{F_{i,2}}}{2} \|\tilde{\Theta}_{F_{i,2}}\|^2$$

$$- \frac{1}{2} \sum_{j=1}^{3} \mu_{B_{i,2j}} \|\tilde{\Theta}_{B_{i,2j}}\|^2 + Q_i \tag{8.59}$$

式中, $Q_i = 0.5(\mu_{F_{i,1}} \rho_{F_{i,1}} + \mu_{F_{i,2}} \rho_{F_{i,2}} + \sum_{j=1}^{3} \mu_{B_{i,2j}} \rho_{B_{i,2j}} + \rho_i)$; $\rho_{F_{i,1}} = \max\{\|\Theta_{F_{i,1}}^*\|^2\}$; $\rho_{F_{i,2}} = \max\{\|\Theta_{F_{i,2}}^*\|^2\}$; $\rho_{B_{i,2j}} = \max\{\|\Theta_{B_{i,2j}}^*\|^2\}$; $\rho_i = \max\{\|A_{i,1} E_{F_{i,1}}\|^2 + \|A_{i,2} E_{F_{i,1}}\|^2 + \|A_{i,3} E_{F_{i,2}}\|^2 + \sum_{j=1}^{3} \|E_{B_{i,2j}} u_{i,j}\|^2\}$。

由 8.2.1 节中的假设可知，最优权重向量 $\Theta_{F_{i,1}}^*$、$\Theta_{F_{i,2}}^*$ 和 $\Theta_{B_{i,2j}}^*$ 有界，所以 $\rho_{F_{i,1}}$、$\rho_{F_{i,2}}$ 和 $\rho_{B_{i,2j}}$ 存在。因为侧滑角 β_i 可以保证在零值附近，且 U_i 有界，重构误差 $E_{F_{i,1}}$、$E_{F_{i,2}}$ 和 $E_{B_{i,2j}}$ 有界，所以 ρ_i 存在。

定义

$$k_{i,l}^* = 2\lambda_{\min}\{K_{i,l}\}, \quad \gamma_{F_{i,1}}^* = \lambda_{\max}\{\Gamma_{F_{i,1}}^{-1}\}$$
$$\gamma_{F_{i,2}}^* = \lambda_{\max}\{\Gamma_{F_{i,2}}^{-1}\}, \quad \gamma_{B_{i,2j}}^* = \lambda_{\max}\{\Gamma_{B_{i,2j}}^{-1}\} \tag{8.60}$$
$$\eta_i = \min\{k_{i,l}^*, \mu_{F_{i,1}}/\gamma_{F_{i,1}}^*, \mu_{F_{i,1}}/\gamma_{F_{i,1}}^*, \mu_{B_{i,2j}}/\gamma_{B_{i,2j}}^*\}$$

式中，$i = 1, 2, \cdots, N$；$j = 1, 2, 3$；$l = 1, 2, 3, 4$；$\lambda_{\min}\{\cdot\}$ 和 $\lambda_{\max}\{\cdot\}$ 分别代表矩阵的最小特征值和最大特征值。

根据式 (8.59)，可得

$$\dot{V}_i \leqslant -\eta_i V_i + Q_i \tag{8.61}$$

飞行器编队的李雅普诺夫函数可以定义为 $V = \sum_{i=1}^{N} V_i$，其导数为

$$\dot{V} \leqslant -\eta V + Q \tag{8.62}$$

式中，$\eta = \min\{\eta_i\}$；$Q = \sum_{i=1}^{N} Q_i$。

根据式 (8.59)，$\bar{Z}_{i,l}$ 和 $\tilde{\Theta}_\Delta$ 将分别收敛到区间 $\Omega_{\bar{Z}_{i,l}} = \left\{\bar{Z}_{i,l}\Big|\|\bar{Z}_{i,l}\| < \sqrt{\dfrac{2Q_i}{k_{i,l}^*}}\right\}$ $(i = 1, 2, \cdots, N, l = 1, 2, 3, 4)$ 和 $\Omega_{\tilde{\Theta}_\Delta} = \left\{\tilde{\Theta}_\Delta\Big|\|\tilde{\Theta}_\Delta\| < \sqrt{\dfrac{2Q_i}{\mu_\Delta}}\right\}$ $(\Delta = F_{i,1}, F_{i,2}, B_{i,2j}, j = 1, 2, 3)$。因此，$\bar{Z}_{i,l}$ 和 $\tilde{\Theta}_\Delta$ 协同半全局一致最终有界。

指令滤波器的补偿器 (8.27)、(8.38)、(8.42) 和 (8.46) 实际上可以看作有界输入有界输出稳定的线性滤波器。由于这些滤波器的输入量都是有界的，所以其输出量也有界（即 $\xi_{i,l}(i = 1, 2, \cdots, N, l = 1, 2, 3, 4)$ 有界）。因此，实际跟踪误差 $Z_{i,l}$ 也是协同半全局一致最终有界的。

由式 (8.62) 可得

$$0 \leqslant V(t) \leqslant \frac{Q}{\eta} + \left[V(0) - \frac{Q}{\eta}\right]\mathrm{e}^{-\eta t} < \frac{Q}{\eta} + V(0)\mathrm{e}^{-\eta t} \tag{8.63}$$

结合式 (8.51)，以下不等式成立：

$$\frac{1}{2}\|\bar{Z}_1\|^2 < V(t) < \frac{Q}{\eta} + V(0)\mathrm{e}^{-\eta t} \tag{8.64}$$

式中，$\bar{Z}_1 = [\bar{Z}_{1,1}^{\mathrm{T}}, \cdots, \bar{Z}_{N,1}^{\mathrm{T}}]^{\mathrm{T}}$。

这说明对于 $\sigma > \sqrt{(2Q/\eta)}$，存在一个 T，使得对于所有 $t \geqslant T$，都有 $\|\bar{Z}_1\| < \sigma$。σ 为收敛域因子，其大小取决于控制参数 $K_{i,l}$、Γ_Δ 和 $\mu_\Delta (\Delta = F_{i,1}, F_{i,2}, B_{i,2j})$，以及 B 样条神经网络的重构误差 $E_\Delta (\Delta = F_{i,1}, F_{i,2}, B_{i,2j})$。因此，为了得到更好的编队控制效果，可以在调节好控制参数 $K_{i,l}$ 之后，适当提高 $\lambda_{\min}\{\Gamma_\Delta\}$，或者在 B 样条神经网络中选取更多的分段点。

飞行器编队的整体跟踪误差 e_f(定义见式 (8.16)) 满足

$$\|e_f\| = \|A_{LB}^{-1} Z_1\| \leqslant \|A_{LB}^{-1}\| \|Z_1\|$$
$$\leqslant \sqrt{\lambda_{\max}\left\{(A_{LB}^{-1})^{\mathrm{T}} A_{LB}^{-1}\right\}} (\|\bar{Z}_1\| + \|\xi_1\|) \tag{8.65}$$

式中，$A_{LB} = (\mathcal{L} + \mathcal{B}) \otimes I_3$；$\xi_1 = [\xi_{1,1}^{\mathrm{T}}, \cdots, \xi_{N,1}^{\mathrm{T}}]^{\mathrm{T}}$。当指令滤波器中的限幅函数不起作用时，$\|\xi_1\|$ 将收敛到零。因此，选取适当的控制参数可以使整体的编队跟踪误差降低。 □

8.4 仿真验证

在本节中，首先给出数值仿真以验证本章所提出的编队控制算法的有效性。然后在相同的实验条件下，将本章所提出的算法与文献 [189] 中的双环编队控制算法的实验结果进行比较，进而验证本章提出的一体化控制框架在大机动条件下的控制效果优于双环控制框架。

考虑一个由一个领航者（用 L 表示）和三个跟随者所组成的飞行器编队。如图 8.2 所示，编队的通信拓扑由实线箭头表示，它是一个有向生成树。期望的编队队形结构可以组成一个正四面体，每边的边长为 100m。领航者的轨迹由弹道规划算法和比例导引律生成，为

$$\ddot{r}_x(t) = 0, \quad \ddot{r}_y(t) = 0$$
$$\ddot{r}_z(t) = \begin{cases} 10, & 0\text{s} < t \leqslant 2\text{s},\ 14\text{s} < t \leqslant 16\text{s} \\ -10, & 6\text{s} < t \leqslant 10\text{s} \\ 0, & \text{其他时刻} \end{cases} \tag{8.66}$$

其初始状态为 $r(0) = (0, 100, 3081.65)^{\mathrm{T}}$，$\dot{r}(0) = (250, 50, 0)^{\mathrm{T}}$，$\ddot{r}(0) = (0, 0, 0)^{\mathrm{T}}$。

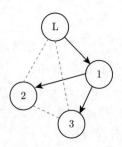

图 8.2　通信拓扑及期望队形结构示意图

每个跟随者的标称参数都相同，其具体数值见表 8.1。平均大气密度 ρ_i 可以由 $\rho_i = 1.225\,(1 - h_i/44300)^{4.2533}$ 计算，这里 h_i 表示飞行器飞行高度。在地面坐标系中，三个跟随者的初始位置坐标分别为 $X_{1,1} = (10, 90, 3000)^{\mathrm{T}}$、$X_{2,1} = (-38.9, 60, 3010)^{\mathrm{T}}$ 和 $X_{3,1} = (-38.9, 80, 2960)^{\mathrm{T}}$。初始速度及速度方向角设置为 $V_i(0) = 254\mathrm{m/s}$、$\theta_i(0) = 11.3°$ 和 $\psi_{V_i}(0) = 0°$。初始攻角、侧滑角和速度倾斜角分别设置为 $\alpha_i(0) = 3°$、$\beta_i(0) = \gamma_{V_i}(0) = 0°$。初始角速度和舵面偏转角都设为零。

表 8.1　跟随者 i 的标称参数

参数	取值	参数	取值
m_i	400kg	g	$9.8\mathrm{kg/m}^2$
l_i	0.5m	b_{Ai}	0.4m
S_i	$0.52\mathrm{m}^2$	J_{xi}	$100\mathrm{kg}\cdot\mathrm{m}^2$
J_{yi}	$1300\mathrm{kg}\cdot\mathrm{m}^2$	J_{zi}	$1200\mathrm{kg}\cdot\mathrm{m}^2$

在仿真中采用三阶 B 样条函数作为 B 样条神经网络的基函数。为了构造样条基，将攻角 α_i 的取值范围 $[-8°, 12°]$ 用 11 个分段点等分为 10 段，将速度 V_i（单位转换为马赫）的取值范围 $[0.5, 0.9]$ 用 5 个分段点等分为 4 段。含有 n 个分段点的三阶样条基由 $(n + 1)$ 段样条函数所构成。参数 $C_{D_{i0}}(V_i)$ 可以用基于单变量样条基函数的 B 样条神经网络进行近似，其隐含层有 6 个节点。而参数 $C_{D_i}^{\alpha_i}(\alpha_i, V_i)$ 由基于双变量样条基函数的 B 样条神经网络进行近似，其隐含层有 72 个节点。其他参数的近似化方法类似，此处不一一列举。各气动参数的估计值在仿真中所取的初值见表 8.2。设各个气动参数在仿真中都存在形式为 $0.1C_*(t)\sin(t/5)$ 的干扰，$C_*(t)$ 表示气动参数的当前值。

四个指令滤波器的 ω_n 分别设置为 $(15, 10, 10)^{\mathrm{T}}$、$(25, 20, 20)^{\mathrm{T}}$、$(35, 35, 35)^{\mathrm{T}}$ 和 $(40, 40, 40)^{\mathrm{T}}$。各滤波器的阻尼系数都设为 0.707。跟随者的状态和控制面约束条件均列于表 8.3。

表 8.2 气动参数估计值的初值

参数	取值	参数	取值
$\hat{C}_{D_i0}(0)$	0.05	$\hat{C}_{D_i}^{\alpha}(0)$	4.9
$\hat{C}_{Y_i}^{\beta}(0)$	-1.9	$\hat{C}_{L_i0}(0)$	0.1
$\hat{C}_{L_i}^{\alpha}(0)$	2.4	$\hat{m}_{xi}^{\beta i}(0)$	-0.3
$\hat{m}_{xi}^{\omega xi}(0)$	-0.29	$\hat{m}_{xi}^{\delta xi}(0)$	16
$\hat{m}_{yi}^{\beta i}(0)$	-14.5	$\hat{m}_{yi}^{\omega yi}(0)$	-2.9
$\hat{m}_{yi}^{\delta yi}(0)$	-17	$\hat{m}_{zi}^{\alpha i}(0)$	-18.7
$\hat{m}_{zi}^{\omega zi}(0)$	-2.9	$\hat{m}_{zi}^{\delta zi}(0)$	-24

表 8.3 状态和控制面的约束条件

变量	取值范围
α_i	$[-8, 12]^{\circ}$
β_i	$[-5, 5]^{\circ}$
γ_{V_i}	$[-90, 90]^{\circ}$
ω_{xi}	$[-130, 130]^{\circ}/\text{s}$
ω_{yi}, ω_{zi}	$[-30, 30]^{\circ}/\text{s}$
$\delta_{xi}, \delta_{yi}, \delta_{zi}$	$[-15, 15]^{\circ}$

仿真中，各个跟随者的控制参数取值为：$K_{1,1} = \text{diag}(1, 1.3, 1.2)$，$K_{2,1} = \text{diag}(1.3,\ 1.6, 1)$，$K_{3,1} = \text{diag}(1.2, 1.5, 1.2)$，$K_{1,2} = \text{diag}(1.9, 0.7, 0.6)$，$K_{2,2} = \text{diag}(2,\ 0.9,\ 0.4)$，$K_{3,2} = \text{diag}(2.2, 0.8, 0.6)$，$K_{1,3} = K_{2,3} = K_{3,3} = \text{diag}(3, 3, 3)$，$K_{1,4} = K_{2,4} = K_{3,4} = \text{diag}(5, 5, 5)$；$\mu_{F_{i,1}} = 0.03$，$\mu_{F_{i,2}} = \mu_{B_{i,21}} = \mu_{B_{i,22}} = 0.01$，$\mu_{B_{i,23}} = 0.001$，$i = 1, 2, 3$；$\Gamma_{F_{i,1}} = \text{diag}(100 \cdot 1_{78}^{\text{T}}, 900 \cdot 1_{72}^{\text{T}}, 100 \cdot 1_{6}^{\text{T}}, 700 \cdot 1_{72}^{\text{T}})$，$\Gamma_{F_{i,2}} = \text{diag}(100 \cdot 1_{7}^{\text{T}}, 40 \cdot 1_{6}^{\text{T}}, 80 \cdot 1_{31}^{\text{T}})$，$\Gamma_{B_{i,21}} = \Gamma_{B_{i,22}} = \Gamma_{B_{i,23}} = 50I_{18}, i = 1, 2, 3$。

采用以上参数，运用本章提出的控制方法对飞行器编队进行控制，得到的各飞行器飞行轨迹如图 8.3 所示。在编队形成之后，各跟随者在领航者下方保持同一水平面进行飞行。

图 8.4 显示了编队中飞行器之间的距离，可知控制算法可以使飞行器编队形成并保持预定队形。图 8.5 和图 8.6 分别显示了三个跟随者的位置跟踪误差和速度跟踪误差，可以看出各跟随者的位置及速度跟踪误差都能收敛到零，这就表示各个跟随者可以准确地跟踪领航者的飞行轨迹。

至此，可知运用本章提出的编队控制算法可以使各跟随者以预定队形沿领航者的轨迹进行编队飞行。

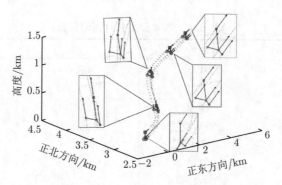

图 8.3　飞行器编队的飞行轨迹

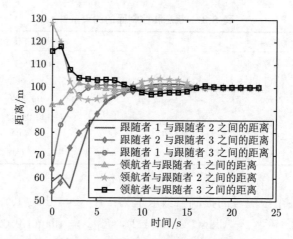

图 8.4　编队中飞行器之间的距离

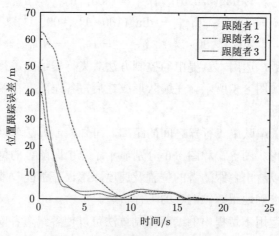

图 8.5　三个跟随者的位置跟踪误差

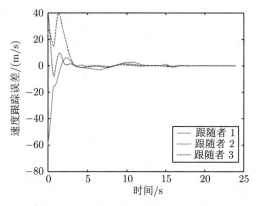

图 8.6   三个跟随者的速度跟踪误差

图 8.7 和图 8.8 分别给出了跟随者的姿态角和角速度。从图中可以看出，得益于指令滤波器的使用，各跟随者的姿态角和角速度在飞行过程中都符合表 8.3 中

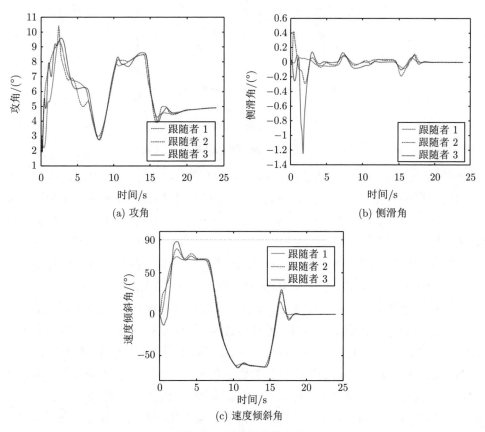

(a) 攻角

(b) 侧滑角

(c) 速度倾斜角

图 8.7   跟随者的姿态角

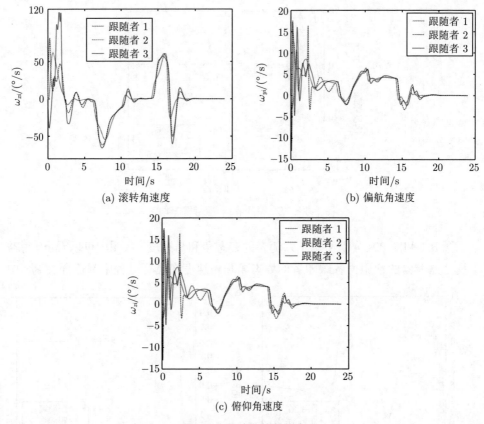

图 8.8　跟随者的角速度

列出的约束条件。值得注意的是，侧滑角 β_i (图 8.7(b)) 可以稳定地控制在零值附近，保证了飞行器可以进行协调转弯。此外，控制器产生的舵面偏转角指令 (图 8.9) 的绝对值都不超过 15°，满足了实际飞行过程中飞行器舵面偏转角的物理约束。

　　在相同的初始条件下，采用文献 [189] 中基于约束力的控制方法进行数值仿真。基于约束力的控制方法采用双环控制结构，外环为编队控制，内环为姿态控制，其控制结果如图 8.10~图 8.12 所示。对比图 8.4~图 8.6 中的控制结果，可以发现图 8.11 和图 8.12 中的位置及速度跟踪误差在 10~16s 的区间内有更大的超调量，此时飞行器正处在转弯过程中。这是因为采用双环控制框架时，内环控制器无法快速跟踪外环控制器所产生的姿态角指令，导致内外环控制不协调。因此，在大机动条件下采用双环编队控制框架会降低控制系统的性能。反观本章提出的一体化编队控制框架可以使内外环控制协调工作，使飞行器能够进行协调转弯，保证了整个飞行器编队具有良好的机动性。

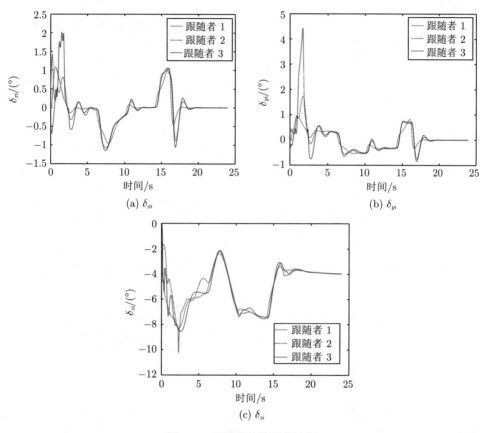

(a) δ_{xi}

(b) δ_{yi}

(c) δ_{zi}

图 8.9 跟随者的舵面偏转角

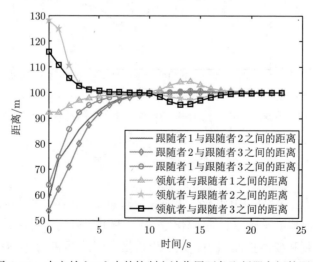

图 8.10 在文献 [189] 中的控制方法作用下各飞行器之间的距离

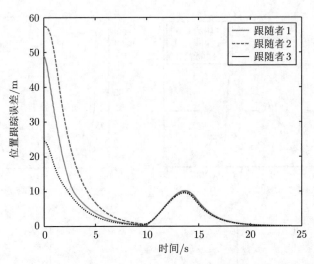

图 8.11   在文献 [189] 中的控制方法作用下各跟随者的位置跟踪误差

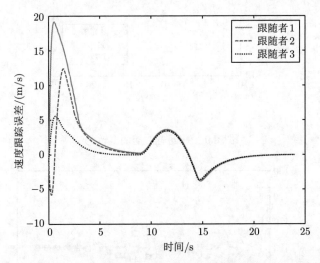

图 8.12   在文献 [189] 中的控制方法作用下各跟随者的速度跟踪误差

8.5　本章小结

本章研究了三维空间中领航者-跟随者结构的飞行器编队控制问题。针对此问题，提出了一种基于反演控制的一体化编队控制框架来同时解决大机动条件下飞行器的编队控制和姿态控制问题。通过引入指令滤波器和 B 样条神经网络，飞行器控制过程中存在的状态受限、驱动器饱和以及空气动力学参数的不确定性问题都可以得到有效解决。本章所提出的分布式编队控制律可以保证闭环系统的所有状态都达到协同半全局一致最终有界，同时通过调节控制参数可以使编队控制误差达到足够小。最后，在数值仿真中，通过与文献 [189] 中双环编队控制效果的对比，体现出本章所提出的一体化控制算法在大机动条件下编队控制效果的优越性。

第 9 章　固定翼飞行器的编队跟踪与队形旋转控制

9.1　引　言

第 8 章中研究了固定翼飞行器的分布式编队控制问题，注意到在期望队形形成之后，各飞行器的速度会达到一致，但编队的整体朝向是固定的。这样的编队方式会导致如果初始时刻领航者在编队最前方进行飞行，那么在飞行方向进行 180° 的大转弯后，领航者会变为跟随者处在编队后方，无法起到领航者应有的作用。解决此问题的方法是使编队队形跟随领航者的速度方向进行整体旋转，即改变编队的整体朝向，这样无论飞行方向如何变化，领航者相对于其他跟随者的位置不会发生改变。在第 8 章中采用了编队控制中较为普遍的基于多运动体一致性的编队控制方法，通过各相邻飞行器间保持固定的相对位置，使编队按预定队形以平移运动的方式对参考轨迹进行跟踪。但利用这种方式很难进行编队朝向的控制，因为在编队进行旋转的过程中，相邻飞行器间的相对位置会发生变化且难以计算。文献 [124] 中提出了一种基于虚拟领航者的方法，可以在编队跟踪过程中控制编队的朝向。但是，其整体控制结构需要分为两个回路，正如第 8 章所述，这种双环控制结构不能满足 BTT 固定翼飞行器的编队控制要求。另一种常用的基于距离的编队控制方式在编队定义时并没有对编队的朝向进行显式定义，如果要控制编队的朝向，则需要对其进行特殊设计。例如，文献 [190] 中通过模拟运动体间距离测量的不一致性 [191] 来实现编队朝向的控制，但这种方法要求在三维空间中各智能体在期望队形中不能共面。而在很多实际任务中都需要固定翼飞行器进行编队定高飞行，所以这种方法在实际应用中会有一定的局限性。Sun 等 [192] 提出了一种刚性编队控制方法来实现期望队形并控制编队朝向，但这种方法只适用于解决队形稳定问题，无法直接用于解决编队跟踪问题。文献 [193] 和 [194] 中采用了基于方位角的编队控制方法，可以通过保持飞行器之间的相对方位角来达到期望队形并实现轨迹跟踪，但这种方法无法控制编队朝向。在目前的研究中，并没有合适的控制方法来解决固定翼飞行器编队跟踪控制中的队形朝向控制问题。

因此，本章将针对固定翼飞行器的编队跟踪及队形旋转控制问题进行研究。将飞行器位置从地面惯性坐标系转换到相邻飞行器的相对运动坐标系来进行考虑。

无论编队的朝向发生何种改变，各飞行器关于相邻飞行器的相对位置都不会发生变化，即各飞行器在相邻飞行器的相对运动坐标系下的期望位置不变。因此，本章将基于此思想设计分布式编队控制器对编队的朝向进行控制。为了突出重点，在本章中仅针对飞行器的运动学方程进行控制器设计。但通过借鉴第 8 章中的姿态控制设计方法，本章中的控制算法可以轻松扩展为一体化编队和姿态控制算法，以满足 BTT 固定翼飞行器的动力学特性。

9.2　飞行器相对运动模型

为了控制固定翼飞行器编队的朝向，首先要对飞行器之间的相对运动进行建模。为此需要引入一个动坐标系，即关于飞行器 i 的相对运动坐标系 $F_{R_i}(O_i\text{-}x_{R_i}y_{R_i}z_{R_i})$。其坐标系原点位于飞行器 i 的质心，x 轴方向与飞行器 i 的速度方向重合，y 轴位于包含 x 轴的铅垂平面内并与 x 轴垂直，指向上方为正。相对运动坐标系 F_{R_i} 可由地面坐标系 F_E 通过原点平移和绕相应坐标轴分别旋转两次来得到。两次旋转的角度分别为弹道偏角 ψ_{V_i} 和弹道倾角 θ_i。可以看出相对运动坐标系就是相对特定飞行器 i 的弹道坐标系，本章中引入相对运动坐标系的概念用来考察飞行器之间的相对运动。相对运动坐标系 F_{R_i} 与地面坐标系 F_E 的关系如图9.1 所示。

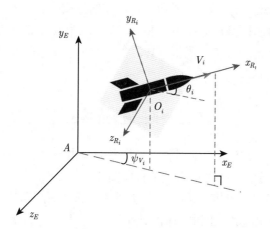

图 9.1　相对运动坐标系 F_{R_i} 与地面坐标系 F_E 的关系示意图

飞行器 i 相对于飞行器 j 的相对运动方程可以表示为[84]

$$\dot{y}_{ij} = A_j y_{ij} + B_j + C_j G_i + E_{ij} \tag{9.1}$$

式中,

$$
A_j = \begin{bmatrix} 0 & \dot\theta_j & -\dot\psi_{V_j}\cos\theta_j \\ -\dot\theta_j & 0 & \dot\psi_{V_j}\sin\theta_j \\ \dot\psi_{V_j}\cos\theta_j & -\dot\psi_{V_j}\sin\theta_j & 0 \end{bmatrix}, \quad B_j = \begin{bmatrix} -V_j \\ 0 \\ 0 \end{bmatrix}
$$

$$
C_j = \begin{bmatrix} \cos\theta_j\cos\psi_{V_j} & \sin\theta_j & \cos\theta_j\sin\psi_{V_j} \\ -\sin\theta_j\cos\psi_{V_j} & \cos\theta_j & -\sin\theta_j\sin\psi_{V_j} \\ \sin\psi_{V_j} & 0 & -\cos\psi_{V_j} \end{bmatrix}
$$

$$
G_i = V_i[\cos\theta_i\cos\psi_{V_i}, \sin\theta_i, \cos\theta_i\sin\psi_{V_i}]^{\mathrm T}
$$

这里, V_Δ、θ_Δ 和 $\psi_{V_\Delta}(\Delta = i,j)$ 分别表示速度、弹道倾角和弹道偏角; $y_{ij} = [y_{ij,1}, y_{ij,2}, y_{ij,3}]^{\mathrm T}$ $(i = 1,2,\cdots,N,\ j = 1,2,\cdots,N+1)$, $y_{ij,1}$、$y_{ij,2}$ 和 $y_{ij,3}$ 表示飞行器 i 在飞行器 j 的相对运动坐标系中的坐标值; $E_{ij} = [e_{ij,1}, e_{ij,2}, e_{ij,3}]^{\mathrm T}$ 表示有界的干扰量, $|e_{ij,k}| \leqslant e_{ij,k}^m (k = 1,2,3)$, 且干扰量的上界 $e_{ij,k}^m$ 未知。

飞行器 i 关于速度和速度方向的运动学方程可以表示如下:

$$
\dot X_i = H_i + D_i U_i + W_i \tag{9.2}
$$

式中, $X_i = [V_i, \theta_i, \psi_{V_i}]^{\mathrm T}$; $H_i = -g[\sin\theta_i, \cos\theta_i/V_i, 0]^{\mathrm T}$; $D_i = \mathrm{diag}(g, g/V_i, -g/(V_i\cos\theta_i))$; $U = [n_{xi}, n_{yi}, n_{zi}]^{\mathrm T}$ 表示飞行器 i 的过载, 它是飞行器除重力之外所受外力之和与重力的比值, n_{xi}、n_{yi} 和 n_{zi} 表示飞行器 i 的过载在自身弹道坐标系各坐标轴上的分量; 与 E_{ij} 类似, $W_i = [w_{i,1}, w_{i,2}, w_{i,3}]^{\mathrm T}$ 也表示上界未知的干扰量, $|w_{i,k}| \leqslant w_{i,k}^m(k = 1,2,3)$。

9.3　问　题　描　述

与第 8 章类似, 在本章中依旧假设飞行器编队由一个领航者和 N 个跟随者构成。跟随者之间的通信拓扑表示为一个有向图 $\mathcal{G} = \{\mathcal{V}, \mathcal{E}\}$, 式中 $\mathcal{V} = \{1, 2, \cdots, N\}$ 和 $\mathcal{E} \subseteq \mathcal{V} \times \mathcal{V}$ 分别代表点集和边集。图 $\mathcal{G}$ 对应的邻接矩阵和拉普拉斯矩阵分别为 $\mathcal{A}$ 和 $\mathcal{L}$。领航者与跟随者之间的通信拓扑可以表示为一个扩展有向图 $\bar{\mathcal{G}} = \{\bar{\mathcal{V}}, \bar{\mathcal{E}}\}$, 其点集和边集的定义分别为 $\bar{\mathcal{V}} = \{1, 2, \cdots, N, N+1\}$（点 $N+1$ 表示领航者）和 $\bar{\mathcal{E}} \subseteq \bar{\mathcal{V}} \times \bar{\mathcal{V}}$。图 $\bar{\mathcal{G}}$ 的拉普拉斯矩阵 $\bar{\mathcal{L}}$ 定义如下:

$$
\bar{\mathcal{L}} = \begin{bmatrix} \mathcal{L} + \mathcal{B} & -b \\ 0_{1\times N} & 0 \end{bmatrix} \tag{9.3}
$$

式中，$b = [b_1, b_2, \cdots, b_N]^T$；$\mathcal{B} = \mathrm{diag}(b_1, b_2, \cdots, b_N)$（如果在图 $\bar{\mathcal{G}}$ 中 $N+1 \in \mathcal{N}_i$，那么 $b_i = 1$，否则，$b_i = 0$，$i = 1, 2, \cdots, N$）。如果有向图 $\bar{\mathcal{G}}$ 中有一个节点到其他任意节点都有一条有向路径，那么就说这个有向图包含有向生成树。这个节点称为根节点。图 $\bar{\mathcal{G}}$ 中包含的有向生成树用 $\bar{\mathcal{G}}_b$ 表示。有向生成树 $\bar{\mathcal{G}}_b$ 中去除领航者和与其相连的边后构成的图表示为 $\mathcal{G}_b$。有向生成树 $\bar{\mathcal{G}}_b$ 对应的邻接矩阵表示为 $\bar{A}_b$。定义 $b' = [b_1', \cdots, b_N']^T$ 和 $\mathcal{B}' = \mathrm{diag}(b_1', \cdots, b_N')$。如果在图 $\bar{\mathcal{G}}_b$ 中 $N+1 \in \mathcal{N}_i$，那么 $b_i' = 1$，否则，$b_i' = 0$，$i = 1, 2, \cdots, N$。

在本章中飞行器编队控制误差 e_f 可以定义为 $e_f = y^r - y^d$。其中，$y^r = [y_{1,N+1}^T, \cdots, y_{N,N+1}^T]^T$ 表示各跟随者在领航者相对运动坐标系中的位置，$y^d = [(y_{1,N+1}^d)^T, \cdots, (y_{N,N+1}^d)^T]^T$ 表示各跟随者在领航者相对运动坐标系中的期望位置。如果将 e_f 控制到零，那么跟随者可以按预定的队形跟随领航者的轨迹进行编队飞行。由于领航者相对运动坐标系是动坐标系，且坐标系的运动方向与领航者的速度方向保持一致，所以如果各跟随者在此坐标系下能保持固定位置不变，那么编队的整体朝向也会随着领航者速度方向的改变而改变。

因此，本章的控制目标是为各跟随者设计分布式编队控制器，使得编队跟踪误差 e_f 能够收敛到原点附近的有界小区域内。与此同时，在控制过程中，速度及其方向角 $X_{i,2}$ 和过载 U_i 都必须符合各自的限制条件，即 $X_{i,2}$、U_i 分别位于特定的紧集 $\Omega_{X_{i,2}}$，$\Omega_{U_i} \subset \mathbb{R}^3$ 中。

为了便于后续推导，给出如下假设和引理。

假设 9.1　领航者的轨迹函数及其一阶导数连续且有界。图 $\bar{\mathcal{G}}$ 中包含一个有向生成树 $\bar{\mathcal{G}}_b$，且领航者为有向生成树的根节点。

引理 9.1 [195]　对于任意 $\eta \in \mathbb{R}$ 和 $\sigma > 0$，有以下不等式成立：

$$0 \leqslant |\eta| - \eta \tanh\left(\frac{\eta}{\sigma}\right) \leqslant \delta\sigma \tag{9.4}$$

式中，δ 是一个常数，满足 $\delta = \mathrm{e}^{-(\delta+1)}$，即 $\delta = 0.2785$。

9.4　分布式编队跟踪与队形旋转控制器设计

本节首先提出一种分布式的领航者-跟随者编队控制算法，使得各跟随者能以预定队形跟随领航者进行飞行，同时编队的朝向在飞行过程中与领航者的速度方向保持一致。然后，在此基础上给出基于领航者-跟随者编队控制算法的闭环系统稳定性分析。

9.4.1 编队及队形旋转控制器设计

为了便于进行分布式编队控制器设计，这里先将编队控制误差 e_f 进行分布化。跟随者 i 相对于邻居的编队跟踪误差可以定义为

$$
Z_{i,1} = \sum_{j=1}^{N} a'_{ij}(y_{ij} - y_{ij}^d) + b'_i(y_{i,N+1} - y_{i,N+1}^d)
$$
$$
= \sum_{j=1}^{N+1} a_{ij}^b(y_{ij} - y_{ij}^d) \tag{9.5}
$$

式中，a'_{ij} 表示图 $\mathcal{G}_b$ 对应的邻接矩阵的 (i,j) 元素；a_{ij}^b 表示图 $\bar{\mathcal{G}}_b$ 对应的邻接矩阵的 (i,j) 元素；y_{ij}^d 表示跟随者 i 在飞行器 $j(j \in \bar{\mathcal{V}})$ 的相对运动坐标系中的期望位置。

对 $Z_{i,1}$ 求导，可得

$$
\dot{Z}_{i,1} = \sum_{j=1}^{N+1} a_{ij}^b(A_j y_{ij} + B_j + W_{ij,1}) + \left(\sum_{j=1}^{N+1} a_{ij}^b C_j\right) G_i \tag{9.6}
$$

由于 $C_j(j \in \bar{\mathcal{V}})$ 是非奇异矩阵且 $\bar{\mathcal{G}}_b$ 是一个有向生成树，所以 $\sum_{j=1}^{N+1} a_{ij}^b C_j$ 也是非奇异矩阵。

为了使 $Z_{i,1}$ 收敛到零，可以设计虚拟控制量 X_i^d 满足如下等式：

$$
G_i(X_i^d) = (g_{i,1}, g_{i,2}, g_{i,3})^{\mathrm{T}} = R_i^{-1}\left[-\sum_{j=1}^{N+1} a_{ij}^b(A_j y_{ij} + B_j + P_{ij,1}) - K_{i,1} Z_{i,1}\right] \tag{9.7}
$$

式中，

$$
P_{ij,1} = \begin{bmatrix} \hat{e}_{ij,1}^m \tanh\left(\dfrac{\bar{z}_{i,11}}{\sigma_{ij,1}}\right) \\ \hat{e}_{ij,2}^m \tanh\left(\dfrac{\bar{z}_{i,12}}{\sigma_{ij,1}}\right) \\ \hat{e}_{ij,3}^m \tanh\left(\dfrac{\bar{z}_{i,13}}{\sigma_{ij,1}}\right) \end{bmatrix}, \quad R_i = \sum_{j=1}^{N+1} a_{ij}^b C_j
$$

这里，$\hat{e}_{ij,k}^m(k=1,2,3)$ 表示 $e_{ij,k}^m$ 的估计值，$\sigma_{ij,1}$ 为一个正实数，$\bar{z}_{i,1k}(k=1,2,3)$ 表示带补偿量的编队跟踪误差 $\bar{Z}_{i,1}$ 中的各分量值（其定义随后给出）；$K_{i,1}$ 为正定对角阵。

由于弹道倾角和弹道偏角分别满足 $\theta_i \in (-\pi/2, \pi/2)$ 和 $\psi_{V_i} \in (-\pi, \pi]$，所以 $X_i^d = (V_i^d, \theta_i^d, \psi_{V_i}^d)^{\mathrm{T}}$ 中的各分量值可以由以下几个公式来确定：

$$V_i^d = \sqrt{g_{i,1}^2 + g_{i,2}^2 + g_{i,3}^2} \tag{9.8}$$

$$\theta_i^d = \arctan \frac{g_{i,2}}{\sqrt{g_{i,1}^2 + g_{i,3}^2}} \tag{9.9}$$

$$\psi_{V_i}^d = \begin{cases} \arctan\left(g_{i,3}/g_{i,1}\right), & g_{i,1} > 0 \\ \pi + \arctan\left(g_{i,3}/g_{i,1}\right), & g_{i,1} < 0, g_{i,3} > 0 \\ -\pi + \arctan\left(g_{i,3}/g_{i,1}\right), & g_{i,1} < 0, g_{i,3} < 0 \end{cases} \tag{9.10}$$

为了得到 X_i^d 的导数，可以利用第 8 章所采用的指令滤波器 (8.24) 进行计算。将 X_i^d 输入到指令滤波器 (8.24) 中得到 X_i^c 和 $\dot{X}_i^c$。如果 X_i^d 不满足 X_i 的限制条件，那么输出量 X_i^c 与 X_i^d 有所不同。所以，为了补偿因采用指令滤波器而导致的误差，需要定义如下形式的补偿量 $\xi_{i,1}$：

$$\dot{\xi}_{i,1} = -K_{i,1}\xi_{i,1} + R_i\left[G_i(X_{i,2}) - G_i(X_{i,2}^d)\right] \tag{9.11}$$

将补偿量 $\xi_{i,1}$ 与编队控制误差 $Z_{i,1}$ 进行结合得到带补偿量的编队跟踪误差 $\bar{Z}_{i,1}$，其形式如下：

$$\dot{\bar{Z}}_{i,1} = \dot{Z}_{i,1} - \dot{\xi}_{i,1} = -K_{i,1}\bar{Z}_{i,1} + \sum_{j=1}^{N+1} a_{ij}^b \left(E_{ij} - P_{ij,1}\right) \tag{9.12}$$

定义子系统 (9.1) 对应的李雅普诺夫函数 $V_{i,1}$ 为

$$V_{i,1} = \frac{1}{2}\left[\bar{Z}_{i,1}^{\mathrm{T}}\bar{Z}_{i,1} + \sum_{j=1}^{N+1} a_{ij}^b (\tilde{E}_{ij}^m)^{\mathrm{T}} \Gamma_{ij,1}^{-1} \tilde{E}_{ij}^m\right] \tag{9.13}$$

式中，$\Gamma_{ij,1}$ 为一个正定对角阵；$\tilde{E}_{ij}^m = E_{ij}^m - \hat{E}_{ij}^m$ 表示干扰量 E_{ij} 上界的估计误差。

令 $V_{i,1}$ 对时间 t 求导，可得

$$\dot{V}_{i,1} = \bar{Z}_{i,1}^{\mathrm{T}}\dot{\bar{Z}}_{i,1} - \sum_{j=1}^{N+1} a_{ij}^b (\tilde{E}_{ij}^m)^{\mathrm{T}} \Gamma_{ij,1}^{-1} \dot{\hat{E}}_{ij}^m$$

$$\leqslant -\bar{Z}_{i,1}^{\mathrm{T}} K_{i,1} \bar{Z}_{i,1} + \sum_{j=1}^{N+1} a_{ij}^b \left\{ \sum_{k=1}^{3} \left[|\bar{z}_{i,1k}| e_{ij,k}^m \right. \right.$$

$$- \bar{z}_{i,1k}(e^m_{ij,k} - \tilde{e}^m_{ij,k}) \tanh\left(\frac{\bar{z}_{i,1k}}{\sigma_{ij,1}}\right)\Big] - (\tilde{E}^m_{ij})^{\mathrm{T}} \Gamma^{-1}_{ij,1} \dot{\tilde{E}}^m_{ij}\Big\} \tag{9.14}$$

根据引理 9.1，有

$$\dot{V}_{i,1} \leqslant - \bar{Z}^{\mathrm{T}}_{i,1} K_{i,1} \bar{Z}_{i,1} + \sum_{j=1}^{N+1} \sum_{k=1}^{3} 0.2785 a^b_{ij} e^m_{ij,k} \sigma_{ij,1}$$

$$+ \sum_{j=1}^{N+1} a^b_{ij}(\tilde{E}^m_{ij})^{\mathrm{T}}\left(Q_{i,1} - \Gamma^{-1}_{ij,1} \dot{\tilde{E}}^m_{ij}\right) \tag{9.15}$$

式中，$Q_{i,1} = \begin{bmatrix} \bar{z}_{i,11} \tanh\left(\dfrac{\bar{z}_{i,11}}{\sigma_{ij,1}}\right) \\ \bar{z}_{i,12} \tanh\left(\dfrac{\bar{z}_{i,12}}{\sigma_{ij,1}}\right) \\ \bar{z}_{i,13} \tanh\left(\dfrac{\bar{z}_{i,13}}{\sigma_{ij,1}}\right) \end{bmatrix}$。

下一步，定义速度及其方向的跟踪误差为 $Z_{i,2} = X_i - X^c_i$。对 $Z_{i,2}$ 求导，并将式 (9.2) 代入，可得

$$\dot{Z}_{i,2} = H_i + D_i U_i + W_{i,2} - \dot{X}^c_i \tag{9.16}$$

因为 D_i 是非奇异矩阵，所以期望过载可以根据式 (9.17) 进行设计:

$$U^d_i = D^{-1}(-H_i - K_{i,2} Z_{i,2} - P_{i,2} + \dot{X}^c_i) \tag{9.17}$$

式中，

$$P_{i,2} = \begin{bmatrix} \hat{w}^m_{i,1} \tanh\left(\dfrac{\bar{z}_{i,21}}{\sigma_{i,2}}\right) \\ \hat{w}^m_{i,2} \tanh\left(\dfrac{\bar{z}_{i,22}}{\sigma_{i,2}}\right) \\ \hat{w}^m_{i,3} \tanh\left(\dfrac{\bar{z}_{i,23}}{\sigma_{i,2}}\right) \end{bmatrix} \tag{9.18}$$

这里，$\hat{w}^m_{i,k}(k = 1, 2, 3)$ 表示 $w^m_{i,k}$ 的估计值，$\sigma_{i,2}$ 为正实数，$\bar{z}_{i,2k}(k = 1, 2, 3)$ 是带补偿量的跟踪误差 $\bar{Z}_{i,2}$ 中的各分量值；$K_{i,2}$ 为正定对角阵。

由于式 (9.17) 中算出的期望过载可能会大于实际飞行器的可用过载，所以为了得到实际的可执行过载 U_i，需要将 U^d_i 输入指令滤波器 (8.24)。与式 (9.11) 和式 (9.12) 类似，相应的补偿量 $\xi_{i,2}$ 和带补偿量的跟踪误差 $\bar{Z}_{i,2}$ 可以定义为

$$\dot{\xi}_{i,2} = -K_{i,2}\xi_{i,2} + D_i(U_i - U^d_i) \tag{9.19}$$

$$\dot{\bar{Z}}_{i,2} = \dot{Z}_{i,1} - \dot{\xi}_{i,1} = -K_{i,2}\bar{Z}_{i,2} + W_i - P_{i,2} \tag{9.20}$$

定义子系统 (9.2) 对应的李雅普诺夫函数 $V_{i,2}$ 为

$$V_{i,2} = \frac{1}{2}\left[\bar{Z}_{i,2}^{\mathrm{T}}\bar{Z}_{i,2} + (\tilde{W}_i^m)^{\mathrm{T}}\Gamma_{i,2}^{-1}\tilde{W}_i^m\right] \tag{9.21}$$

式中，$\Gamma_{i,2}$ 为正定对角阵；$\tilde{W}_i^m = W_i^m - \hat{W}_i^m$ 表示干扰量 W_i 的上界的估计误差。

对 $V_{i,2}$ 求导，可得

$$
\begin{aligned}
\dot{V}_{i,2} =& \bar{Z}_{i,2}^{\mathrm{T}}\dot{\bar{Z}}_{i,2} - (\tilde{W}_i^m)^{\mathrm{T}}\Gamma_{i,2}^{-1}\dot{\hat{W}}_i^m \\
\leqslant& -\bar{Z}_{i,2}^{\mathrm{T}}K_{i,2}\bar{Z}_{i,2} + \sum_{k=1}^{3}\left[|\bar{z}_{i,2k}|w_{i,k}^m - \bar{z}_{i,2k}(w_{i,k}^m - \tilde{w}_{i,k}^m)\tanh\left(\frac{\bar{z}_{i,2k}}{\sigma_{i,2}}\right)\right] \\
& - (\tilde{W}_i^m)^{\mathrm{T}}\Gamma_{i,2}^{-1}\dot{\hat{W}}_i^m \\
\leqslant& -\bar{Z}_{i,2}^{\mathrm{T}}K_{i,2}\bar{Z}_{i,2} + \sum_{k=1}^{3}0.2785w_{i,k}^m\sigma_{i,2} + (\tilde{W}_i^m)^{\mathrm{T}}\left(Q_{i,2} - \Gamma_{i,2}^{-1}\dot{\hat{W}}_i^m\right) \tag{9.22}
\end{aligned}
$$

式中，$Q_{i,2} = \begin{bmatrix} \bar{z}_{i,21}\tanh\left(\dfrac{\bar{z}_{i,21}}{\sigma_{i,2}}\right) \\[2mm] \bar{z}_{i,22}\tanh\left(\dfrac{\bar{z}_{i,22}}{\sigma_{i,2}}\right) \\[2mm] \bar{z}_{i,23}\tanh\left(\dfrac{\bar{z}_{i,23}}{\sigma_{i,2}}\right) \end{bmatrix}$。

注 9.1　为了满足 BTT 固定翼飞行器的动力学特性，本章中所提出的控制算法可以扩展为与第 8 章类似的编队和姿态一体化控制算法。飞行器过载与气动力之间的关系可以由以下方程来描述[196]：

$$
\begin{cases}
n_{xi} = \dfrac{P_i\cos\alpha_i\cos\beta_i - D_i}{m_i g} \\[3mm]
n_{yi} = \dfrac{P_i(\sin\alpha_i\cos\gamma_{V_i} + \cos\alpha_i\sin\beta_i\sin\gamma_{V_i}) + L_i\cos\gamma_{V_i} - Y_i\sin\gamma_{V_i}}{m_i g} \\[3mm]
n_{zi} = \dfrac{P_i(\sin\alpha_i\sin\gamma_{V_i} - \cos\alpha_i\sin\beta_i\cos\gamma_{V_i}) + L_i\sin\gamma_{V_i} + Y_i\cos\gamma_{V_i}}{m_i g}
\end{cases} \tag{9.23}
$$

式中，m_i 表示飞行器的质量；D_i、L_i、Y_i 和 P_i 分别表示阻力、升力、侧向力和推力。

注意到式 (9.23) 的形式和模型 (8.2) 非常相似，而且本章的控制算法也是基于反演法的控制思路来设计的。所以，将本章控制算法中得到的可执行过载 U_i 当

作式 (9.23) 的期望输出,并结合第 8 章中步骤 2~步骤 4 的方法,即可将本章提出的编队控制算法扩展为编队和姿态控制一体化控制算法,从而解决编队控制中固定翼飞行器的通道耦合、飞行状态和舵面偏转角受限以及气动系数不确定等问题。

9.4.2　编队控制系统稳定性分析

基于以上推导,将给出如下定理来说明本章提出的控制算法可以保证编队飞行控制系统的闭环稳定性。

定理 9.1　在假设 9.1 的前提条件下,给出一队由一个领航者和 N 个跟随者所构成的飞行器编队,其模型为式 (9.1) 和式 (9.2)。利用本章提出的编队控制算法,包括分布式控制律 (9.7) 和 (9.17)、指令滤波器 (8.24)、补偿量更新律 (9.11) 和 (9.19),干扰上界的估计器

$$\dot{\hat{E}}_{ij}^m = \Gamma_{ij,1}\left(Q_{i,1} - \mu_{ij,1}\hat{E}_{ij}^m\right) \tag{9.24}$$

$$\dot{\hat{W}}_i^m = \Gamma_{i,2}\left(Q_{i,2} - \mu_{i,2}\hat{W}_i^m\right) \tag{9.25}$$

就可以使得干扰上界的估计误差 $\tilde{E}_{ij}^m$ 和 $\tilde{W}_i^m$,以及跟随者 i 的跟踪误差 $Z_{i,1}$ 和 $Z_{i,2}$ 达到协同半全局一致最终有界。式中,$\mu_{ij,1}$ 和 $\mu_{i,2}(i = 1,2,\cdots,N,\ j = 1,2,\cdots,N+1)$ 为较小的正实数。同时,通过选取合适的控制参数可以使得所有跟随者的编队跟踪误差收敛到零值周围的小区域内。

证明　跟随者 i 的李雅普诺夫函数可以定义为 $V_i = V_{i,1} + V_{i,2}$。对 V_i 求导,将式 (9.15)、式 (9.22)、式 (9.24) 和式 (9.25) 都代入后可得

$$\dot{V}_i \leqslant -\sum_{l=1}^{2}\bar{Z}_{i,l}^{\mathrm{T}}K_{i,l}\bar{Z}_{i,l} + 0.2785\sum_{k=1}^{3}\left(\sum_{j=1}^{N+1}a_{ij}^b e_{ij,k}^m\sigma_{ij,1} + w_{i,k}^m\sigma_{i,2}\right)$$
$$+ \sum_{j=1}^{N+1}a_{ij}^b\mu_{ij,1}(\tilde{E}_{ij}^m)^{\mathrm{T}}\hat{E}_{ij}^m + \mu_{i,2}(\tilde{W}_i^m)^{\mathrm{T}}\hat{W}_i^m \tag{9.26}$$

根据 Cauchy-Schwarz 不等式,有以下不等式成立:

$$\mu_{ij,1}(\tilde{E}_{ij}^m)^{\mathrm{T}}\hat{E}_{ij}^m \leqslant \frac{\mu_{ij,1}}{2}\left(\left\|E_{ij}^m\right\|^2 - \left\|\tilde{E}_{ij}^m\right\|^2\right) \tag{9.27}$$

$$\mu_{i,2}(\tilde{W}_i^m)^{\mathrm{T}}\hat{W}_i^m \leqslant \frac{\mu_{i,2}}{2}\left(\left\|W_i^m\right\|^2 - \left\|\tilde{W}_i^m\right\|^2\right) \tag{9.28}$$

将式 (9.27) 和式 (9.28) 代入式 (9.26),可得

$$\dot{V}_i \leqslant -\sum_{l=1}^{2} \bar{Z}_{i,l}^{\mathrm{T}} K_{i,l} \bar{Z}_{i,l} - \sum_{j=1}^{N+1} \frac{a_{ij}^b \mu_{ij,1}}{2} \left\| \tilde{E}_{ij}^m \right\|^2$$

$$- \frac{\mu_{i,2}}{2} \left\| \tilde{W}_i^m \right\|^2 + \sum_{j=1}^{N+1} \frac{a_{ij}^b \mu_{ij,1}}{2} \left\| E_{ij}^m \right\|^2$$

$$+ 0.2785 \sum_{k=1}^{3} \left(\sum_{j=1}^{N+1} a_{ij}^b e_{ij,k}^m \sigma_{ij,1} + w_{i,k}^m \sigma_{i,2} \right) + \frac{\mu_{i,2}}{2} \left\| W_i^m \right\|^2 \quad (9.29)$$

为了符号的简洁性，在这里可以定义 $k_{i,l}^* = 2\lambda_{\min}\{K_{i,l}\}$，$\gamma_{ij,1}^* = \lambda_{\max}\{\Gamma_{ij,1}^{-1}\}$，$\gamma_{i,2}^* = \lambda_{\max}\{\Gamma_{i,2}^{-1}\}$，$\eta_i = \min\{k_{i,l}^*, \mu_{ij,1}/\gamma_{ij,1}^*, \mu_{i,2}/\gamma_{i,2}^*\}$，$i = 1,2,\cdots,N$，$j = 1,2,\cdots,N+1$，$l = 1,2$。$\lambda_{\max}\{\cdot\}$ 和 $\lambda_{\min}\{\cdot\}$ 分别表示矩阵的最大特征值和最小特征值。根据式 (9.29)，有

$$\dot{V}_i \leqslant -\eta_i V_i + F_i \quad (9.30)$$

式中，$F_i = \sum_{j=1}^{N+1} \frac{a_{ij}^b \mu_{ij,1}}{2} \left\| E_{ij}^m \right\|^2 + \frac{\mu_{i,2}}{2} \left\| W_i^m \right\|^2 + 0.2785 \sum_{k=1}^{3} \left(\sum_{j=1}^{N+1} a_{ij}^b e_{ij,k}^m \sigma_{ij,1} + w_{i,k}^m \sigma_{i,2} \right)$。

根据式 (9.29) 和式 (9.30)，$\bar{Z}_{i,l}$、$\tilde{E}_{ij}^m$ 和 $\tilde{W}_i^m$ 将分别收敛到紧集 $\Omega_{\bar{Z}_{i,l}} = \left\{ \bar{Z}_{i,l} \middle| \|\bar{Z}_{i,l}\| < \sqrt{\frac{2F_i}{k_{i,l}^*}} \right\}$、$\Omega_{\tilde{E}_{ij}^m} = \left\{ \tilde{E}_{ij}^m \middle| \|\tilde{E}_{ij}^m\| < \sqrt{\frac{2F_i}{\mu_{ij,1}}} \right\} (j \in \{j|a_{ij}^b=1\})$ 和 $\Omega_{\tilde{W}_i^m} = \left\{ \tilde{W}_i^m \middle| \|\tilde{W}_i^m\| < \sqrt{\frac{2F_i}{\mu_{i,2}}} \right\}$ 内。所以，$\bar{Z}_{i,l}$、$\tilde{E}_{ij}^m$ 和 $\tilde{W}_i^m$ 协同半全局一致最终有界。实际上，式 (9.11) 和式 (9.19) 可以看作有界输入有界输出稳定的线性滤波器。由于其输入是有界的，所以其输出（即 $\xi_{i,1}$ 和 $\xi_{i,2}$）也是有界的。因此，$Z_{i,1}$ 和 $Z_{i,2}$ 也是协同半全局一致最终有界的。

所有跟随者的李雅普诺夫函数可以定义为 $V = \sum_{i=1}^{N} V_i$，由式 (9.30) 可得

$$\dot{V} \leqslant -\eta V + F \quad (9.31)$$

式中，$\eta = \min\{\eta_i\}$；$F = \sum_{i=1}^{N} F_i$。

根据式 (9.31)，显然有

$$\frac{1}{2}\|\bar{Z}_1\|^2 < V(t) < \frac{F}{\eta} + V(0)\mathrm{e}^{-\eta t} \quad (9.32)$$

式中，$\bar{Z}_1 = [\bar{Z}_{1,1}^{\mathrm{T}}, \cdots, \bar{Z}_{N,1}^{\mathrm{T}}]^{\mathrm{T}}$。

式 (9.32) 表明，当 $t \to \infty$ 时，$\|\bar{Z}_1\|$ 将收敛到紧集 $\Omega_{\|\bar{Z}_1\|} = \left\{ \bar{Z}_1 \left| \|\bar{Z}_1\| < \sqrt{\dfrac{2F}{\eta}} \right. \right\}$ 中。$\sqrt{\dfrac{2F}{\eta}}$ 的大小取决于控制参数 $K_{i,l}$、$\Gamma_{ij,1}$、$\Gamma_{i,2}$、$\mu_{ij,1}$、$\mu_{ij,2}$、$\sigma_{ij,1}$ 和 $\sigma_{i,2}$。为了达到更好的编队控制效果，可以在确定控制参数 $K_{i,l}$、$\mu_{ij,1}$ 和 $\mu_{i,2}$ 之后，适当提高 $\lambda_{\min}\{\Gamma_{ij,1}\}$ 和 $\lambda_{\min}\{\Gamma_{i,2}\}$，并降低 $\sigma_{ij,1}$ 和 $\sigma_{i,2}$。

地面坐标系到飞行器 j $(j \in \bar{V})$ 的相对运动坐标系的转换矩阵 Φ_E^j 为

$$\Phi_E^j = \begin{bmatrix} \cos\theta_j \cos\psi_{V_j} & \sin\theta_j & -\cos\theta_j \sin\psi_{V_j} \\ -\sin\theta_j \cos\psi_{V_j} & \cos\theta_j & \sin\theta_j \sin\psi_{V_j} \\ \sin\psi_{V_j} & 0 & \cos\psi_{V_j} \end{bmatrix} \tag{9.33}$$

则飞行器 j 的相对运动坐标系到飞行器 i 的相对运动坐标系的转换矩阵可以表示为 $\Phi_j^i = \Phi_E^i \Phi_j^E$。定义 $Z_1' = [(Z_{1,1}')^{\mathrm{T}}, \cdots, (Z_{N,1}')^{\mathrm{T}}]^{\mathrm{T}}$ 和 $Z_1^* = [(Z_{1,1}^*)^{\mathrm{T}}, \cdots, (Z_{N,1}^*)^{\mathrm{T}}]^{\mathrm{T}}$，$Z_{i,1}'$ 和 $Z_{i,1}^*$ 分别表示为以下形式：

$$Z_{i,1}' = \sum_{j=1}^{N} a_{ij}' \Phi_{N+1}^j \left[y_{i,N+1} - y_{j,N+1} - (y_{i,N+1}^d - y_{j,N+1}^d) \right] + b_i'(y_{i,N+1} - y_{i,N+1}^d) \tag{9.34}$$

$$Z_{i,1}^* = \sum_{j=1}^{N} a_{ij}' \left[y_{i,N+1} - y_{j,N+1} - (y_{i,N+1}^d - y_{j,N+1}^d) \right] + b_i'(y_{i,N+1} - y_{i,N+1}^d) \tag{9.35}$$

因为 Φ_{N+1}^j 是一个旋转矩阵且图 $\bar{\mathcal{G}}_b$ 为有向生成树，所以 $\|Z_{i,1}'\| = \|Z_{i,1}^*\|$ 成立。又由于

$$Z_{i,1} = \sum_{j=1}^{N} a_{ij}'(y_{ij} - y_{ij}^d) + b_i'(y_{i,N+1} - y_{i,N+1}^d) = Z_{i,1}' - \sum_{j=1}^{N} a_{ij}' y_{jj}^d \tag{9.36}$$

有 $\|Z_{i,1}'\| \leqslant \|Z_{i,1}\| + \left\| \sum\limits_{j=1}^{N} a_{ij}' y_{jj}^d \right\|$，进而有 $\|Z_1'\| \leqslant \|Z_1\| + \sqrt{\sum\limits_{i=1}^{N} \left\| \sum\limits_{j=1}^{N} a_{ij}' y_{jj}^d \right\|^2}$。

令 $\mathcal{L}_b$ 和 $\bar{\mathcal{L}}_b$ 分别表示图 $\mathcal{G}_b$ 和图 $\bar{\mathcal{G}}_b$ 的拉普拉斯矩阵。注意到 $\bar{\mathcal{L}}_b$ 的秩为 N，且由于 $\mathrm{rank}([-b' \quad \mathcal{L}_b + \mathcal{B}']) = N$ 且 $[-b' \quad \mathcal{L}_b + \mathcal{B}']$ 的行和为零，所以矩阵 $\mathcal{L}_b + \mathcal{B}'$ 可逆。又因为 Z_1^* 可以表示为 $Z_1^* = [(\mathcal{L}_b + \mathcal{B}') \otimes I_3]e_f$，所以编队跟踪误差 e_f 满足如下关系：

$$\|e_f\| = \|A_{LB}^{-1} Z_1^*\| \leqslant \|A_{LB}^{-1}\| \|Z_1^*\| \leqslant \|A_{LB}^{-1}\| (\|Z_1\| + q)$$

$$\leqslant \sqrt{\lambda_{\max}\left\{(A_{LB}^{-1})^{\mathrm{T}}A_{LB}^{-1}\right\}}(\|\bar{Z}_1\| + \|\xi_1\| + q) \tag{9.37}$$

式中，$q = \sqrt{\sum_{i=1}^{N}\left\|\sum_{j=1}^{N}a'_{ij}y^d_{jj}\right\|^2}$；$A_{LB} = (\mathcal{L}_b + \mathcal{B}') \otimes I_3$；$\xi_1 = [\xi_{1,1}^{\mathrm{T}}, \cdots, \xi_{N,1}^{\mathrm{T}}]^{\mathrm{T}}$。因为 $Z_{i,1}(i = 1, 2, \cdots, N)$ 是协同半全局一致最终有界的，所以 $y^d_{jj}(j = 1, 2, \cdots, N)$ 和 q 也是协同半全局一致最终有界的。又因为 $\|\xi_1\|$ 有界，所以由式 (9.37) 可知所有跟随者的编队跟踪误差可以通过选择合适的控制参数来降低。$\quad\square$

9.5 数 值 仿 真

本节将利用本章和第 8 章的算法给出一组对比仿真实验，来说明本章所提出的算法不仅可以满足第 8 章中编队跟踪控制的要求，还可以实时控制飞行器编队的整体朝向。

仿真场景为，有一队飞行器要穿越峡谷，编队由一个领航者和四个跟随者构成。领航者飞行速度保持在 280m/s，飞行高度为 100m。为了避开山峰，领航者的飞行轨迹为一段半径为 2km 的圆弧。领航者的初始位置在地面坐标系中的坐标为 $(0, 100, 3000)^{\mathrm{T}}(\mathrm{m})$，初始弹道倾角和弹道偏角分别为 $0°$ 和 $-90°$。如图 9.2 所示，飞行器编队的通信拓扑是一个有向生成树，期望编队构型为一个边长为 100m 的五边形。

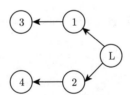

图 9.2　编队通信拓扑及期望编队构型

四个跟随者的起始位置在地面坐标系中的坐标为 $(60, 115, 2893.4)^{\mathrm{T}}\mathrm{m}$、$(-60, 80, 2903.4)^{\mathrm{T}}\mathrm{m}$、$(65, 113, 2798.4)^{\mathrm{T}}\mathrm{m}$ 和 $(-65, 85, 2803.4)^{\mathrm{T}}\mathrm{m}$。各跟随者的初始速度、弹道倾角和弹道偏角相同，分别为 $V_i(0) = 260\mathrm{m/s}$、$\theta_i(0) = 0°$ 和 $\psi_{V_i}(0) = -90°$。各个跟随者的干扰量分别设为 $W_{ij,1} = [\sin(t/2)+\cos(t/3), 0.5\sin(t/2), \cos(t/3)]^{\mathrm{T}}$，$W_{i,2} = [\sin(t/5) + \cos(t/4), 0.5\theta_i(t)\cos(t/5), 0.0349\sin(t/5)]^{\mathrm{T}}$。

各跟随者的控制参数设为 $K_{i,1} = \mathrm{diag}(2, 1.5, 4)$，$K_{i,2} = \mathrm{diag}(2, 2, 4)$，$\sigma_{ij,1} = \sigma_{i,2} = 0.5$，$\mu_{ij,1} = 1$，$\mu_{ij,2} = 0.2$，$\Gamma_{ij,1} = \mathrm{diag}(2, 1, 1)$，$\Gamma_{i,2} = \mathrm{diag}(2, 2, 1)(i = 1, 2, \cdots, N, \ j = 1, 2, \cdots, N+1)$。指令滤波器的频率分别设置为 $(50, 50, 50)^{\mathrm{T}}$ 和

$(60, 60, 60)^{\mathrm{T}}$。各滤波器的阻尼系数都设为 0.707。飞行器最大可用过载的范围是 $n_x \in [-5, 15]$，$n_y, n_z \in [-15, 15]$。

在本章所提出算法的控制下，各飞行器的飞行轨迹如图 9.3 所示，各跟随者在编队形成后与领航者处在同一飞行高度。从图 9.3(b) 中可以看出，本章的控制算法不仅可以使编队沿预定轨迹飞行，同时在飞行过程中也可以控制编队的整体朝向。编队中相邻飞行器之间的距离如图 9.4 所示，所有相邻飞行器之间的距离都收敛到 100m 左右，这表明期望的编队队形可以形成并得到保持。由于有未知上界的干扰存在，所以相邻飞行器之间的距离收敛到 100m 周围的有界小区域内。

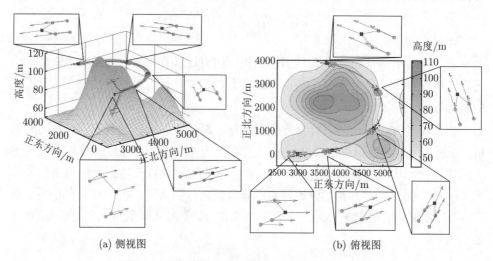

(a) 侧视图　　　　　　　　　　　　　　　　　(b) 俯视图

图 9.3　带有编队朝向控制的飞行器编队飞行轨迹

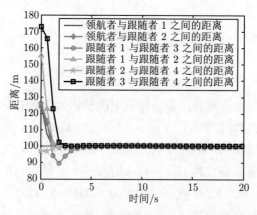

图 9.4　编队中相邻飞行器之间的距离

图 9.5 显示了跟随者的跟踪误差。从图 9.5(a) 和 (b) 中可以看出，各跟随者

的速度跟踪误差可以渐近收敛为零，位置跟踪误差在编队队形形成后可以收敛到
1m 以内的有界范围内。考虑到有未知上界干扰的存在，这样的位置跟踪误差是
可以接受的。由于采用了指令滤波器，所以各跟随者的实际过载都满足飞行器的
最大可用过载，如图 9.6 所示。

　　然后，利用第 8 章提出的不带编队朝向控制的编队跟踪算法在相同实验条件
下进行仿真，仿真结果如图 9.7 所示。从图中可以看出，在期望队形形成后领航
者在地面坐标系中相对于跟随者的位置是不变的。在飞行过程中，由于编队航向
的改变且缺少编队朝向的控制，领航者的位置会逐渐从编队的前排变到编队的末
尾，变成跟随者。这样如果任务中要求领航者必须时刻处在编队最前方，那么第
8 章的编队控制算法就无法满足这样的需求。而本章提出的算法通过对编队朝向
的控制，可以保证领航者在编队飞行过程中始终处在编队的最前方。

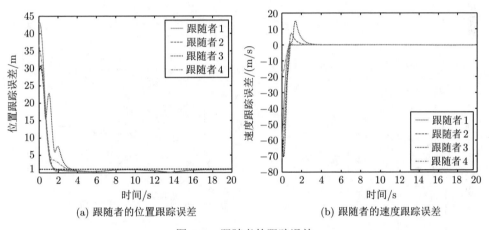

(a) 跟随者的位置跟踪误差　　　　　　　(b) 跟随者的速度跟踪误差

图 9.5　跟随者的跟踪误差

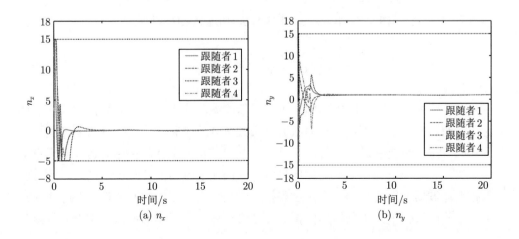

(a) n_x　　　　　　　　　　　　　　　(b) n_y

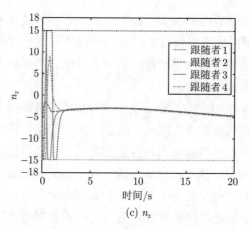

(c) n_z

图 9.6　跟随者的实际过载

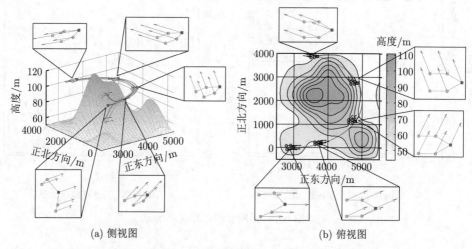

(a) 侧视图　　　　　　　　　　　(b) 俯视图

图 9.7　基于第 8 章控制算法的飞行器编队飞行轨迹

9.6　本章小结

　　本章研究了三维空间中多固定翼飞行器的编队跟踪与队形旋转控制问题。针对此问题，提出了一种基于反演法的分布式编队控制算法，使得各跟随者能够以预定队形跟随领航者进行飞行。而且，通过保持相邻飞行器在相对运动坐标系下的相对位置，可以使得编队的朝向与领航者的速度方向保持一致。同时，通过引入指令滤波器使得飞行器的实际过载指令满足最大过载的限制条件。在存在未知上界干扰的条件下，本章提出的控制算法可以保证飞行器的编队跟踪误差收敛到零值周围的有界小区域内。与文献 [124] 中的双环控制算法不同，本章提出的编队控制算法通过引入第 8 章中姿态控制的设计方法，能够扩展为一体化编队和姿态控制算法，可以在编队控制的设计中满足固定翼飞行器进行 BTT 控制的设计需求以及飞行器自身的动力学特性。

第 10 章　基于模型预测控制的人机协同控制

10.1　引　　言

尽管目前自动控制算法的研究已经取得了许多成果，但是在实际应用中操作人员从底层和控制层面对机器人运动进行干预[197-199]、影响仍是必不可少的。例如，当机器人在复杂环境中进行探索任务时，机器人可能被环境中的障碍物卡住；当机器人在执行巡逻任务时，可能有不法分子、违法机器人突然出现。在这些自动控制算法无法处理的突发情况下，操作人员的及时干预就显得尤为重要。如何设计控制器使操作人员能更快速地处理这些紧集事件、能更有效地管理更多的机器人，便是人机协同控制的研究重点。

传统人机协作方面的研究多集中于单机器人系统，近年来有一部分学者针对多机器人系统人机协同控制进行了研究[101, 103, 110, 200, 201]。本章将介绍一种利用模型预测控制设计人机协同控制器的方法，与现有方法不同的是，本章的方法考虑了一个多机器人系统中特有的问题，称为"同时干预问题"。这一问题指的是有多个机器人同时需要操作员进行干预，而操作员数量又少于机器人数量的特殊情况。与现有方法不同的是，设计控制器时不仅需要考虑当前被干预的机器人，还需要考虑其他可能被干预的机器人。本章将通过理论分析给出所设计控制器的稳定性条件，同时利用仿真实验验证所设计控制器的有效性。

10.2　问 题 描 述

考虑一个由操作员和机器人组成的人机混合编队，其中，机器人有自身所需执行的任务，而操作员需要监视机器人运行，在必要时进行干预。当机器人数量远大于操作员数量时，不可避免会出现多个机器人同时遇险，需要操作员进行干预的情况。为妥善处理这类情况，操作员需要（几乎）同时对多个机器人进行干预操作，而利用传统的干预手段，这是不可能实现的。这便是本章所考虑的"同时干预问题"。

本章将从控制器设计的角度出发，试图解决这一问题。为简化设定，假定各机器人的模型相同，所执行的任务各自独立，互不影响。设各机器人的模型均由

式 (10.1) 描述：

$$x(k+1) = f(x(k), u(k)), \quad x(k) \in \mathbb{R}^n, u(k) \in \mathbb{R}^m \tag{10.1}$$

式中，$x(k)$ 是机器人系统在 k 时刻的状态；$u(k)$ 是控制器在 k 时刻的输出；f 描述机器人系统的动力学模型和任务模型。

由于各机器人相互独立（无通信、无任务重叠），所以从控制器设计角度来看，实则只需解决单一机器人的控制器设计问题。设操作员在 k 时刻对单一机器人的控制量输入为 $u_H(k) \in U_H$，且假设 $\|u_H(k)\| = 0$ 表示此时操作员无输入。本章所需设计的控制器需要满足以下条件。

（1）控制器需保证机器人自身任务的完成，记作任务目标。为简化问题，假定机器人的任务是轨迹跟踪任务，即对给定的期望状态轨迹 $\{x_0(0), x_0(1), \cdots\}$，保证误差系统 $x_e(k) \overset{\text{def}}{=} x(k) - x_0(k)$ 关于原点渐近稳定。与此同时，控制器还需保证系统的运行安全。设 k 时刻系统安全状态集合为 X_k、安全控制量集合为 U_k，则所设计的控制器需保证 $x(k) \in X_k, u(k) \in U_k, \forall k$。

（2）控制器需允许操作员进行干预，记作合作目标。设操作员的控制信号 $u_H(k) \in \mathbb{R}^2$ 用于指示 k 时刻操作员期望的运动方向，则为达成此目标，机器人需在收到操作员的控制指令时，沿 $u_H(k)$ 方向运动。与此同时，控制器需能缩短操作员完成一次干预任务所需花费的时间，进而使操作员能更容易地对多个机器人进行干预。

（3）控制器需在任务目标和合作目标间进行适当平衡，保证任务目标不因人为干预而无法达成。具体而言，要求误差系统 x_e 在人为输入 $u_H(k)$ 下是输入-状态稳定的，这保证了操作员的干预量影响是有限、可控的，也保证了任务目标的完成。

由于本章主要考虑同时干预问题及人机协同控制器的设计问题，所以假定已经存在适当的控制器能保证任务目标的完成。在模型预测控制的框架下，本章将讨论如何在现有控制器基础上进行人机协同控制器的设计。

10.3　基于模型预测的人机协同控制器设计

10.3.1　基于模型预测控制的控制器设计

本节提出一种基于模型预测控制的人机协同控制系统设计方法。该方法不仅可以解决同时干预问题，也可以作为一种通用的人机协同控制器设计框架。模型预测控制以及基于最优控制的相关技术也曾用于设计人机协同控制器[202-204]，但这些方法主要考虑一些具有特殊形式的代价函数与线性系统模型，而本章提出的方法可适用于一般系统。

本方法的核心思想是采用模型预测控制。与 PID 等经典控制方法相比，模型预测控制器不是直接指定控制律的具体形式，而是通过设计控制器的目标函数、所需满足的约束条件，间接得到控制器的输出。相比于传统控制器，模型预测控制更适合处理非线性问题、带有约束的控制问题。因其本质是利用优化求解控制器，故与传统方法相比往往保守性更小。

传统的人机协同控制器采用如式 (10.2) 所示的控制器设计方法①：

$$u(k) = (1 - \lambda(k))u_T(k) + \lambda(k)\mathcal{P}_S(u_H(k)) \tag{10.2}$$

式中，$u_T(k)$ 是为实现任务目标的控制量；$u_H(k)$ 是操作员的控制量；$\lambda(k)$ 是基于某种协调机制计算得到的控制量；$\mathcal{P}_S$ 是一个安全控制量的投影算子。

如式 (10.2) 这样的控制器有着形式简洁、易于设计的优点，但是由于对控制量的加权无法反映对控制目标的加权，所以该方法无法准确反映设计者真正的期望意图。如果采用模型预测控制的方法，则不同的控制目标可以直接用不同的代价函数描述，这样就可以通过调整各代价函数之间的权重，来调整各控制目标的权重。

具体而言，在时刻 k 求解如下优化问题：

$$\min_{\{u_{j|k}\}_{j\in\mathbb{I}_k},\{x_{j|k}\}_{j\in\mathbb{I}_{k+1}}} \sum_{j=k}^{k+N-1} L_{j|k}(x_{j|k}, u_{j|k}) + F_{k+N|k}(x_{k+N|k}) \tag{10.3}$$

$$\text{s.t.} \quad x_{k|k} = x(k) \tag{10.4}$$

$$x_{j+1|k} = f(x_{j|k}, u_{j|k}), \quad j \in \mathbb{I}_k \tag{10.5}$$

$$x_{j+1|k} \in X_{j+1}, \ u_{j|k} \in U_j, \quad j \in \mathbb{I}_k \tag{10.6}$$

$$x_{k+N|k} \in X_{k+N}^f \tag{10.7}$$

式中，N 称为时间窗的长度。为简化符号，对于给定的 N，用 $\mathbb{I}_k$ 表示整数集合 $\{k, k+1, \cdots, k+N-1\}$。求解此问题得到一组控制量序列 $\{u_{j|k}\}_{j\in\mathbb{I}_k}$，将用式中的第一个量 $u_{k|k}$，作为 k 时刻控制器最终输出的控制量。

在优化问题 (10.3) 中，代价函数 $L_{j|k}$、$F_{j|k}$ 的定义分别如式 (10.8)、式 (10.9) 所示：

$$L_{j|k} = (1 - \lambda_{j|k})L_0(x_{j|k}, u_{j|k}, j) + \lambda_{j|k}L_H(x_{j|k}, u_{j|k}, j|k), \quad j \in \mathbb{I}_k \tag{10.8}$$

① 研究双边遥控系统的研究者更多采用类似于 $u(k) = u_T(k) + \mathcal{P}_S(u_H(k))$ 的做法。此外，$\mathcal{P}_S$ 也可视为输入信号的滤波器 [106]。

$$F_{j|k} = (1 - \lambda_{j|k})F_0(x_{j|k}, j) + \lambda_{j|k}F_H(x_{j|k}, j|k), \quad j = k + N \qquad (10.9)$$

式中，L_0、F_0 是任务目标对应的代价函数；L_H、F_H 是合作目标对应的代价函数；$\lambda_{j|k} \in [0, 1]$ 是为协调这两个目标的权重值。为了解决不同的人机协同控制问题，设计人员需要设计不同的代价函数。

10.3.2 代价函数、权重系数与意图模型

由式 (10.3)、式 (10.8) 及式 (10.9) 可见，系统所需求解的优化问题由两类代价函数组成，一类是机器人任务目标对应的 L_0 和 F_0，另一类是操作员合作目标对应的 L_H 和 F_H。一般而言，认为这两类代价函数可由不同的设计人员设计。控制系统工程师负责设计任务目标对应的代价函数，以保证机器人在自主运行时的稳定性；人机交互系统工程师负责设计合作目标对应的代价函数，以保证人为干预时机器人的表现符合预期。代价函数的加权值由控制系统工程师和交互系统工程师共同决定。当权重系数 $\lambda_{j|k} \approx 1$ 时，系统的代价函数更多由合作目标所决定，这可能有助于操作员进行控制，但也可能使系统的任务目标代价过大，以至于失去稳定。因此，$\lambda_{j|k}$ 的确定需要综合考虑两类代价函数及系统自身的模型性质。

作为示例，本节将针对同时干预问题给出一种代价函数及权重系数的具体设计方法。系统模型如下：

$$x(k+1) = Ax(k) + Bu(k), \quad A = I_2, \ B = I_2 \qquad (10.10)$$

式中，x 表示机器人在二维平面内的位置。

1. 任务目标代价函数设计

为实现 10.2 节中所定义的任务目标，针对系统 (10.10)，由于系统满足 (A, B) 可控，所以可以采用经典方法设计代价函数，如式 (10.11)、式 (10.12) 所示：

$$L_0(x, u, k) = \frac{1}{2}\|x - x_0(k)\|_Q^2 + \frac{1}{2}\|u - u_0(k)\|_R^2 \qquad (10.11)$$

$$F_0(x, k) = \frac{1}{2}\|x - x_0(k)\|_P^2 \qquad (10.12)$$

式中，P、Q、R 是满足下述 Ricatti 方程的任意正定矩阵，即

$$P = A^{\mathrm{T}}PA - A^{\mathrm{T}}PB(R + B^{\mathrm{T}}PB)^{-1}B^{\mathrm{T}}PA + Q \qquad (10.13)$$

2. 合作目标代价函数与意图模型

为实现合作目标，需要针对操作员 k 时刻的输入 $u_H(k)$ 设计相应的代价函数。一种简单的设计思路为

$$L_H(x, u, j|k) = \frac{K}{2}\|u - u_H(k)\|_R^2 \tag{10.14}$$

式中，$K > 0$ 为权重系数。

更进一步地，Chipalkatty 等[202] 考虑对 $u_H(k)$ 进行预测（即预测操作员之后的控制输入），提出了如下代价函数：

$$L_H(x, u, j|k) = \frac{K}{2}\|u - u_H(j|k)\|_R^2 \tag{10.15}$$

然而，此种类型的代价函数实际假设了操作员对被控机器人的系统模型有充分的了解。记机器人系统的真实模型为 M，操作员进行遥控时假设的机器人模型为 M'，那么即使认为控制器能精确计算出操作员未来的输入信号 $\{u_H(k),$ $u_H(k+1),\cdots\}$，在利用如式 (10.14)、式 (10.15) 所示的代价函数进行优化时，如果 M 与 M' 相差过大，则机器人的实际行为很可能会与操作员的真实期望相差甚远。

基于这些考虑，为合作目标设计如下的代价函数：

$$L_H(x, u, j|k) = \frac{K}{2}\|x - x_H(j|k)\|_Q^2 + \frac{K}{2}\|u - u_H(j|k)\|_R^2 \tag{10.16}$$

$$F_H(x, j|k) = \frac{K}{2}\|x - x_H(j|k)\|_P^2 \tag{10.17}$$

式中，$x_H(j|k)$ 是预测得到的期望状态轨迹；$u_H(j|k)$ 是基于系统模型和 $x_H(j|k)$ 计算得到的期望控制输入信号，其满足 $x_H(j+1|k) = Ax_H(j|k) + Bu_H(j|k)$。

根据操作员控制输入 $u_H(k)$ 计算操作员期望的状态轨迹 $\{x_H(j|k)\}$ 实质是操作员意图模型的体现。这里设计了一个简单的意图模型，如图 10.1 所示。此模型假设当操作员发出控制信号 $u_H(k) \in \mathbb{R}^2$ 时，操作员意图是：机器人应从当前位置 $x(k)$ 出发，以预定速度 v_0 沿 $u_H(k)$ 方向进行匀速直线运动，直到与期望轨线的距离达到 $d = \phi_d(\|u_H(k)\|)$。由系统模型 (10.10)，$x_H(j|k)$ 与 $u_H(j|k)$ 可由式 (10.18) 和式 (10.19) 进行计算：

$$x_H(j|k) = \mathrm{Proj}_{B(x_0(k),d)}[x(k) + v_0\bar{u}_H(k) \times (j-k)\Delta T] \tag{10.18}$$

$$u_H(j|k) = x_H(j|k) - x_H(j-1|k) \tag{10.19}$$

式中，$\bar{u}_H(k) = u_H(k)/(\|u_H(k)\| + \varepsilon)$ 是归一化后的 $u_H(k)$；$\varepsilon > 0$ 是用于避免数值问题的小常数；$\Delta T > 0$ 是系统的控制周期；$\mathrm{Proj}_{B(q,r)}(\cdot)$ 是将向量投影到以 q 为球心、r 为半径的闭球上的投影算子。

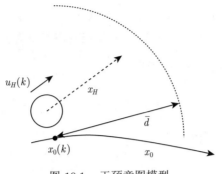

图 10.1 干预意图模型

3. 加权系数设计与意图模型

考虑 10.2 节中提到的"同时干预问题",在这个问题场景下,操作员需要在干预不同的机器人之间进行切换。为解决这一问题,需要缩短操作员完成单次干预的时间,以便及时干预其他机器人。基于这一想法,设计一个意图模型。如此,即使操作员停止了干预,机器人也可以依靠这一模型完成操作员未完成的工作。

具体而言,定义随机变量 $\{I_{j|k} \in \{0,1\} : j \in \mathbb{I}_k \cup \mathbb{I}_{k+1}\}$。$I_{j|k} = 1$ 表明,在 k 时刻时推断,未来在 j 时刻,操作员仍然想要继续对机器人施加干预。设 $\lambda_{j|k} = E[I_{j|k}]$,则可将式 (10.8)、式 (10.9) 中所用到的代价函数表示为如下形式:

$$L_{j|k} = E\big[(1 - I_{j|k})L_0(x_{j|k}, u_{j|k}, j) + I_{j|k}L_H(x_{j|k}, u_{j|k}, j|k)\big], \quad j \in \mathbb{I}_k \quad (10.20)$$

$$F_{j|k} = E\big[(1 - I_{j|k})F_0(x_{j|k}, j) + I_{j|k}F_H(x_{j|k}, j|k)\big], \quad j = k + N \quad (10.21)$$

这表明,代价函数的加权系数可以利用操作员意图模型进行设计。在本节中,设计了如下简单的意图模型:

$$P(I_{j+1|k}|I_{j|k} = 1) = a, \quad a \in (0,1) \quad (10.22)$$

$$P(I_{j+1|k}|I_{j|k} = 0) = 0 \quad (10.23)$$

经过简单计算,可知 $\lambda_{j|k} = a^{j-k}P(I_{k|k} = 1)$。$P(I_{k|k} = 1)$ 的大小取决于当前是否有操作员进行干预,若 $u_H(k) \neq 0$,表明操作员已经在进行干预,则 $P(I_{k|k} = 1) = 1$;若 $u_H(k) \neq 0$,虽然操作员当前未进行干预,但这并不表明操作员想要消除其影响,此时可采用之前的估计,即令 $P(I_{k|k} = 1) = P(I_{k|k-1} = 1)$。

以上的设计完全是出于实现合作目标,正如 10.3.2 节开头所提到的,有时出于控制系统稳定性的考虑,$\lambda_{j|k}$ 的取值很可能有额外的限制。此处给出一个满足稳定性要求的 $\lambda_{j|k}$ 设计方式:

$$
\begin{cases}
\mathrm{P}(I_{k|k}=1|u_H(k)\neq 0)=\bar{\lambda}_k \\
\mathrm{P}(I_{k|k}=1|u_H(k)=0)=\min\{\mathrm{P}(I_{k|k-1}=1),\bar{\lambda}_k\}
\end{cases}
\tag{10.24}
$$

式中，$\lambda_{j|k}$ 的上界由式 (10.25) 确定：

$$
\bar{\lambda}_k=\min\{1,K_\lambda(\frac{\|\vec{r}_k\|}{\|x(k)-x_0(k)\|})^4\}
\tag{10.25}
$$

这里，$K_\lambda>0$ 是设计参数。

10.3.3　理论分析

本节将讨论在利用 10.3.1 节中给出的框架进行人机协同控制器设计时，如何保证系统的稳定性。先就一般非线性系统进行分析，以这些一般性结果为基础，进一步讨论 10.3.2 节中控制器的稳定性。

1. 符号定义

为便于后续问题分析的简便，本节定义如下符号、记法。上方有箭头的变量字母表示一个无限/有限的离散时间序列，如 $\vec{u}_H \overset{\text{def}}{=}\{u_H(0),u_H(1),\cdots\}$、$\vec{\lambda}_k\overset{\text{def}}{=}\{\lambda_{j|k}:j\in\mathbb{I}_k\cup\{k+N\}\}$、$\vec{\lambda}\overset{\text{def}}{=}\{\vec{\lambda}_0,\vec{\lambda}_1,\cdots\}$。对于任意变量 $p\in\mathbb{R}^n$，$\|p\|$、$\|p\|_\infty$ 分别表示其在 $\mathbb{R}^n$ 上的 2 范数、无穷范数：$\|p\|=\sqrt{p^{\mathrm{T}}p}$、$\|p\|_\infty=\max_i|p_i|$；对于任意序列 $\vec{x}$，$\|\vec{x}\|$、$\|\vec{x}\|_{[k]}$ 分别表示其无穷范数和其截断序列的无穷范数：$\|\vec{x}\|=\sup_{k\geqslant 0}\|\vec{x}(k)\|$、$\|\vec{x}\|_{[k]}=\max_{0\leqslant k'\leqslant k}\|\vec{x}(k')\|$。

记式 (10.3) 对应的优化问题为 P，其对应的控制器记为 $u(k)=\kappa_P(x(k),k)$。记问题 P 在 k 时刻的一组解为 $\vec{z}_k=\{z_j\}_{j\in\mathbb{I}_k}$，式中，$z_j=(u_j,x_{j+1})$。记 k 时刻所有满足约束(10.5)、(10.6)、(10.7)的解 $\vec{z}_k$ 的集合为 $\mathcal{Z}_k$，则 $\mathcal{Z}_k=\mathcal{Z}_k(x(k))$ 是系统状态的函数。记 $\mathcal{P}_k$ 为 k 时刻使问题 P 可解的系统状态集合：$\mathcal{P}_k=\{x\in X_k:\mathcal{Z}_k(x)\neq\varnothing\}$。记式 (10.3) 中代价函数为 $V_P(\vec{z},u_H(k),k)=\sum_{j\in\mathbb{I}_k}L_{j|k}(\cdots)+F_{k+N|k}(\cdots)$，则优化问题 (10.3)~(10.7) 可简写为 $\min_{\vec{z}\in\mathcal{Z}_k(x(k))}V_P(\vec{z},u_H(k),k)$，记其 k 时刻最优解为 $\vec{z}_{P,k}^*=\vec{z}_P^*(x(k),u_H(k),k)$、最优代价函数为 $V_P^*(x(k),u_H(k),k)=V(\vec{z}_{P,k}^*,u_H(k),k)$。

记问题 P 在 $\lambda_{j|k}\equiv 0$ 时的简化问题为 P_0，其对应的控制器记为 $u(k)=\kappa_0(x(k),k)$。由于问题 P 与问题 P_0 有相同的约束条件，所以问题 P_0 的可行解集 $\mathcal{Z}_k(x(k))$、可行状态集 $\mathcal{P}_k$ 与问题 P 相同。类似地，记问题 P_0 的代价函数为 $V_0(\vec{z},k)=\sum_{j\in\mathbb{I}_k}L_0(\cdots)+F_0(\cdots)$、最优解为 $\vec{z}_{0,k}^*=\vec{z}_0^*(x(k),k)$、最优代价函数为 $V_0^*(x(k),k)=V(\vec{z}_{0,k}^*,x(k),k)$。

记问题 P 在 $\lambda_{j|k} \equiv 1$ 时的简化问题为 P_H，其对应的控制器记为 $u(k) = \kappa_H(x(k), u_H(k), k)$。同理，可定义此时的代价函数 $V_H(\vec{z}, u_H(k), k)$、最优解 $\vec{z}_{H,k}^* = \vec{z}_H^*(\cdots)$、最优代价函数 $V_H^*(x(k), u_H(k), k)$。

对控制器 $\kappa \in \{\kappa_P, \kappa_0, \kappa_H\}$，定义控制器的递归可行性如下：若对 $\forall k, \forall \xi \in \mathcal{P}_k$，$\forall v \in U_H$，满足 $f(\xi, \kappa(\xi, v, k)) \in \mathcal{P}_{k+1}$，则称控制器 κ 是递归可行的。

2. 一般系统的稳定性条件

考虑如式 (10.1) 所示的一般离散系统，假定已经存在 L_0、F_0 和恰当的末端约束集 X_k^f，使优化问题 P_0 对应的控制器 κ_0 能完成任务目标且保证系统是递归可行的。设计代价函数 L_H、F_H 以及加权系数 $\lambda_{j|k}$，使得在实现合作目标的同时，控制器 κ_P 能够确保任务目标对应的误差系统是输入-状态稳定的。

不失一般性，考虑任务目标是镇定任务的情况，即 κ_0 的控制目标是保证系统状态 x 关于原点渐近稳定。对于非镇定任务，如状态跟踪任务，可以通过定义误差系统的方法使用本节的结论进行分析。

对于镇定任务，假设构成控制器 κ_0 的代价函数 L_0、F_0、X_k^f 满足以下假设。

假设 10.1 [205]　$V_0^*(x, k)$ 是关于 x 的连续函数，且存在 $\gamma \in \mathcal{K}_\infty$、$\alpha \in \mathcal{K}_\infty$，使得

$$\forall k, \forall x \in X_k, \forall u \in U_k: \quad L_0(x, u, k) \geqslant \gamma(\|x\|) \tag{10.26}$$

$$\forall k, \forall x \in X_k: \quad \gamma(\|x\|) \leqslant V_0^*(x, k) \leqslant \alpha(\|x\|) \tag{10.27}$$

假设 10.2 [205]　存在一个辅助控制器 κ_f，满足对任意 k，任意 $x \in X_k^f$，有

$$u_f \stackrel{\text{def}}{=} \kappa_f(x, k) \in U_k \tag{10.28}$$

$$x_f \stackrel{\text{def}}{=} f(x, u_f) \in X_{k+1}^f \subseteq X_{k+1} \tag{10.29}$$

$$F_0(x_f, k+1) - F_0(x, k) \leqslant -L_0(x_f, u_f, k+1) \tag{10.30}$$

引理 10.1 [205]　若假设 10.2 成立，则控制器 κ_0 是递归可行的。

证明　设 k 时刻问题 P_0 的最优解为 $\vec{z}_k^* = \{(u_{k|k}, x_{k+1|k}), \cdots, (u_{k+N-1|k}, x_{k+N|k})\}$，则 $u(k) = \kappa_0(x(k), k) = u_{k|k}$，进而在 $k+1$ 时刻，有 $x(k+1) = f(x(k), u_{k|k}) = x_{k+1|k}$。令 $u_f = \kappa_f(x_{k+N|k}, k+N)$，$x_f = f(x_{k+N|k}, u_f)$，可构造 $\vec{z}_{k+1}$ 如下：

$$\vec{z}_{k+1} = \{(u_{k+1|k}, x_{k+2|k}), \cdots, (u_{k+N-1|k}, x_{k+N|k}), (u_f, x_f)\} \tag{10.31}$$

由式 (10.28) 和式 (10.29) 可知，$u_f \in U_{k+N}$，$x_f \in X_{k+N+1}^f$，故，$\vec{z}_{k+1} \in \mathcal{Z}_{k+1}(x(k+1))$。因此，$\mathcal{Z}_{k+1}(x(k+1)) \neq \varnothing$，$x(k+1) \in \mathcal{P}_{k+1}$。进而可知，$\kappa_0$ 是递归可行的。　　　　　　　　　　　　　　　　　　　　　　　　　　　　□

引理 10.2[205]　　若假设 10.1 和假设 10.2 成立，则在控制器 κ_0 作用下，系统关于原点是渐近稳定的。

上述假设 10.1 和假设 10.2 是保证模型预测控制系统稳定性的经典方法，其中，假设 10.1 保证了最优代价函数 V_0^* 可以作为系统的李雅普诺夫函数，而假设 10.2 保证了优化问题的递归可行性以及系统的渐近稳定性。

在讨论合作目标的代价函数之前，对合作目标的代价函数进行一定的规范化，以突出操作员输入 $u_H(k)$ 在合作目标代价函数中的作用。

假设 10.3（规范化假设）　　对于任意 k，假设存在 $\vec{r}_k = \{r_{j|k}\}_{j \in \mathbb{I}_k \cup \{k+N\}}$，使得对于所有 $j \in \mathbb{I}_k \cup \{k+N\}$，$x \in X_j$，$u \in U_j$，合作目标代价函数满足

$$L_H(x, u, j|k) = L_H'(x, u, r_{j|k}, j), \quad F_H(x, j|k) = F_H'(x, r_{j|k}, j) \tag{10.32}$$

上述规范性假设中的 $\{\vec{r}_k\}$ 可以视为意图模型或人机交互设备的输出。

假设 10.4（有界性假设）　　对于意图模型的输出 $\vec{r}_k$、合作任务代价函数 L_H 与 F_H 以及加权系数 $\vec{\lambda}_k = \{\lambda_{j|k}\}_{j \in \mathbb{I}_k \cup \{k+N\}}$，有以下有界性假设。

(1) 存在 $\sigma \in \mathcal{K}$，$M \geqslant 0$，使得对于任意 k，$\forall x \in X_k$，$\forall u \in U_k$，满足

$$-\sigma(\|r\|) \leqslant L_H'(x, u, r, k) - L_0(x, u, k) \leqslant M L_0(x, u, k) + \sigma(\|r\|) \tag{10.33}$$

$$-\sigma(\|r\|) \leqslant F_H'(x, r, k) - F_0(x, k) \leqslant M F_0(x, k) + \sigma(\|r\|) \tag{10.34}$$

(2) 对式 (10.27) 中的 α，存在 $\sigma_\lambda \in \mathcal{K}$，满足

$$\|\vec{\lambda}_k\|^{\frac{1}{2}} \alpha(\|x(k)\|) \leqslant \sigma_\lambda(\|\vec{r}_k\|) \tag{10.35}$$

基于这些假设，有以下结论。

定理 10.1　　若任务目标代价函数满足假设 10.1 和假设 10.2，且合作目标代价函数满足假设 10.3 和假设 10.4，则控制器 κ_P 是递归可行的，且在其作用下，机器人系统是输入-状态稳定的。即 $\exists \beta \in \mathcal{KL}$，$\exists \bar{\sigma}_r \in \mathcal{K}$，使得对 $\forall x(0) \in \mathcal{P}_0$，$\forall k \geqslant 0$，满足

$$x(k) \in \mathcal{P}_k \text{ 且 } \|x(k)\| \leqslant \beta(\|x(0)\|, k) + \|\vec{\lambda}_k\|^{\frac{1}{2}} \bar{\sigma}_r(\|\vec{r}_k\|) \tag{10.36}$$

证明　　任取时刻 k，假设 $x(k) \in P_k$，记此时优化问题 P 的最优解为 $\vec{z}_P^*$，优化问题 P_0 的最优解为 $\vec{z}_0^*$。由于优化问题 P 与 P_0 的约束条件相同，所以可利用

引理 10.1中的方法，基于 $\vec{z}_P^*$ 和 κ_f 构造 $k+1$ 时刻的可行解，记作 $\vec{z}_P^+$。这表明控制器 κ_P 是递归可行的。

取 V_0^* 作为李雅普诺夫函数，则在系统轨线上，有

$$V_0^*(x(k+1), k+1) - V_0^*(x(k), k) \tag{10.37a}$$
$$= \big(V_0^*(x(k+1), k+1) - V_0(\vec{z}_P^+, k+1)\big) + \big(V_0(\vec{z}_P^+, k+1) - V_0(\vec{z}_P^*, k)\big)$$
$$+ \big(V_0(\vec{z}_P^*, k) - V_0^*(x(k), k)\big) \tag{10.37b}$$

由 V_0^* 的最优性可知，式 (10.37a) 中第一项小于 0。展开式 (10.37a) 中第二项，由假设 10.1和假设 10.2 易知

$$V_0(\vec{z}_P^+, k+1) - V_0(\vec{z}_P^*, k) \leqslant -L_0(x(k), u_{k|k}, k) \leqslant -\gamma(\|x(k)\|) \tag{10.38}$$

由于 $V_0^*(x(k), k) = V_0(\vec{z}_0^*, k)$，所以式 (10.37b) 第三项满足

$$V_0(\vec{z}_P^*, k) - V_0^*(x(k), k)$$
$$= \big(V_0(\vec{z}_P^*, k) - V_P(\vec{z}_P^*, \vec{r}_k, k)\big) + \big(V_P(\vec{z}_P^*, \vec{r}_k, k) - V_0(\vec{z}_0^*, k)\big)$$
$$\leqslant \big(V_0(\vec{z}_P^*, k) - V_P(\vec{z}_P^*, \vec{r}_k, k)\big) + \big(V_P(\vec{z}_0^*, \vec{r}_k, k) - V_0(\vec{z}_0^*, k)\big)$$
$$\stackrel{\text{def}}{=} -V_\Delta(\vec{z}_P^*, \vec{r}_k, k) + V_\Delta(\vec{z}_0^*, \vec{r}_k, k) \tag{10.39}$$

由式 (10.33) 和式 (10.34) 可知，对于任意 k、$\vec{z}_k$、$\vec{r}_k$、$\vec{\lambda}_k$，有

$$V_\Delta(\vec{z}, \vec{r}, k) \leqslant \|\vec{\lambda}_k\| M V_0(\vec{z}, k) + (N+1)\|\vec{\lambda}_k\|\sigma(\|\vec{r}_k\|) \tag{10.40}$$

$$-V_\Delta(\vec{z}, \vec{r}, k) \leqslant (N+1)\|\vec{\lambda}_k\|\sigma(\|\vec{r}_k\|) \tag{10.41}$$

代入式 (10.39)，结合式 (10.38) 与假设 10.4，可得

$$V_0(\vec{z}_P^*, k) - V_0^*(x(k), k) \leqslant 2(N+1)\|\vec{\lambda}_k\|\sigma(\|\vec{r}_k\|) + M\|\vec{\lambda}_k\|V_0^*(x(k), k) \tag{10.42}$$

$$V_0^*(x(k+1), k+1) - V_0^*(x(k), k)$$
$$\leqslant -\gamma(\|x(k)\|) + 2(N+1)\|\vec{\lambda}_k\|\sigma(\|\vec{r}_k\|) + M\|\vec{\lambda}_k\|^{\frac{1}{2}}\sigma_\lambda(\|\vec{r}_k\|)$$
$$\leqslant -\gamma(\|x(k)\|) + \|\vec{\lambda}_k\|^{\frac{1}{2}}\bar{\sigma}_r(\|\vec{r}_k\|) \tag{10.43}$$

式中，$\bar{\sigma}_r \stackrel{\text{def}}{=} 2(N+1)\sigma + M\sigma_r \in \mathcal{K}$。进而，由输入-状态稳定性的李雅普诺夫判据 [206]，得到机器人系统在 κ_P 作用下是输入-状态稳定的。　　□

以下示例说明存在满足式 (10.33) 和式 (10.34) 的代价函数。

例 10.1　令 $F_0(x) = \frac{1}{2}\|x\|^2$，$F_H(x) = \frac{K}{2}\|x-r\|^2$，则当 $K > 1$ 时，F_0 与 F_H 符合条件(10.34)。

证明　由于 $F_H(x,r) - F_0(x) \leqslant F_H(x) \leqslant K\|x\|^2 + K\|r\|^2 = 2KF_0 + K\|r\|^2$，故式 (10.34) 后半部分满足。当 $K > 1$ 时，有

$$F_0(x) - F_H(x,r) = Kx^{\mathrm{T}}r - \frac{1}{2}(K-1)\|x\|^2 - \frac{K}{2}\|r\|^2 \leqslant \frac{K}{2(K-1)}\|r\|^2 \quad (10.44)$$

故式 (10.34) 前半部分也满足。　　　　□

3. 线性二次型系统的稳定性

本节讨论如 10.3.2 节中定义的系统的稳定性。由于 10.3.2 节中考虑的任务目标是一个跟踪任务，当目标状态轨线满足 $x_0(k+1) = Ax_0(k) + Bu_0(k)$ 时，可定义误差系统 $x_e(k) = x(k) - x_0(k)$，$u_e(k) = u(k) - u_0(k)$。依据式 (10.18) 和式 (10.19) 中合作目标意图模型的定义，令 $x_r(k) = x_H(k) - x_0(k)$，$u_r(k) = u_H(k) - u_0(k)$，$r(k) = (x_r(k), u_r(k))$，则系统模型 (10.10) 和代价函数 (10.11)、(10.12)、(10.16)、(10.17) 可转换成如下符合规范化假设的形式：

$$x_e(k+1) = Ax_e(k) + Bu_e(k) \quad (10.45)$$

$$L_0(x_e, u_e) = \frac{1}{2}\|x_e\|_Q^2 + \frac{1}{2}\|u_e\|_R^2, \quad F_0(x_e) = \frac{1}{2}\|x_e\|_P^2 \quad (10.46)$$

$$L_H(x_e, u_e, r) = \frac{K}{2}\|x_e - x_r\|_Q^2 + \frac{K}{2}\|u_e - u_r\|_R^2,$$

$$F_H(x_e, r) = \frac{K}{2}\|x_e - x_r\|_P^2 \quad (10.47)$$

由于此时任务目标等价于保证误差系统渐近稳定，故可利用定理 10.1 中的结论进行分析。以下依次验证定理 10.1 的成立条件，考虑到假设 10.1 与假设 10.2，利用经典线性二次型调节器 (LQR) 理论，有以下结论。

引理 10.3　若系统 (10.45) 满足 (A, B) 可控，Q、R 是对称正定矩阵，则存在对称正定的矩阵 P 满足 Ricatti 方程 (10.13)。利用 P、Q、R 定义的代价函数 (10.46) 满足假设 10.1 与假设 10.2。

证明　由 LQR 理论 [207] 可知，此时 $V_0^*(x) = F_0(x) = \frac{1}{2}\|x\|_P^2$，且 $\kappa_0(x) = -K^*x$，式中 $K^* = (R + B^{\mathrm{T}}PB)^{-1}B^{\mathrm{T}}PA$。取 $\kappa_f = \kappa_0$，则 $F_0(x_f) - F_0(x) + L_0(x, u_f) \equiv 0$。因此，假设 10.1 与假设 10.2 成立。　　　　□

最后，还需满足假设 10.4。由例 10.1 可知，可通过选取 K 使式 (10.33)、式 (10.34) 得以满足。此外，由式 (10.25) 可知，$\vec{\lambda}_k$ 的设计满足式 (10.35) 的条件。综上，有以下结论。

定理 10.2 若 $K > 1$ 且引理 10.3 的条件得以满足,则式 (10.46) 中的代价函数满足假设 10.1 和假设 10.2,式 (10.47) 中的代价函数满足假设 10.3 和假设 10.4,式 (10.45) 的误差系统在式 (10.36) 的意义上是输入–状态稳定的。

10.4 实 验 验 证

10.4.1 实验设计

由 10.3.3 节中的分析可知,本书所设计的人机协同控制器可以满足 10.2 节中提出的任务目标,且能保证系统在人为干预下的稳定性。本节将通过仿真实验对本章所提出的控制器是否能达成合作目标并解决同时干预问题进行验证。

具体而言,为突出意图模型在解决同时干预问题上的作用,将对比以下两个控制器在仿真实验场景中的表现。

(1) 实验组:在 10.3.2 节中设计的基于意图模型的人机协同控制器 κ_P。

(2) 对照组:依照现有人机协同控制器中常用的切换控制方法,对照组控制器设计如下:

$$\kappa_P' = \begin{cases} \kappa_P, & u_H(k) \neq 0 \\ \kappa_0, & u_H(k) = 0 \end{cases} \tag{10.48}$$

设计的实验验证场景如图 10.2 所示。在实验中,有四个机器人在一方形轨道内按顺时针方向沿直线运动,其期望运动轨线如图 10.2 中虚线箭头所示。同时,轨道内有两个按逆时针沿正弦轨线运动的圆形障碍物。操作员需要用鼠标对四个机器人进行控制以避免机器人与运动障碍物相撞。通过设置障碍物和机器人的初始位置、运动速度,可以保证每次总有两个机器人处于要与障碍物相撞的场景,因此本实验可以用于测试同时干预场景下人机协同控制器的表现。

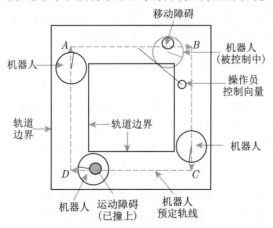

图 10.2　同时干预问题仿真实验场景

实验过程中,将记录操作员对机器人进行干预的次数、每次干预的用时以及机器人与障碍物的碰撞次数。采用总干预用时作为操作员的物理工作负担指标（本次实验中未考虑操作员的心理工作负担）,采用每次干预的平均用时作为人机协作的效率指标,采用总共碰撞次数作为合作任务的性能指标。

每名参与实验的志愿者都将使用实验组控制器 κ_P 与对照组控制器 κ_P' 进行两组测试。每组测试持续 100s,每组测试开始前,志愿者将有 100s 时间练习即将使用的控制器。为减小因控制器使用先后不同带来的学习效应,实验采用了平衡措施:一半参与实验的志愿者将先使用 κ_P 进行测试,再使用 κ_P' 进行测试,另一半志愿者则将先使用 κ_P' 进行测试。

10.4.2　实验结果与分析

对 10 名志愿者进行测试,测试结果如图 10.3 所示。经过分析可知,相比于使用基于切换的人机协同控制器（对照组）,测试人员在使用基于意图模型的人机协同控制器（实验组）时,其合作任务表现更好（平均碰撞次数减少 42%）。这是因为在使用对照组控制器时,操作员对机器人的干预效率更高（平均干预时间减少 58%）,而更高的干预效率使得操作员在相同时间内可以更多地对机器人进行干预（干预次数增加 33%）,进而减少了机器人与障碍物的碰撞次数。虽然操作员对机器人进行干预的次数有所增加,相比于使用对照组的控制器,在使用实验组控制器时,操作员的物理工作负担反而有所下降（平均减少 39%）,这表明,如果以操作员的物理工作负担相同作为基准,实验组与对照组之间的性能表现差异可能进一步加大。

虽然大部分参加实验的志愿者都能受益于本书提出的人机协同控制器,但也有少数志愿者（图 10.3 中 * 号标记的志愿者）并不能适应同时干预任务。相比于其他志愿者,他们在测试中主要集中于控制单个机器人,很少在控制多个机器人间进行切换。因此,他们在两次测试中的干预次数都显著低于其他人,且碰撞次数的改善也是所有参与实验的志愿者中最小的。这说明在实际使用本书提出的控制器以及应对同时干预问题时,对操作员的选拔和培养也可能有助于提高任务完成度。此外,尽管这些操作员的任务表现相比于他人较差,他们使用实验组控制器时,其干预效率和物理工作负担仍较其使用对照组控制器时有所改善（平均干预用时减少 32%、干预用时减少 46%）。

整体而言,本次实验结果表明,相比于采用传统切换式的人机交互策略,使用 10.3.2 节中设计的基于意图模型的人机协同控制器更有助于解决人机协作中的同时干预问题。

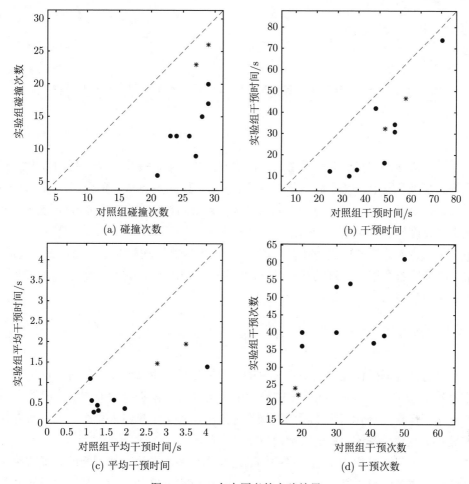

图 10.3　10 名志愿者的实验结果

10.5　本章小结

本章提出了一种基于模型预测控制的人机协同控制器设计框架，并应用其设计了一个有助于解决同时干预问题的人机协同控制器。控制器设计的核心在于设计合理的操作员干预意图模型，通过识别操作员意图，减少操作员完成每次干预所需的时间。在模型预测控制的框架下，干预意图模型能够以合作任务代价函数的形式给出，这有助于复杂意图模型的设计。本书在经典模型预测控制系统稳定性分析的基础上，给出了所提出的人机协同控制器输入-状态稳定的条件，保证了操作员的干预不会影响机器人自身任务的稳定性。

第 11 章　意图场模型干预下的人机共享控制

11.1　引　　言

为了改善人与多运动体系统之间的交互方式，本章提出一个双层的共享控制系统。在该系统中，底层是一个控制网络，用于控制多运动体系统完成编队任务；上层是一个意图场网络，用于生成人对底层系统的控制意图。两层网络通过一个基于优先度的混合策略结合起来。意图场网络是本章所提出方法的关键要素，因为它可以将人的意图更快地传播到整个多运动体系统，使整个系统操作更加灵活。本章将证明整个编队系统的稳定性，同时进行对比试验，说明在多运动体共享控制系统中使用意图场网络的优越性。

11.2　问 题 描 述

目前，远程操作设备大多基于手柄。手柄摇杆在由操作员控制时可以生成二维信号 $u_h = (u_x, u_y)^T$。在常见的设置中，这种信号在生成后被解释为机器人系统的速度指令。尽管基于手柄的遥操作方法适用于单个机器人系统，但是要将其扩展到多运动体系统，还需要解决以下几个问题。

第一个问题是相比基于二维手柄的遥操作设备，多运动体系统的大多数控制意图包含更多的自由度（degree of freedom, DOF）。例如，为了将一组机器人分成两个子组，需要指定机器人的分组模式和两个组的期望速度。另外，目前广泛使用的领航者-跟随者的方法只能实现对机器人的运动控制[124]，而其他针对复杂意图的方法（如基于密度函数的覆盖控制）则侧重于特定应用，难以扩展[119]。因此，设计一个针对复杂意图的通用模型很有意义。

第二个问题是需要更加高效地实现分布式控制。例如，为了控制系统的全局运动，操作员可以在领航者-跟随者网络中广播命令信号，或者仅控制领航者机器人。前一种方法能够使系统产生最快的响应，但该方法要求网络中的每个机器人连接到操作人员，使得系统复杂且昂贵；后一种分布式方法效率不高，因为只有领航者机器人能够直接响应人的意图信息，而其他机器人只能被动地做出反应。

第三个问题涉及整个系统的稳定性。共享控制系统可以视为一些自主控制器的扩展，如避障控制、汇聚控制等。设计这些控制器通常是希望将系统维持在期望的状态。本章将这种自主控制器的任务称为系统的自动控制任务,而将系统响应人的指令的任务称为协作任务。该问题是如何在自动控制任务与协作任务之间保持适当的平衡,使得系统相对于自动控制任务是稳定的。

本章提出一种基于意图场的方法来解决上述三个问题。一般而言,意图场是一个分布式的操作人员控制意图生成模型,它可以作为操作员与多运动体系统之间的中间层,如图 11.1 所示。不同种类的意图对应于不同种类的意图场,因此使用意图场可以为第一个问题提供一般性解决方案。另外,由于意图场是一种分布式的解决方案且能够准确、高效地传播意图,所以它可以帮助实现高效的分布式共享控制,即可以解决第二个问题。最后,由于提出的方法是一个双层架构,所以可以使用输入-状态稳定性方法 [208] 来保证此类级联系统的稳定性。

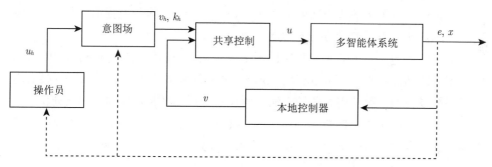

图 11.1　基于意图场的共享控制器框架

为了更好地表述意图场方法,考虑由式 (11.1) 描述的多运动体的共享控制问题。协作任务是允许操作人员通过如手柄等远程操作设备控制系统中部分运动体的运动。每次操作人员只能选择一个运动体进行干预,只有该运动体可收到手柄操作信号。由于操作人员可以选择不同的领航者,所以可以使用领航者-跟随者的方法来解决该任务。

$$\dot{x}_i = u_i, \quad x_i \in \mathbb{R}^2, \quad u_i \in \mathbb{R}^2, \quad i \in \mathcal{V} = \{1, 2, \cdots, N\} \tag{11.1}$$

在该共享控制系统中,自动控制任务是一个编队任务,在该任务中给出了期望位移 d_{ij}。式 (11.2) 中的自主控制器可以解决这个自动控制任务。为了保证在操作员干预下编队任务的稳定性,需要进行稳定性证明。

$$v_i = \sum_{j \in \mathcal{N}_i} (x_j - x_i + d_{ij}) \tag{11.2}$$

11.3　基于意图场的共享控制算法设计

11.3.1　意图场模型设计与分析

本节提出一种意图场模型，该模型允许操作人员在多运动体系统中控制多运动体系统的一部分。如果操作人员在 t 时刻控制运动体 i，则运动体 i 的手柄信号表示为 $u_{h,i}(t) \in \mathbb{R}^2$。为了实现共享控制，将信号 $u_{h,i}(t)$ 解释如下。

定义 11.1　操作员的控制信号 $u_{h,i}(t)$。

(1) $u_{h,i}(t)$ 的方向表示运动体 i 在 t 时刻的期望运动方向。

(2) $\|u_{h,i}(t)\|$ 表示运动体 i 在 t 时刻向 $u_{h,i}(t)$ 方向运动的优先度。

这里假设每个运动体的期望运动速度是 $v_0 > 0$，这个信息提前为每个运动体所知。$\|u_{h,i}(t)\|$ 表示向量 $u_{h,i}(t)$ 的欧几里得范数。

如之前所述，对于分布式共享控制系统，如果控制意图只有通过互相传递才能让每个运动体 i 所知，那么必然会导致系统整体效率低下。为了缓解该问题，设计了意图场模型。要使用意图场方法，假设每个运动体都可以与其邻居通信。

设 $h_i(t) \in \mathbb{R}^2$ 是 t 时刻运动体 i 的意图场值。在每个 t 时刻，每个运动体都会向其邻居发送自己的 $h_i(t)$。各运动体利用收到的意图场值更新 $h_i(t)$ 如下：

$$\dot{h}_i = -a_0 h_i + a_c \sum_{j \in \mathcal{N}_i} \phi(h_j - h_i) + \delta_i a_t (u_{h,i} - h_i) \tag{11.3}$$

式中，$a_0, a_c, a_t \in \mathbb{R}_+$ 是参数；$\delta_i(t)$ 是指示函数：在 t 时刻，当运动体被操作员控制时，$\delta_i(t) = 1$，否则 $\delta_i(t) = 0$；$\phi(\cdot)$ 是一个死区函数，定义如下：对于 $\epsilon \geqslant 0$，有

$$\phi(x) = \begin{cases} (\|x\| - \epsilon)x/\|x\|, & \|x\| > \epsilon \\ 0, & \|x\| \leqslant \epsilon \end{cases} \tag{11.4}$$

意图场值 h_i 可以视为由实际操作人员输入 $u_{h,i}$ 生成的虚拟控制意图。$u_{h,i}$ 与定义 11.1 相同。运动体 i 的意图场的输出可以表示为

$$v_{h,i} = v_0 h_i/\|h_i\|, \quad p_{h,i} = \|h_i\| \tag{11.5}$$

式中，$v_{h,i}$ 是预期的速度；$p_{h,i}$ 是优先度。

式 (11.3) 中表示的意图场模型的输出可以理解成操作人员实际意图的近似值。

定义 11.2   意图场模型的必要属性。

(1) 局部相似性。对于 $p, q \in \mathcal{V}$，如果 p 在某指标上接近 q，那么 h_p 和 h_q 应具有相似的值。

(2) 空间局部化。对于 $p, q \in \mathcal{V}$，如果 p 在某指标上与 q 相差很远，那么 $h_p(t)$ 的变化应该对 $h_q(t)$ 产生很小的影响。

(3) 时间局部化。即 $\forall p \in \mathcal{V}$，$\lim\limits_{t \to \infty} \|h_p(t)\| = 0$。

注 11.1   局部相似性允许操作员同时控制附近的运动体。空间局部化允许操作员单独控制多运动体系统的不同部分。时间局部化对应于人干预是非持久性的假设，在大多数情况下，这种假设是有效的。

式 (11.3) 定义的意图场模型可以看作具有死区和自衰减的一致算法。这里使用一致性算法来实现局部相似性，自衰减项用于时间局部化，死区函数用于空间局部性。

此外，死区函数 (11.4) 中的 ϵ 反映了空间局部化的基础距离度量。通常，设 $d : \mathcal{V} \times \mathcal{V} \to \mathbb{R}_+$ 为任意距离度量函数，那么死区的大小可以计算如下：

$$\epsilon(i, j) = K_d d(i, j), \quad K_d > 0 \tag{11.6}$$

例如，令 i、j 是多运动体系统中的邻居，若 d 是图距离度量，则 $\epsilon(i, j) = K_d$；若 d 是欧几里得距离度量，则 $\epsilon(i, j) = K_d \|x_i - x_j\|$。死区大小对空间局部化属性的影响的说明如图 11.2 所示。图中，左上角、右下角的运动体正在被人为直接干预；左上角的运动体的 K_d 值要大于其他运动体；操作员输入对应的影响范围由虚线表示。

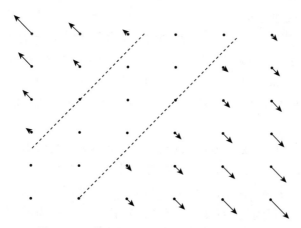

图 11.2   采用欧几里得距离度量时的意图场

对式 (11.3) 定义的意图场模型进行分析。对 $x = [x_1^{\mathrm{T}}, \cdots, x_M^{\mathrm{T}}]^{\mathrm{T}} \in \mathbb{R}^{2M}$，令 $\Gamma = \mathrm{diag}(\{\delta_i\}) \otimes I_2 \in \mathbb{R}^{2N \times 2N}$，$\Phi(x) = [\phi(x_1)^{\mathrm{T}}, \cdots, \phi(x_M)^{\mathrm{T}}]^{\mathrm{T}}$。将所有的 $\{h_i\}$ 表示为向量 h，$\{u_{h,i}\}$ 表示为向量 u_h，式 (11.3) 可以写成

$$\dot{h} = -a_0 h - a_c \bar{D} \Phi(\bar{D}^{\mathrm{T}} h) + a_t \Gamma(u_h - h) \tag{11.7}$$

式中，$\bar{D} = D \otimes I_2$，D 是关联矩阵。

通过使用李雅普诺夫函数方法[208]，可以得到以下结论。

定理 11.1　以 u_h 为输入、h 为状态的意图场系统 (11.7) 是输入-状态稳定的。另外，令 $\|h\|_\infty = \limsup\limits_{t \to \infty} \|h(t)\|_2$，$\gamma_h = \sqrt{a_t/a_0}/2$ 且 $\gamma_e = \sqrt{a_t/a_c}/2$，可得

$$\|h\|_\infty \leqslant \gamma_h \|u_h\|_\infty \tag{11.8}$$

证明　令 $V(h) = \dfrac{1}{2} h^{\mathrm{T}} h$，由式 (11.7) 可得

$$\dot{V} = -a_0 \|h\|^2 - a_c e_h^{\mathrm{T}} \Phi(e_h) + a_t h^{\mathrm{T}} \Gamma(u_h - h) \tag{11.9}$$

不失一般性，假设运动体 $1, 2, \cdots, m$ 正在被操作员干预，那么根据 $h_i^{\mathrm{T}} u_{h,i} \leqslant \|h_i\|^2 + \dfrac{1}{4} \|u_{h_i}\|^2$，可得

$$h^{\mathrm{T}} \Gamma(u_h - h) = \sum_{i=1}^{m} h_i^{\mathrm{T}} u_{h,i} - \|h_i\|^2 \leqslant \frac{\|u_h\|^2}{4}$$

由 $e_h^{\mathrm{T}} \Phi(e_h) \geqslant 0$ 可知，$\dot{V} \leqslant -a_0 \|h\|^2 + \dfrac{1}{4} a_t \|u_h\|^2$。进而，由 $V(h)$ 定义，可知 $\|h\|_\infty \leqslant \dfrac{1}{2} \sqrt{a_t/a_0} \|u_h\|_\infty$ 时系统是输入-状态稳定的。　　□

注 11.2　应注意 Φ 可以是时变的，例如，当 $d(i,j)$ 依赖于 $x_i(t)$、$x_j(t)$ 时，Φ 即时变函数。若 $e^{\mathrm{T}} \Phi(e) \geqslant 0$，$h$ 系统依然是输入-状态稳定的。

定理 11.1 表明，如果外部信号 u_h 满足时间局部化且大小有限，则所提出的意图场模型满足时间局部化和局部相似性条件。同时，式 (11.8) 表明，如果 a_0 较小，则 u_h 对网络的影响可能持续更长时间；如果 a_c 更大，则相邻节点将更加相似。

此外，意图场模型还实现了空间局部化，如以下结果所示。

定理 11.2　对于具有死区 (11.6) 的意图场模型 (11.3)，令 $\forall p \in \mathcal{V}$，$u_{h,p} = 0$ 且 $h_p(0) = 0$，如果存在 $i \in \mathcal{V}$，当 $t > 0$ 时，$h_i(t)$ 能够在 $\|h_i(t)\| \leqslant M$ 范围内任意取值，则对于任何满足 $d(i,j) \geqslant M/K_d$ 的节点 $j \in \mathcal{V}$，随着 h_i 的变化，$h_j(t)$ 将恒为零。

证明 若 $h_j(t)$ 变化，则必存在 $k \in \mathcal{N}_j$，使得 $\|\phi(h_k(t) - h_j(t))\| > 0$ 成立。由于 $h_j(0) = 0$，所以必然有某时刻 t，使 $\|h_k(t)\| > K_d d(k, j)$ 成立。

由于 $K_d d(i, j) \geqslant M$ 和 $\|h_i(t)\| \leqslant M$，节点 i 本身不满足上述条件。设 k 为与 i 和 j 不同的节点。注意，式 (11.3) 中的一致项可确保当 $h_k(0) = 0$ 时，$\|h_k(t)\|$ 的上界为

$$\max_{p \in \mathcal{N}_k} \sup_{t \geqslant 0} \{\|h_p(t)\| - K_d d(k, p)\}$$

因此，为使 $\|h_k(t)\| > K_d d(k, j)$，必须存在某个节点 $k' \in \mathcal{N}_k$，使在某个 $t' < t$ 时，$\|h_{k'}(t)\| > K_d d(k, k') + K_d d(k, j) \geqslant K_d d(k', j)$ 成立（式中第二个不等号成立是由于距离函数的三角不等式关系）。

通过对 $\mathcal{V}$ 中所有节点的递归，发现需要存在 $p \in \mathcal{V}$，满足在 t 时，$\|h_p(t)\| > K_d d(p, j)$。由于 i 不能是 p，所以需要存在某些 $p' \in \mathcal{V}$，满足在 $t' < t$ 时，$\|h_{p'}(t)\| > K_d d(p', j)$。

通过对 t 的递归，发现需要满足存在 $p'' \in \mathcal{V}$，使得 $\|h_{p''}(0)\| > K_d d(p'', 0)$。而这与 $h_p(0) = 0, \forall p \in \mathcal{V}$ 相矛盾，故假设不成立，因此对所有 $t \geqslant 0$，$h_j(t)$ 恒为零。 $\square$

11.3.2 共享控制器设计与分析

共享控制方法的第二层是一致性网络。对于这一层，运动体 i 的预期速度 v_i 由式 (11.2) 中的自主控制器生成。与式 (11.5) 类似，首先使用 $p_i = \|v_i\|$ 为该意图指定优先度 p_i，然后使用加权函数 λ 计算运动体 i 的最终控制信号 u_i：

$$u_i = \lambda_i v_{h,i} + (1 - \lambda_i) v_i, \quad \lambda_i = \lambda(\|h_i\|, \|v_i\|) \tag{11.10}$$

控制器 (11.10) 的性能受加权函数 λ 的影响。这里考虑到系统的稳定性，设计如定义 11.3 给出的 λ 函数。

定义 11.3 当满足以下条件时，函数 $\lambda : \mathbb{R}^+ \times \mathbb{R}^+ \to [0, 1]$ 是权重函数。

(1) λ 连续且 $\lambda(0, 0) = 0$；

(2) 令 $\sigma_b(a) = \lambda(a, b)$，那么 σ_b 是严格递增的；

(3) 令 $\mu_a(b) = \lambda(a, b)$，那么 μ_a 是严格递减的；

(4) $\lim\limits_{a \to \infty} \sigma_b(a) = 1$ 且 $\lim\limits_{b \to \infty} \mu_a(b) = 0$。

式 (11.11) 展示了一个可能的 λ 函数：

$$\lambda(a, b) = \frac{Ka}{Ka + b + \varepsilon}, \quad K > 0, \varepsilon > 0 \tag{11.11}$$

式中，$\varepsilon > 0$ 用于避免分母为零。

对所提出的双层系统进行稳定性分析。由于定理 11.1 显示了第一层的输入-状态稳定属性，所以在本章中重点在于第二层的输入-状态稳定属性。整个系统的稳定性分析基于文献 [208] 中的结果。

因为有 $\Delta_i = u_i - v_i = \lambda_i(v_{h,i} - v_i)$，将系统中的所有 x_i 表示为 x，所有的 Δ_i 表示为 Δ，则该一致性网络的系统动力学方程可以写成如下形式：

$$\dot{x} = -Lx + \Delta \tag{11.12}$$

$$\dot{e} = -\bar{D}^{\mathrm{T}}\bar{D}e + \bar{D}^{\mathrm{T}}\Delta \tag{11.13}$$

式中，$L = \mathcal{L} \otimes I_2$，$\mathcal{L}$ 为拉普拉斯矩阵；$e = \bar{D}^{\mathrm{T}}x$ 为一致误差项。

在给出本节的主要结论前，先给出以下引理。

引理 11.1　给定连通图 $\mathcal{G}(\mathcal{V}, \mathcal{E})$，$\bar{D}^{\mathrm{T}}\bar{D}$ 是在 $\mathrm{span}\{\bar{D}^{\mathrm{T}}\}$ 空间上的正定矩阵。即对于任意 $e = \bar{D}^{\mathrm{T}}x$，存在一个 $a_D > 0$，使得 $e^{\mathrm{T}}\bar{D}^{\mathrm{T}}\bar{D}e \geqslant a_D\|e\|^2$。

证明　$e^{\mathrm{T}}\bar{D}^{\mathrm{T}}\bar{D}e = 0 \Leftrightarrow \bar{D}e = 0 \Leftrightarrow \bar{D}\bar{D}^{\mathrm{T}}x = 0 \Leftrightarrow Lx = 0$。给定连通图 $\mathcal{G}(\mathcal{V}, \mathcal{E})$，则 $(\mathcal{L} \otimes I_2)x = 0 \Leftrightarrow x \in \mathrm{span}\{1_N \otimes I_2\}$。因为 $\bar{D}^{\mathrm{T}}(1_N \otimes I_2) = 0$，有 $e^{\mathrm{T}}\bar{D}^{\mathrm{T}}\bar{D}e = 0 \Leftrightarrow e = 0$，所以 $\bar{D}^{\mathrm{T}}\bar{D}$ 在 e 空间上正定，并且存在这样的 a_D。　□

引理 11.2　给定一个恰当的权重函数 $\lambda(a, b)$，存在 $\bar{\sigma} \in \mathcal{K}$，使得对于 $\forall a \geqslant 0$，$\forall b \geqslant 0$，$\forall a \geqslant 0$，式 (11.14) 成立：

$$b \geqslant \bar{\sigma}(a) \implies \lambda(a, b)(b + c)b \leqslant \frac{1}{2}b^2 \tag{11.14}$$

证明　令 $g_a(b) = \lambda(a, b)(b + c)b/b^2 = \lambda(a, b)(1 + c/b)$，则 $g_a(b)$ 是 b 的单调递减函数，且 $g_a(0) = \infty$，$g_a(\infty) = 0$。因此，对于任意的 $a > 0$，都存在 b^*，使得 $g_a(b^*) = 1/2$，并且对于 $\forall b \geqslant b^*$，$g_a(b) \leqslant 1/2$。

当 $a > 0$ 时，令 $\bar{\sigma}(a) = b^*$，则对于任意 $\delta > 0$，有 $g_{a+\delta}(\bar{\sigma}(a)) > g_a(\bar{\sigma}(a)) = 1/2$。因此，$\bar{\sigma}(a + \delta) > \bar{\sigma}(a)$，$\bar{\sigma}$ 是严格递增的。另外，由于 $g_0(b) = 0$，对于任意 $\epsilon > 0$，都存在 a^* 使得 $g_{a^*}(\epsilon) < 1/2$，这说明 $\bar{\sigma}(a^*) < \epsilon$ 且 $\lim\limits_{a \to 0^+} \bar{\sigma}(a) = 0$。定义 $\bar{\sigma}(0) = 0$，则 $\bar{\sigma}$ 对于所有的 $a \geqslant 0$ 都满足式 (11.14)，且 $\bar{\sigma} \in \mathcal{K}$。　□

定理 11.3　输入为 h、状态为 e 的一致性网络是输入-状态稳定的，即满足

$$\|e\|_\infty \leqslant \gamma_e(\|h\|_\infty) \tag{11.15}$$

式中，$\|e\|_\infty = \limsup\limits_{t \to \infty}\|e(t)\|$；$\gamma_e \in \mathcal{K}_\infty$ 且定义为 $\gamma_e(v) = (2N\sigma_h(v)/a_D)^{1/2}$，其中，$\sigma_h = (v_0 + \bar{\sigma})\bar{\sigma}$，$\bar{\sigma}$ 同引理 11.2 中的定义。

证明　令 $V(e) = \dfrac{1}{2}e^{\mathrm{T}}e$, 那么

$$\dot{V}(e) = -e^{\mathrm{T}}\bar{D}^{\mathrm{T}}\bar{D}e + e^{\mathrm{T}}\bar{D}^{\mathrm{T}}\Delta = -\|v\|^2 - v^{\mathrm{T}}\Delta$$

式中, $v = -\bar{D}e = [v_1^{\mathrm{T}}, \cdots, v_N^{\mathrm{T}}]^{\mathrm{T}}$; $\{v_i\}$ 与式 (11.2) 中的定义相同。

由 $\|v_{h,i}\| \equiv v_0$, $\Delta_i = \lambda_i(v_{h,i} - v_i)$, 可得

$$-v^{\mathrm{T}}\Delta = -\sum_{i \in \mathcal{V}} v_i^{\mathrm{T}}\Delta_i \leqslant \sum_{i \in \mathcal{V}} \lambda_i(v_0 + \|v_i\|)\|v_i\|$$

由引理 11.2 可得, $\forall i \in \mathcal{V}$, 有

$$-v_i^{\mathrm{T}}\Delta_i \leqslant \begin{cases} \|v_i\|^2/2, & \|v_i\| \geqslant \bar{\sigma}(\|h_i\|) \\ (v_0 + \bar{\sigma}(\|h_i\|))\bar{\sigma}(\|h_i\|), & \|v_i\| < \bar{\sigma}(\|h_i\|) \end{cases}$$

令 $\sigma_h = (v_0 + \bar{\sigma})\bar{\sigma}$, $\sigma_h \in \mathcal{K}_\infty$, 那么可得 $\forall i \in \mathcal{V}$, $-v_i^{\mathrm{T}}\Delta_i \leqslant \|v_i\|^2/2 + \sigma_h(\|h_i\|)$。由于 $\sum\limits_i \sigma_h(\|h_i\|) \leqslant N\sigma_h(\|h\|)$, 由引理 11.1可得

$$\dot{V}(e) \leqslant -\frac{1}{2}\|v\|^2 + \bar{\sigma}_h(\|h\|) \leqslant -\frac{1}{2}a_D\|e\|^2 + \bar{\sigma}_h(\|h\|)$$

因此, 系统是输入-状态稳定的, 且 $\|e\|_\infty \leqslant (2N\sigma_h(\|h\|_\infty)/a_D)^{1/2}$。　□

推论 11.1　以人的意图 u_h 作为输入、一致误差 e 作为状态的整个多运动体系统是输入-状态稳定的, 满足

$$\|e\|_\infty \leqslant (2N\sigma_h(\sqrt{a_t/a_t}\|u_h\|_\infty/2)/a_D)^{1/2} \tag{11.16}$$

11.4　实验验证

在本节中, 使用一个类似游戏的实验将基于共享控制的意图场方法与传统的领航者-跟随者方法进行对比, 来仿真验证所提出方法的控制效果。

11.4.1　实验设计

本节设计了一个仿真验证游戏, 在游戏中, 一个操作人员将控制一组机器人避开障碍物。障碍物是随机产生的, 会以恒定的速度移动。机器人维持钻石型编队, 并且只有角落上的四个机器人 (即顶部、底部、左侧、右侧) 可以由操作人员直接通过游戏手柄干预。按下 Y、A、X、B 按钮时, 左侧手柄摇杆的 (x, y) 位置可以发送到顶部、底部、左侧、右侧机器人。通过按下多个按钮可以同时干预

多个机器人。图 11.3 显示了该实验的一个场景，其中，圆圈是机器人，黑点是移动障碍物，网络拓扑由虚线表示。

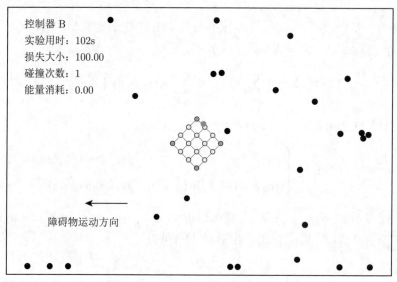

图 11.3　游戏实验场景

操作人员的目标是最小化根据式 (11.17) 计算出来的损失（Loss）：

$$\text{Loss} = \text{Hit} \times 100 + \text{Energy} \times 10 \tag{11.17}$$

式中，Hit 是机器人撞到障碍物的次数；Energy 是操作人员在干预运动体消耗的能量。

令 $u_H(t) \in \mathbb{R}^2$ 为在 t 时刻的手柄摇杆位置，$n(t) \in \{0, 1, 2, 3, 4\}$ 为 t 时刻的按键数量（即同时控制的机器人的数量）。在 t 时刻消耗的能量由式 (11.18) 进行计算，其中选择 K 来保证干预一个机器人每秒消耗 1 个单位的能量。

$$\text{Energy} = K \int_0^t n(\tau) \|u_H(\tau)\| \mathrm{d}\tau \tag{11.18}$$

11.4.2　实验结果与分析

本实验一共有 10 个操作人员。每个操作人员进行两次游戏实验，一次使用本章所提出的基于意图场的共享控制器 (11.10)，另一次使用普通的控制器。因为疲劳、任务熟悉程度等因素会改变操作人员的行为，所以测试实验的顺序会对实验结果造成影响。为了消除这种影响，采用平衡措施（counterbalanced measure），即一半的实验参与者先使用普通的控制器进行实验, 而另一半的参与者先使用本章所提出的控制器进行实验。当意图场不可用时, 控制器 (11.10) 可以看作领航者-跟随者控制器。记录能量消耗干预时间和碰撞次数的结果如图 11.4 所示。

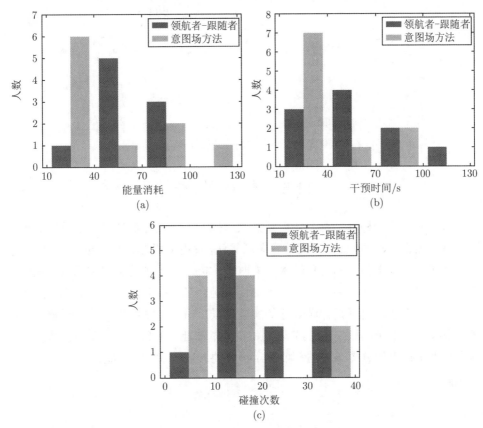

图 11.4　实验数据的直方图 (10 个操作人员, 20 场比赛)

实验结果表明, 具有意图场的共享控制器更便于人为干预, 因为使用意图场的实验结果中, 消耗的能量和花费的时间都在平均意义上下降 (分别为 30% 和 32%)。在操作更方便的同时, 意图场也有助于避障 (平均减少了 30% 的障碍撞击), 这表明使用意图场共享控制器可使操作人员的干预更为有效。

在游戏反馈中, 操作人员普遍更倾向于使用具有意图场的多运动体系统, 因为在操作中它具有较少的 "惯性", 即更容易被推动或拉动, 所以干预更方便。需要注意的是, 这不是因为多运动体系统的动力学模型不同, 而是操作人员的干预意图由意图场进行了传播。当一个机器人被推动时, 其相邻的机器人也被推动。如果没有这样的意图场, 那么未被直接干预的机器人只会被动地做出反应, 并不能主动地改变自身状态。图 11.5 中的实验结果反映了这种现象，即对于给定相同的外部输入的两个多运动体系统，采用意图场的系统响应会更灵活。

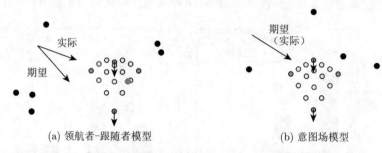

(a) 领航者-跟随者模型　　　　　　　　　　　(b) 意图场模型

图 11.5　操作员利用不同控制方法进行人为干预避障操作

11.5　本章小结

本章提出了一种基于意图场模型的共享控制系统设计框架。对于不同类型的操作员干预意图，可以设计不同的意图场算法，使得多机器人系统可以更快速、准确地理解与响应操作员的干预输入。同时本章提出了一种基于权重函数的意图融合算法，用于在保证闭环系统稳定的前提下融合多种控制意图。针对本章所提出的共享控制方法，通过设计游戏化的实验场景，对比了意图场方法和经典的领航者-跟随者算法的控制效果。实验表明，在能量消耗、干预时间、碰撞次数三个指标上，本章提出的意图场方法都要好于经典的领航者-跟随者算法。

参 考 文 献

[1] Jadbabaie A, Lin J, Morse A S. Coordination of groups of mobile autonomous agents using nearest neighbor rules[J]. IEEE Transactions on Automatic Control, 2003, 48(6): 988-1001.

[2] Ren W, Beard R W. Consensus seeking in multiagent systems under dynamically changing interaction topologies[J]. IEEE Transactions on Automatic Control, 2005, 50(5): 655-661.

[3] Olfati S R, Fax J A, Murray R M. Consensus and cooperation in networked multi-agent systems[J]. IEEE Access, 2007, 95(1): 215-233.

[4] Lin Z Y, Broucke M, Francis B. Local control strategies for groups of mobile autonomous agents[J]. IEEE Transactions on Automatic Control, 2004, 49(4): 622-629.

[5] Hong Y G, Hu J P, Gao L X. Tracking control for multi-agent consensus with an active leader and variable topology[J]. Automatica, 2006, 35(7): 1177-1182.

[6] Mao G Q, Fidan B, Anderson B D. Wireless sensor network localization techniques[J]. Computer Networks, 2007, 51(10): 2529-2553.

[7] 方斌, 陈特放. 基于刚性图的多智能体编队控制研究 [J]. 控制工程, 2014, 21(2): 178-181, 188.

[8] Cao Y C, Yu W W, Ren W, et al. An overview of recent progress in the study of distributed multi-agent coordination[J]. IEEE Transactions on Industrial Informatics, 2012, 9(1): 427-438.

[9] Luo X Y, Han N, Guan X P. Leader-following consensus protocols for formation control of multi-agent network[J]. Journal of Systems Engineering and Electronics, 2011, 22(6): 991-997.

[10] Liu C L, Liu F. Consensus problem of second-order multi-agent systems with time-varying communication delay and switching topology[J]. Journal of Systems Engineering and Electronics, 2011, 22(4): 672-678.

[11] Xu J, Xie L H, Tao L, et al. Consensus of multi-agent systems with general linear dynamics via dynamic output feedback control[J]. IET Control Theory and Applications, 2013, 7(1): 108-115.

[12] 曲成刚, 曹喜滨, 张泽旭. 人工势场和虚拟领航者结合的多智能体编队 [J]. 哈尔滨工业大学学报, 2014, (5): 1-5.

[13] Ren W, Cao Y C. Distributed Coordination of Multi-Agent Networks: Emergent Problems, Models, and Issues[M]. Berlin: Springer Science and Business Media, 2010.

[14] 曹建福, 凌志浩, 高冲, 等. 基于群集思想的多智能体编队避障算法研究 [J]. 系统仿真学报, 2014, 3: 78-82.

[15] Chopra N, Spong M W. Passivity-based control of multi-agent systems[J]. Advances in Robot Control, 2006, 26(3): 107-134.

[16] Spong M W. Synchronization of networked Lagrangian systems[M]//Spong M W, Chopra N. Lagrangian and Hamiltonian Methods for Nonlinear Control. Cambridge: MIT Press, 2006.

[17] Chopra N, Stipanovic D M, Spong M W. On synchronization and collision avoidance for mechanical systems[C]. American Control Conference, Seattle, 2008: 3713-3718.

[18] Chopra N, Spong M W, Lozano R. Synchronization of bilateral teleoperators with time delay[J]. Automatica, 2008, 44(8): 2142-2148.

[19] Ren W. Distributed leaderless consensus algorithms for networked Euler-Lagrange systems[J]. International Journal of Control, 2009, 82(11): 2137-2149.

[20] Nuno E, Ortega R, Basanez L, et al. Synchronization of networks of nonidentical Euler-Lagrange systems with uncertain parameters and communication delays[J]. IEEE Transactions on Automatic Control, 2011, 56(4): 935-941.

[21] Nuno E, Sarras I, Basanez L. Consensus in networks of nonidentical Euler-Lagrange systems using P+D controllers[J]. IEEE Transactions on Robotics, 2013, 29(6): 1503-1508.

[22] Min H B, Sun F, Wang S, et al. Distributed adaptive consensus algorithm for networked Euler-Lagrange systems[J]. IET Control Theory and Applications, 2011, 5(1): 145-154.

[23] Mei J, Ren W, Ma G F. Distributed coordinated tracking with a dynamic leader for multiple Euler-Lagrange systemsp[J]. IEEE Transactions on Automatic Control, 2011, 56(6): 1415-1421.

[24] Mei J, Ren W, Ma G F. Distributed containment control for Lagrangian networks with parametric uncertainties under a directed graph[J]. Automatica, 2012, 48(4): 653-659.

[25] Mei J, Ren W, Chen J, et al. Distributed adaptive coordination for multiple Lagrangian systems under a directed graph without using neighbors' velocity information[J]. Automatica, 2013, 49(6): 1723-1731.

[26] Wang L J, Meng B, Wang H L. Adaptive task-space synchronisation of networked robotic agents without task-space velocity measurements[J]. International Journal of Control, 2014, 87(2): 384-392.

[27] 孟子阳. 网络化拉格朗日系统的协调控制研究 [D]. 上海: 上海交通大学, 2012.

[28] Meng Z Y, Dimarogonas D V, Johansson K H. Leader-follower coordinated tracking of multiple heterogeneous Lagrange systems using continuous control[J]. IEEE Transactions on Robotics, 2013, 30(3): 739-745.

[29] Alessandro A, Romeo O, Aneesh V. A globally exponentially convergent immersion and invariance speed observer for mechanical systems with non-holonomic constraints[J]. Automatica, 2010, 46(1): 182-189.

[30] Oyvind N S, Aamo O M , Kaasa G O. A constructive speed observer design for general Euler-Lagrange systems[J]. Automatica, 2011, 47(10): 2233-2238.

[31] Sarras I, Emmanuel N, Michel K, et al. Output-feedback control of nonlinear bilateral teleoperators[C]. American Control Conference, Montreal, 2012: 3490-3495.

[32] Loría A. Observers are unnecessary for output-feedback control of Lagrangian systems[J]. IEEE Transactions on Automatic Control, 2015, 61(4): 905-920.

[33] Chen G, Lewis F L. Distributed tracking control for networked mechanical systems[J]. Asian Journal of Control, 2012, 14(6): 1459-1469.

[34] Chen G. Cooperative controller design for synchronization of networked uncertain Euler-Lagrange systems[J]. International Journal of Robust and Nonlinear Control, 2015, 25(11): 1721-1738.

[35] Zhao Y, Duan Z S, Wen G H. Distributed finite-time tracking of multiple Euler-Lagrange systems without velocity measurements[J]. International Journal of Robust and Nonlinear Control, 2015, 25(11): 1688-1703.

[36] Xu Y, Hong Y G, Huang J. Finite-time control for robot manipulators[J]. Systems and Control Letters, 2002, 46(4): 243-253.

[37] 孙延超, 李传江, 姚俊羽, 等. 无需相对速度信息的多 Euler-Lagrange 系统自适应神经网络包含控制 [J]. 控制与决策, 2016, 31(4): 120-127.

[38] Pereira A R, Liu H. Adaptive formation control using artificial potentials for Euler-Lagrange agents[J]. International Federation of Automatic Control, 2008, 41(2): 10788-10793.

[39] Pereira A R, Liu H, Ortega R. Globally stable adaptive formation control of Euler-Lagrange agents via potential functions[C]. American Control Conference, San Francisco, 2009: 2606-2611.

[40] Cheah C, Hou S P, Slotine J. Region-based shape control for a swarm of robots[J]. Automatica, 2009, 45(10): 2406-2411.

[41] Bai H, Arcak M, Wen J. Cooperative Control Design: A Systematic, Passivity-based Approach[M]. Berlin: Springer Science and Business Media, 2011.

[42] Mastellone S, Mejia J S, Stipanovic D M, et al. Formation control and coordinated tracking via asymptotic decoupling for Lagrangian multi-agent systems[J]. Automatica, 2011, 47(11): 2355-2363.

[43] Min H B, Wang S C, Sun F C, et al. Decentralized adaptive attitude synchronization of spacecraft formation[J]. Systems and Control Letters, 2012, 61(1): 238-246.

[44] Sugar T G, Kumar V. Control of cooperating mobile manipulators[J]. IEEE Transactions on Robotics and Automation, 2002, 18(1): 94-103.

[45] Fink J, Hsieh M A, Kumar V. Multi-robot manipulation via caging in environments with obstacles[C]. IEEE International Conference on Robotics and Automation, Pasadena, 2008: 1471-1476.

[46] Farivarnejad H, Wilson S, Berman S. Decentralized sliding mode control for autonomous collective transport by multi-robot systems[C]. IEEE 55th Conference on Decision and Control (CDC), Las Vegas, 2016: 1826-1833.

[47] Caccavale F, Chiacchio P, Marino A, et al. Six-DOF impedance control of dual-arm cooperative manipulators[J]. IEEE Transactions on Mechatronics, 2008, 13(5): 576-586.

[48] Ren Y, Chen Z S, Liu Y C, et al. Adaptive hybrid position/force control of dual-arm cooperative manipulators with uncertain dynamics and closed-chain kinematics[J]. Journal of the Franklin Institute, 2017, 354(17): 7767-7793.

[49] Li Z J, Ge S S, Ming A G. Adaptive robust motion/force control of holonomic-constrained nonholonomic mobile manipulators[J]. IEEE Transactions on Systems, Man, and Cybernetics, 2007, 37(3): 607-616.

[50] Li Z J, Tao P Y, Ge S S, et al. Robust adaptive control of cooperating mobile manipulators with relative motion[J]. IEEE Transactions on Systems, Man, and Cybernetics, 2008, 39(1): 103-116.

[51] Michel A S, Chin P T, Rajankumar M B, et al. A kinematically compatible framework for cooperative payload transport by nonholonomic mobile manipulators[J]. Autonomous Robots, 2006, 21(3): 227-242.

[52] Javier A M, Ross K, Roland S, et al. Local motion planning for collaborative multi-robot manipulation of deformable objects[C]. IEEE International Conference on Robotics and Automation, Seattle, 2015: 5495-5502.

[53] Wang Z J, Schwager M. Force-amplifying n-robot transport system (forceants) for cooperative planar manipulation without communication[J]. The International Journal of Robotics Research, 2016, 35(13): 1564-1586.

[54] Duan P H, Duan Z S, Wang J Y. Task-space fully distributed tracking control of networked uncertain robotic manipulators without velocity measurements[J]. International Journal of Control, 2019, 92(6): 1367-1380.

[55] Petitti A , Franchi A , Paola D D , et al. Decentralized motion control for cooperative manipulation with a team of networked mobile manipulators[C]. IEEE International Conference on Robotics and Automation, Stockholm, 2016: 441-446.

[56] Marino A. Distributed adaptive control of networked cooperative mobile manipulators[J]. IEEE Transactions on Control Systems Technology, 2017, 26(5): 1646-1660.

[57] 黄水华. 多约束下的机械臂运动控制算法研究 [D]. 杭州: 浙江大学, 2016.

[58] Nakamura Y, Hanafusa H, Yoshikawa T. Task-priority based redundancy control of robot manipulators[J]. International Journal of Robotics Research, 1987, 6(2): 3-15.

[59] Siciliano B, Slotine J J E. A general framework for managing multiple tasks in highly redundant robotic systems[C]. Fifth International Conference on Advanced Robotics 'Robots in Unstructured Environments, Pisa, 1991: 1211-1216.

[60] Baerlocher P, Boulic R. Task-priority formulations for the kinematic control of highly redundant articulated structures[C]. IEEE/RSJ International Conference on Intelligent Robots and Systems, Victoria, 1998: 323-329.

[61] Mashali M, Alqasemi R, Dubey R. Task priority based dual-trajectory control for redundant mobile manipulators[C]. IEEE International Conference on Robotics and Biomimetics, Bali, 2014: 1457-1462.

[62] Dai G B, Chen Y. Distributed coordination and cooperation control for networked mobile manipulators[J]. IEEE Transactions on Industrial Electronics, 2017, 64(6): 5065-5074.

[63] Ding H, Wang J. Recurrent neural networks for minimum infinity-norm kinematic control of redundant manipulators[J]. IEEE Transactions on Systems, Man, and Cybernetics, 1999, 29(3): 269-276.

[64] Li S, Zhang Y N, Jin L. Kinematic control of redundant manipulators using neural networks[J]. IEEE Transactions on Neural Networks and Learning Systems, 2016, 28(10): 2243-2254.

[65] Guo D S, Zhang Y N. Acceleration-level inequality-based man scheme for obstacle avoidance of redundant robot manipulators[J]. IEEE Transactions on Industrial Electronics, 2014, 61(12): 6903-6914.

[66] Li S, Cui H Z, Li Y M, et al. Decentralized control of collaborative redundant manipulators with partial command coverage via locally connected recurrent neural networks[J]. Neural Computing and Applications, 2013, 23(3-4): 1051-1060.

[67] Cai B H, Zhang Y N. Different-level redundancy-resolution and its equivalent relationship analysis for robot manipulators using gradient-descent and Zhang's neural-dynamic methods[J]. IEEE Transactions on Industrial Electronics, 2011, 59(8): 3146-3155.

[68] Jin L, Li S, La H M, et al. Manipulability optimization of redundant manipulators using dynamic neural networks[J]. IEEE Transactions on Industrial Electronics, 2017, 64(6): 4710-4720.

[69] Li S, He J B, Li Y M, et al. Distributed recurrent neural networks for cooperative control of manipulators: A game-theoretic perspective[J]. IEEE Transactions on Neural Networks and Learning Systems, 2016, 28(2): 415-426.

[70] 赵恩娇. 多飞行器编队控制及协同制导方法 [D]. 哈尔滨: 哈尔滨工业大学, 2018.

[71] Jeon I S, Lee J I, Tahk M J. Homing guidance law for cooperative attack of multiple missiles[J]. Journal of Guidance, Control, and Dynamics, 2010, 33(1): 275-280.

[72] Zeng J, Dou L H, Xin B. A joint mid-course and terminal course cooperative guidance law for multi-missile salvo attack[J]. Chinese Journal of Aeronautics, 2018, 31(6): 1311-1326.

[73] Zhai C, He F H, Hong Y G, et al. Coverage-based interception algorithm of multiple interceptors against the target involving decoys[J]. Journal of Guidance, Control, and Dynamics, 2016, 39(7): 1647-1653.

[74] Zhao S Y, Zhou R. Cooperative guidance for multimissile salvo attack[J]. Chinese Journal of Aeronautics, 2008, 21(6): 533-539.

[75] Shaferman V, Shima T. Cooperative optimal guidance laws for imposing a relative intercept angle[J]. Journal of Guidance, Control, and Dynamics, 2015, 38(8): 1395-1408.

[76] Song J H, Song S M, Xu S L. Three-dimensional cooperative guidance law for multiple missiles with finite-time convergence[J]. Aerospace Science and Technology, 2017, 67: 193-205.

[77] Zhao J, Zhou S Y, Zhou R. Distributed time-constrained guidance using nonlinear model predictive control[J]. Nonlinear Dynamics, 2016, 84(3): 1399-1416.

[78] Zhao J, Zhou R. Unified approach to cooperative guidance laws against stationary and maneuvering targets[J]. Nonlinear Dynamics, 2015, 81(4): 1635-1647.

[79] 陆晓庆. 多飞行器协同航路规划与编队控制方法研究 [D]. 南昌: 南昌航空大学, 2014.

[80] Ma P B, Zhang Y A, Yu F, et al. Design of multi-missile formation hold controller[J]. Flight Dynamics, 2010, 28(3): 69-73.

[81] Cui N G, Wei C Z, Guo J F, et al. Research on missile formation control system[C]. International Conference on Mechatronics and Automation, Changchun, 2009: 4197-4202.

[82] Mu X M, Du Y, Liu X, et al. Behavior-based formation control of multi-missiles[C]. Chinese Control and Decision Conference, Guilin, 2009: 5019-5023.

[83] Wei C Z, Guo J F, Cui N G. Research on the missile formation keeping optimal control for cooperative engagement[J]. Journal of Astronautics, 2010, 31(4): 1043-1050.

[84] Wei C Z, Shen Y, Ma X X, et al. Optimal formation keeping control in missile cooperative engagement[J]. Aircraft Engineering and Aerospace Technology, 2012, 84(6): 376-389.

[85] Du Y, Wu S T. Transformation control for the formation of multiple cruise missiles[J]. Journal of Beijing University of Aeronautics and Astronautics, 2014, 40(2): 240-245.

[86] Wang Y, Wang Y K, Sun M W, et al. Neural networks based formation control of anti-ship missiles with constant velocity[C]. IEEE International Conference on Computer and Information Technology; Ubiquitous Computing and Communications; Dependable, Autonomic and Secure Computing; Pervasive Intelligence and Computing, Liverpool, 2015: 2151-2156.

[87] Ma P B, Ji J. Three-dimensional multi-missile formation control[J]. Acta Aeronautica et Astronautica Sinica, 2010, 31(8): 1660-1666.

[88] Zhang L, Fang Y W, Diao X H, et al. Design of nonlinear optimal controller for multi-missile formation[J]. Journal of Beijing University of Aeronautics and Astronautics, 2014, 40(3): 401-406.

[89] Liu X K, Li D P, Tan L Z. Research on missile formation controlbased on integrated guidance and control[J]. Huoli yu Zhihui Kongzhi, 2011, 36(8): 208-210.

[90] Wei C, Guo J, Lu B, et al. Adaptive control for missile formation keeping under leader information unavailability[C]. 10th IEEE International Conference on Control and Automation (ICCA), Hangzhou, 2013: 902-907.

[91] Soest W V, Chu Q, Mulder J. Combined feedback linearization and constrained model predictive control for entry flight[J]. Journal of Guidance, Control, and Dynamics, 2006, 29(2): 427-434.

[92] Goodrich M A, Schultz A C. Human-robot interaction: A survey[J]. Foundations and Trends in Human-computer Interaction, 2007, 1(3): 203-275.

[93] Siciliano B, Khatib O. Springer Handbook of Robotics[M]. Berlin: Springer, 2016.

[94] Chen J Y C, Barnes M J. Human-agent teaming for multirobot control: A review of human factors issues[J]. IEEE Transactions on Human-Machine Systems, 2014, 44(1): 13-29.

[95] Olsen D R, Wood S B. Fan-out: Measuring human control of multiple robots[C]. Proceedings of the SIGCHI Conference on Human Factors in Computing Systems, Vienna, 2004: 231-238.

[96] Lee D J, Li P Y. Passive decomposition of multiple mechanical systems under coordination requirements[C]. 43rd IEEE Conference on Decision and Control (CDC), Nassau, 2004: 1240-1245.

[97] Lee D J, Li P Y. Passive decomposition approach to formation and maneuver control of multiple rigid bodies[J]. Journal of Dynamic Systems, Measurement, and Control, 2007: 129(5): 662-677.

[98] Franchi A, Masone C, Grabe V, et al. Modeling and control of UAV bearing formations with bilateral high-level steering[J]. The International Journal of Robotics Research, 2012, 31(12): 1504-1525.

[99] Musić S, Hirche S. Passive noninteracting control for human-robot team interaction[C]. IEEE Conference on Decision and Control (CDC), Miami Beach, 2018: 421-427.

[100] Hokayem P, Stipanovic D M, Spong M W, et al. Semiautonomous control of multiple networked Lagrangian systems[J]. International Journal of Robust and Nonlinear Control, 2009, 19(18): 2040-2055.

[101] Rodriguez-Seda E J, Troy J J, Erignac C A, et al. Bilateral teleoperation of multiple mobile agents: Coordinated motion and collision avoidance[J]. IEEE Transactions on Control Systems and Technology, 2010, 18(4): 984-992.

[102] Lee D J, Spong M W. Passive bilateral teleoperation with constant time delay[J]. IEEE Transactions on Robotics, 2006, 22(2): 269-281.

[103] Franchi A, Secchi C, Son H I, et al. Bilateral teleoperation of groups of mobile robots with time-varying topology[J]. IEEE Transactions on Robotics, 2012, 28(5): 1019-1033.

[104] Franchi A, Secchi C, Ryll M, et al. Shared control: Balancing autonomy and human assistance with a group of quadrotor UAVs[J]. IEEE Robotics & Automation Magazine, 2012, 19(3): 57-68.

[105] Lee D, Franchi A, Son H I, et al. Semiautonomous haptic teleoperation control architecture of multiple unmanned aerial vehicles[J]. IEEE-ASME Transactions on Mechatronics, 2013, 18(4): 1334-1345.

[106] Lee D, Huang K. Passive-set-position-modulation framework for interactive robotic systems[J]. IEEE Transactions on Robotics, 2010, 26(2): 354-369.

[107] Son H I, Franchi A, Chuang L L, et al. Human-centered design and evaluation of haptic cueing for teleoperation of multiple mobile robots[J]. IEEE Transactions on Systems, Man, and Cybernetics, 2013, 43(2): 597-609.

[108] Kawashima H, Egerstedt M. Manipulability of leader-follower networks with the rigid-link approximation[J]. Automatica, 2014, 50(3): 695-706.

[109] Setter T, Fouraker A, Egerstedt M, et al. Haptic interactions with multi-robot swarms using manipulability[J]. Journal of Human-Robot Interaction, 2015, 4(1): 60-74.

[110] Sabattini L, Secchi C, Capelli B, et al. Passivity preserving force scaling for enhanced teleoperation of multi-robot systems[J]. IEEE Robotics and Automation Letters, 2018, 3(3): 1925-1932.

[111] Patterson S, Bamieh B. Leader selection for optimal network coherence[C]. 49th IEEE Conference on Decision and Control (CDC), Atlanta, 2010: 2692-2697.

[112] Lin F, Fardad M, Jovanovi M R. Algorithms for leader selection in stochastically forced consensus networks[J]. IEEE Transactions on Automatic Control, 2014, 59(7): 1789-1802.

[113] Patterson S, McGlohon N, Dyagilev K. Optimal k-leader selection for coherence and convergence rate in one-dimensional networks[J]. IEEE Transactions on Control of Network Systems, 2016, 4(3): 523-532.

[114] Schoof E, Chapman A, Mesbahi M. Weighted bearing-compass dynamics: Edge and leader selection[J]. IEEE Transactions on Network Science and Engineering, 2017, 5(3): 247-260.

[115] Franchi A, Bülthoff H H, Giordano P R. Distributed online leader selection in the bilateral teleoperation of multiple UAVs[C]. 50th IEEE Conference on Decision and Control and European Control Conference, Orlando, 2011: 3559-3565.

[116] Franchi A, Giordano P R. Online leader selection for improved collective tracking and formation maintenance[J]. IEEE Transactions on Control of Network Systems, 2016, 5(1): 3-13.

[117] Franchi A, Giordano P R, Michieletto G. Online leader selection for collective tracking and formation control: The second-order case[J]. IEEE Transactions on Control of Network Systems, 2019, 6(4): 1415-1425.

[118] Cortes J, Martinez S, Karatas T, et al. Coverage control for mobile sensing networks[J]. IEEE Transactions on Robotics and Automation, 2004, 20(2): 243-255.

[119] Lee S G, Diaz-Mercado Y, Egerstedt M. Multirobot control using time-varying density functions[J]. IEEE Transactions on Robotics, 2015, 31(2): 489-493.

[120] Diaz-Mercado Y, Lee S G, Egerstedt M. Human-swarm interactions via coverage of time-varying densities[M]//Wang Y, Zhang F M. Trends in Control and Decision-Making for Human-Robot Collaboration Systems. Cham: Springer, 2017.

[121] Miah S, Fallah M M H, Spinello D. Non-autonomous coverage control with diffusive evolving density[J]. IEEE Transactions on Automatic Control, 2016, 62(10): 5262-5268.

[122] 段志生. 图论与复杂网络 [J]. 力学进展, 2008, 38(6): 702-712.

[123] Godsil C, Royle G. Algebraic Graph Theory[M]. New York: Springer Science and Business Media, 2013.

[124] Ren W, Beard R W. Distributed Consensus in Multi-Vehicle Cooperative Control[M]. London: Springer Science and Business Media, 2008.

[125] Laub, Alan J. Matrix Analysis for Scientists and Engineers[M]. Philadelphia: Society for Industrial and Applied Mathematics, 2004.

[126] Boyd S, Ghaoui E L, Feron E, et al. Linear Matrix Inequalities in System and Control Theory[M]. Philadelphia: Society for Industrial and Applied Mathematics, 1994.

[127] Khalil H K, Grizzle J W. Nonlinear Systems[M]. New Jersey: Upper Saddle River, 2002.

[128] Slotine J J E, Li W. Applied Nonlinear Control[M]. New Jersey: Englewood Cliffs, 1991.

[129] 王晓丽, 洪奕光. 多智能体系统分布式控制的研究新进展 [J]. 复杂系统与复杂性科学, 2010, 7(Z1): 70-81.

[130] 王祥科, 李迅, 郑志强. 多智能体系统编队控制相关问题研究综述 [J]. 控制与决策, 2013, 28(11): 1601-1613.

[131] Sarlette A, Sepulchre R, Leonard N E. Autonomous rigid body attitude synchronization[J]. Automatica, 2009, 45(2): 572-577.

[132] Cai H, Huang J. Leader-following consensus of multiple uncertain Euler-Lagrange systems under switching network topology[J]. International Journal of General Systems, 2014, 43(3-4): 294-304.

[133] Li J Z, Ren W, Xu S Y. Distributed containment control with multiple dynamic leaders for double-integrator dynamics using only position measurements[J]. IEEE Transactions on Automatic Control, 2011, 57(6): 1553-1559.

[134] Mei J, Ren W, Ma G F. Cooperative control of nonlinear multi-agent systems with only relative position measurements[C]. American Control Conference, Montreal, 2012: 6614-6619.

[135] Meng Z Y, Lin Z L. Distributed cooperative tracking for multiple second-order nonlinear systems using only relative position measurements[C]. 24th Chinese Control and Decision Conference, Taiyuan, 2012: 3342-3347.

[136] Kelly R, Davila V S, Perez J A L. Control of Robot Manipulators in Joint Space[M]. London: Springer Science and Business Media, 2006.

[137] Spong M W, Hutchinson S, Vidyasagar M. Robot Modeling and Control[M]. New York: John Wiley & Sons, 2006.

[138] Cao Y C, Ren W, Meng Z Y. Decentralized finite-time sliding mode estimators and their applications in decentralized finite-time formation tracking[J]. Systems and Control Letters, 2010, 59(9): 522-529.

[139] Sadegh N, Horowitz R. Stability and robustness analysis of a class of adaptive controllers for robotic manipulators[J]. The International Journal of Robotics Research, 1990, 9(3): 74-92.

[140] Khoo S, Xie L, Man Z. Robust finite-time consensus tracking algorithm for multirobot systems[J]. IEEE/ASME Transactions on Mechatronics, 2009, 14(2): 219-228.

[141] Malagari S, Driessen B J. Semi-globally exponential tracking observer/controller for robots with joint hysteresis and without velocity measurement[J]. Journal of Intelligent and Robotic Systems, 2011, 62(1): 29-58.

[142] Malagari S, Driessen B J. Globally exponential controller/observer for tracking in robots without velocity measurement[J]. Asian Journal of Control, 2012, 14(2): 309-319.

[143] Liu T F, Jiang Z P. Distributed output-feedback control of nonlinear multi-agent systems[J]. IEEE Transactions on Automatic Control, 2013, 58(11): 2912-2917.

[144] Dong Y, Huang J. Cooperative global output regulation for a class of nonlinear multi-agent systems[J]. IEEE Transactions on Automatic Control, 2013, 59(5): 1348-1354.

[145] Besancon G. Global output feedback tracking control for a class of Lagrangian systems[J]. Automatica, 2000, 36(12): 1915-1921.

[146] Sarras I, Ortega R, Panteley E. Asymptotic stabilization of nonlinear systems via sign-indefinite damping injection[C]. IEEE 51st Conference on Decision and Control (CDC), Maui, 2012: 2964-2969.

[147] Jiang Z P, Kanellakopoulos I. Global output-feedback tracking for a benchmark nonlinear system[J]. IEEE Transactions on Automatic Control, 2000, 45(5): 1023-1027.

[148] Do K D, Jiang Z P, Pan J. A global output-feedback controller for simultaneous tracking and stabilization of unicycle-type mobile robots[J]. IEEE Transactions on Robotics and Automation, 2004, 20(3): 589-594.

[149] Mabrouk M, Ammar S, Vivalda J C. Transformation synthesis for Euler-Lagrange systems[J]. Nonlinear Dynamics and Systems Theory, 2007, 7(2): 197-216.

[150] Mabrouk M. Triangular form for Euler-Lagrange systems with application to the global output tracking control[J]. Nonlinear Dynamics, 2010, 60(1-2): 87-98.

[151] Qu Z H. Cooperative Control of Dynamical Systems: Applications to Autonomous Vehicles[M]. London: Springer Science and Business Media, 2009.

[152] Zhang H W, Lewis F L. Adaptive cooperative tracking control of higher-order nonlinear systems with unknown dynamics[J]. Automatica, 2012, 48(7): 1432-1439.

[153] Ghapani S, Mei J, Ren W, et al. Fully distributed flocking with a moving leader for Lagrange networks with parametric uncertainties[J]. Automatica, 2016, 67: 67-76.

[154] Lu X Q, Lu R Q, Chen S H, et al. Finite-time distributed tracking control for multiagent systems with a virtual leader[J]. IEEE Transactions on Circuits and Systems I: Regular Papers, 2012, 60(2): 352-362.

[155] Antonelli G, Arrichiello F, Caccavale F, et al. A decentralized controller-observer scheme for multi-agent weighted centroid tracking[J]. IEEE Transactions on Automatic Control, 2012, 58(5): 1310-1316.

[156] Antonelli G, Arrichiello F, Caccavale F, et al. Decentralized time-varying formation control for multi-robot systems[J]. The International Journal of Robotics Research, 2014, 33(7): 1029-1043.

[157] Ghasemi M, Nersesov S G. Finite-time coordination in multiagent systems using sliding mode control approach[J]. Automatica, 2014, 50(4): 1209-1216.

[158] Cai X Y, de Queiroz M. Adaptive rigidity-based formation control for multirobotic vehicles with dynamics[J]. IEEE Transactions on Control Systems Technology, 2014, 23(1): 389-396.

[159] Asimow L, Roth B. The rigidity of graphs, II[J]. Journal of Mathematical Analysis and Applications, 1979, 68(1): 171-190.

[160] Hendrickson B. Conditions for unique graph realizations[J]. SIAM Journal on Computing, 1992, 21(1): 65-84.

[161] Anderson B D O, Yu C B, Fidan B, et al. Rigid graph control architectures for autonomous formations[J]. IEEE Control Systems Magazine, 2008, 28(6): 48-63.

[162] Olfati-Saber R, Murray R M. Consensus problems in networks of agents with switching topology and time-delays[J]. IEEE Transactions on Automatic Control, 2004, 49(9): 1520-1533.

[163] Wang L, Xiao F. Finite-time consensus problems for networks of dynamic agents[J]. IEEE Transactions on Automatic Control, 2010, 55(4): 950-955.

[164] Mohar B, Alavi Y, Chartrand G, et al. The laplacian spectrum of graphs[J]. Graph Theory, Combinatorics, and Applications,1991, 2(12): 871-898.

[165] Chen F, Cao Y C, Ren W. Distributed average tracking of multiple time-varying reference signals with bounded derivatives[J]. IEEE Transactions on Automatic Control,2012, 57(12): 3169-3174.

[166] Dorfler F, Francis B. Formation control of autonomous robots based on cooperative behavior[C]. European Control Conference (ECC), Budapest, 2009: 2432-2437.

[167] Oh K, Ahn H. Distance-based undirected formations of single-integrator and double-integrator modeled agents in n-dimensional space[J]. International Journal of Robust and Nonlinear Control, 2014, 24(12): 1809-1820.

[168] Lojasiewicz S. Sur les ensembles semi-analytiques[J]. Actes du Congres International des Mathematiciens, 1970, 2: 237-241.

[169] Merlet J P. Jacobian, manipulability, condition number, and accuracy of parallel robots[J]. Journal of Mechanical Design, 2006, 128(1): 199-206.

[170] Yang Q K, Cao M, Fang H, et al. Weighted centroid tracking control for multi-agent systems[C]. IEEE 55th Conference on Dcision and ontrol (CDC), Las Vegas, 2016: 939-944.

[171] Yi P, Hong Y G, Liu F. Initialization-free distributed algorithms for optimal resource allocation with feasibility constraints and application to economic dispatch of power systems[J]. Automatica, 2016, 74: 259-269.

[172] Liang S, Zeng X L, Hong Y G. Distributed nonsmooth optimization with coupled inequality constraints via modified Lagrangian function[J]. IEEE Transactions on Automatic Control, 2018, 63(6): 1753-1759.

[173] Boyd S, Vandenberghe L. Convex Optimization[M]. Cambridge: Cambridge University Press, 2004.

[174] Rockafellar R T, Wets R J B. Variational Analysis[M]. Berlin: Springer Science and Business Media, 2009.

[175] Stern R, Clarke F, Ledyaev Y, et al. Nonsmooth Analysis and Control Theory (Graduate Texts in Mathematics)[M]. New York: Springer-Verlag, 1998.

[176] Cherukuri A, Mallada E, Cortés J. Asymptotic convergence of constrained primal-dual dynamics[J]. Systems & Control Letters, 2016, 87: 10-15.

[177] Cortes J. Discontinuous dynamical systems[J]. IEEE Control Systems, 2008, 28(3): 36-73.

[178] Hui Q, Haddad W M, Bhat S P. Semistability, finite-time stability, differential inclusions, and discontinuous dynamical systems having a continuum of equilibria[J]. IEEE Transactions on Automatic Control, 2009, 54(10): 2465-2470.

[179] Sverdrup-Thygeson J, Moe S, Pettersen K Y, et al. Kinematic dingularity avoidance for robot manipulators using set-based manipulability tasks[C]. The 1st IEEE Conference on Control Technology and Applications, Kohala Coast, 2017: 142-149.

[180] Parikh N, Boyd S. Proximal algorithms[J]. Found & Trend in Opt, 2013, 1(3): 127-239.

[181] Zhang Y N, Ge S S, Lee T H. A unified quadratic-programming-based dynamical system approach to joint torque optimization of physically constrained redundant manipulators[J]. IEEE Transactions on Systems, Man, and Cybernetics: Systems, 2004, 34(5): 2126-2132.

[182] Haddad W M, Chellaboina V. Nonlinear Dynamical Systems and Control: A Lyapunov-Based Approach[M]. Princeton: Princeton University Press, 2011.

[183] Qian X F, Lin R X, Zhao Y N. Missile Flight Dynamics[M]. Beijing: Beijing Institute of Technology Press, 2000: 29-48.

[184] Sharma M, Farrell J, Polycarpou M, et al. Backstepping flight control using on-line function approximation[C]. AIAA Guidance, Navigation, and Control Conference and Exhibit, Austin, 2003: 11-14.

[185] Farrell J A, Polycarpou M M. Adaptive Approximation Based Control: Unifying Neural, Fuzzy and Traditional Adaptive Approximation Approaches[M]. Hoboken: John Wiley& Sons, 2006.

[186] Sonneveldt L, Chu Q P, Mulder J A. Nonlinear flight control design using constrained adaptive backstepping[J]. Journal of Guidance Control and Dynamics, 2007, 30(2): 322-336.

[187] Farrell J, Sharma M, Polycarpou M. Backstepping-based flight control with adaptive function approximation[J]. Journal of Guidance Control and Dynamics, 2005, 28(6): 1089-1102.

[188] Brent R P. Algorithms for Minimization without Derivatives[M]. Mineola: Dover Publications, 2013: 61-79.

[189] Zou Y F, Pagilla P R, Ratliff R T. Distributed formation flight control using constraint forces[J]. Journal of Guidance Control and Dynamics, 2009, 32(1): 112-120.

[190] De Marina H G, Jayawardhana B, Cao M. Distributed rotational and translational maneuvering of rigid formations and their applications[J]. IEEE Transactions on Robotics, 2016, 32(3): 684-697.

[191] Sun Z Y, Mou S S, Anderson B D O, et al. Formation movements in minimally rigid formation control with mismatched mutual distances[C]. 53rd IEEE Conference on Decision and Control, Los Angeles, 2014: 6161-6166.

[192] Sun Z Y, Park M C, Anderson B D O, et al. Distributed stabilization control of rigid formations with prescribed orientation[J]. Automatica, 2017, 78(78): 250-257.

[193] Zhao S Y, Zelazo D. Bearing rigidity and almost global bearing-only formation stabilization[J]. IEEE Transactions on Automatic Control, 2016, 61(5): 1255-1268.

[194] Zhao S Y, Zelazo D. Translational and ccaling formation maneuver control via a bearing-based approach[J]. IEEE Transactions on Control of Network Systems, 2017, 4(3): 429-438.

[195] Polycarpou M M. Stable adaptive neural control scheme for nonlinear systems[J]. IEEE Transactions on Automatic Control, 1996, 41(3): 447-451.

[196] 钱杏芳, 林瑞雄, 赵亚男. 导弹飞行力学 [M]. 北京: 北京理工大学出版社, 2008.

[197] 胡云峰, 曲婷, 刘俊, 等. 智能汽车人机协同控制的研究现状与展望 [J]. 自动化学报, 2019, 45(7): 1261-1280.

[198] 朱恩涌, 魏传锋, 李喆. 空间任务人机协同作业内涵及关键技术问题 [J]. 航天器工程, 2015, 24(3): 93-99.

[199] 汤志荔, 张安, 张莉. 人/机协同智能火力与指挥控制系统研究 [J]. 火力与指挥控制, 2007, 32(8): 1-4.

[200] Lee D J, Franchi A, Giordano P R, et al. Haptic teleoperation of multiple unmanned aerial vehicles over the internet[C]. The 28th IEEE International Conference on Robotics and Automation, Shanghai, 2011: 1341-1347.

[201] Music S, Salvietti G, Dohmann P B. Robot team teleoperation for cooperative manipulation using wearable haptics[C]. IEEE/RSJ International Conference on Intelligent Robots and Systems (IROS), Vancouver, 2017: 2556-2563.

[202] Chipalkatty R, Droge G, Egerstedt M B. Less is more: Mixed-initiative model-predictive control with human inputs[J]. IEEE Transactions on Robotics, 2013, 29(3): 695-703.

[203] Saleh L, Chevrel P, Claveau F, et al. Shared steering control between a driver and an automation: Stability in the presence of driver behavior uncertainty[J]. IEEE Transactions on Intelligent Transportation Systems, 2013, 14: 974-983.

[204] Storms J. A shared control method for obstacle avoidance with mobile robots and its interaction with communication delay[J]. The International Journal of Robotics Research, 2017, 36(5-7): 820-839.

[205] Rawlings J B, Mayne D Q. Model Predictive Control: Theory and Design[M]. Madison: Nob Hill Publishing, 2009.

[206] Jiang Z P. Input-to-state stability for discrete-time nonlinear systems[J]. Automatica, 2001, 37: 857-869.

[207] Anderson B D O. Optimal Control: Linear Quadratic Methods[M]. Upper Saddle River: Prentice-Hall, 1990.

[208] Sontag E D. On the input-to-state stability property[J]. European Journal of Control, 1995, 1(1): 24-36.

索 引